WUXIAN CHUANGANQI WANGLUO GUZHANG JIANCE YU RONGCUO

无线传感器网络——故障检测与容错

李洪兵 陈强 陈立万 杨震 著

四川大學出版社
SICHUAN UNIVERSITY PRESS

项目策划：梁　平
责任编辑：梁　平
责任校对：傅　奕
封面设计：璞信文化
责任印制：王　炜

图书在版编目（CIP）数据

无线传感器网络故障检测与容错 / 李洪兵等著. — 成都 : 四川大学出版社, 2021.8
ISBN 978-7-5690-3371-7

Ⅰ. ①无… Ⅱ. ①李… Ⅲ. ①无线电通信—传感器—计算机网络—故障检测②无线电通信—传感器—计算机网络—容错技术 Ⅳ. ①TP212

中国版本图书馆 CIP 数据核字（2020）第 162879 号

书名　无线传感器网络故障检测与容错

著　者	李洪兵　陈　强　陈立万　杨　震
出　版	四川大学出版社
地　址	成都市一环路南一段 24 号（610065）
发　行	四川大学出版社
书　号	ISBN 978-7-5690-3371-7
印前制作	四川胜翔数码印务设计有限公司
印　刷	郫县犀浦印刷厂
成品尺寸	185mm×260mm
印　张	15.5
字　数	373 千字
版　次	2021 年 8 月第 1 版
印　次	2021 年 8 月第 1 次印刷
定　价	78.00 元

◆ 读者邮购本书，请与本社发行科联系。
电话：(028)85408408/(028)85401670/(028)86408023　邮政编码：610065
◆ 本社图书如有印装质量问题，请寄回出版社调换。
◆ 网址：http://press.scu.edu.cn

四川大学出版社
微信公众号

内容简介

无线传感器网络是物联网推广的重要载体及支持普适计算的关键技术，促进了物联网实现社会生产生活中信息感知能力、信息互通性和智能决策能力的全面提升。无线传感器网络的动态网络特点、节点移动特性和工作环境等因素使得网络链路质量变差，网络出现暂时或永久性的故障，导致数据传输失败，影响无线传感器网络传输的可靠性和运行稳定性，这给网络的自组织能力、自适应性和鲁棒性带来较大的挑战。高可靠性和稳定性是无线传感器网络基础研究的关注点和技术应用的瓶颈。

故障容错策略能提高无线传感器网络运行的鲁棒性和传输的可靠性。在检测到网络出现异常或故障时，能及时寻找合理的容错控制方案，自适应地处理多种网络异常现象，继续提供高可信的计算服务。本书主要对故障检测、故障诊断和故障容错三个方面的内容进行了论述。主要研究内容包括运用进化计算、人工免疫系统、进化多目标优化和仿生智能计算等方法，从网络模型、拓扑、路由、覆盖、能耗等方面进行网络跨层次多目标优化。

本书对上述领域的国内外发展现状进行了总结，阐述了作者对相关领域的研究和思考。本书可作为信息科学技术领域从事网络优化、物联网技术、智能信息处理和智能计算应用等相关专业技术人员的参考书，也可作为相关专业研究生的教材。

前　言

无线传感器网络（Wireless Sensor Network，WSN）是由部署在监测区域内的传感器节点，以无线自组织方式构成的多跳无线网络，其节点间协同地感知、采集和处理网络覆盖区域中感知对象的信息。物联网是指通过各种信息传感设备，实时采集任何需要监控、连接、互动的物体或过程等的信息，实现了物与物、物与人、所有的物品与网络的连接。物联网的核心和基础是在互联网基础上的延伸和扩展，并进行物与物的信息交换和通信。无线传感器网络作为物联网的重要组成部分，实现了感知数据的采集、处理和传输功能，它的出现直接推动了物联网的发展。无线传感器网络是信息技术领域中一个全新的发展方向，同时也是新兴学科与传统学科进行领域交叉的结果，已经引起了学术界和工业界的广泛关注，相关的研究和应用不断深入。目前无线传感器网络在拓扑控制、路由、感知覆盖、时间同步、安全等方面已经产生了一大批成果，涉及信息论、控制、图论、人工智能等方面。

近年来无线传感器网络领域的研究发展迅速，这种分布式的传感器网络在民用和军事领域都具有广阔的应用前景。传感器网络的潜在应用包括战场上的入侵检测、目标追踪、生境监测、患者检测和火灾监测。网络构建不需要基础设施，只需要很少的提前计划和节点部署。不需要中央控制的自组织能力是这类网络的智能特性，利用这些特性，网络可以在复杂情况下迅速构建起来。这些智能特性还使得网络在出现失效节点的情况下正常运转。尽管传感器网络具有以上提及的优良特性，但实现网络的自主、无意识、无故障运行还有很多挑战。其中一些挑战归结于扩展性、服务质量、能效和安全方面的问题。

无线传感器网络是集成了传感器技术、嵌入式计算技术、计算机网络和无线通信技术等的一种信息获取和技术处理的分布式计算平台。无线传感器网络有着规模巨大、网络异构、传递时延、有向传输、无中心自组网、网络拓扑动态变化、通信与计算能力有限、电源能量受限等自身特性。无线传感器网络面临着十分严峻的工作环境，其存在不可预测性，因振动、电磁、系统噪声和随机噪声等环境因素干扰也会导致其错误感知数据。或因节点的移动超出了通信范围、物体阻挡、信道干扰和数据碰撞堵塞等原因，网络链路质量变差，出现暂时或永久性的故障，导致数据传输的失败，影响无线传感器网络传输可靠性和运行稳定性，对网络的自组织能力、自适应性、鲁棒性和可扩展性带来更大的挑战。

网络故障容错性与抗毁性问题已经成为制约工业物联网规模化应用的主要技术瓶颈。如何维持无线传感器网络长时间稳定可靠运行，提升其容错性，保证网络的高可靠性和稳定性，目前是无线传感器网络技术的难点，是国内外学者普遍关注的热点学术问题。当前围绕工业无线传感器网络容错性问题，尚有许多关键理论和技术问题有待解决和完善。

故障容错策略能提高无线传感器网络运行的鲁棒性和传输可靠性，其本质是在检测到网络出现异常或故障时，能及时寻找合理的容错控制方案，自适应地处理多种网络异常现象，继续提供高可信的计算服务。但预先构成的网络结构无法满足无线传感器网络大规模可扩展的需求。且因网络复杂性与故障多样性以及受限于实际应用条件，现有故障模型对新出现的故障特征缺乏自主在线学习能力，严重影响网络故障容错性能。针对新出现的故障特征，在动态自适应构造故障容错结构框架、设计自主的在线容错等方面还有待深入研究。

本书是作者以及所在研究团队近十年来通力合作从事无线传感器网络故障检测与容错研究的系统总结，也包含了陈强在电子科技大学信息与通信工程学院读博期间的部分研究成果，较深入地阐述了无线传感器网络故障检测与容错问题中的算法设计思路。本书从结构上分为故障检测、故障诊断与故障容错三个部分，旨在对无线传感器故障容错领域的基本概念、挑战、问题、发展趋势、模型和研究结果进行阐述，主要介绍了无线传感器网络故障检测、诊断和容错的策略与算法，并给出了相应的仿真结果和结论。本书试图将故障容错领域的研究进行概括总结以展示给广大研究者，引起更多研究者对此领域的关注。由于此领域还在不断地研究中，很多方面还有待发展和完善，书中提出的一些观点、看法和策略等是我们进行的一些思考和研究中的一己之见，难免有失偏颇，欢迎广大读者批评指正。我们致力于使本书成为无线传感器故障容错领域的有益参考资料。本书可作为物联网/传感器网络、通信工程、电子信息、计算机等专业的高年级本科生和研究生学习用书，也可作为无线传感器网络领域的研究人员以及广大对无线传感器网络感兴趣的工程技术人员的参考书。

本书由李洪兵博士、陈强博士、陈立万教授和杨震博士撰写。研究及撰写工作分工如下：陈立万教授对整个研究工作提出了建设性的指导意见，并撰写前言及第 1 章。李洪兵、杨震共同撰写第 2 章，陈强撰写第 3 章和第 4 章的第 1 节、第 2 节，李洪兵撰写第 4 章的第 3 节至第 5 节，杨震撰写第 4 章的第 6 节和第 7 节。李洪兵撰写第 5 章并进行全书的统稿工作。参与本书研究、撰写和校对工作的教师、工程师和学生有冉涌、黄猛、王立、曾东、刘莎、刘子路、刘小龙、武娟、罗洋、梁裕巧、谢坤霖、欧俊、张颖、崔浩和赵尚飞等。

本书得到了三峡库区地质环境监测与灾害防治重庆市重点实验室、智能信息处理与控制重庆高校市级重点实验室、物联网与智能控制技术重庆市工程研究中心、三峡库区地质环境监测与灾害预警创新团队、三峡库区地质环境监测与灾害预警协同创新分中心的支持。特别感谢西安电子科技大学公茂果教授，重庆大学石为人教授、熊庆宇教授和重庆理工大学余成波教授对本书研究内容的指导。特别感谢重庆三峡学院聂祥飞教授长期以来对团队研究工作和本书出版工作给予的关心、指导和支持。实验室研究生刘莎、刘子路、刘小龙、武娟、罗洋、梁裕巧和谢坤霖等参与了本书的撰写、校对等工作，感谢他们的辛苦付出。非常感谢四川大学出版社梁平老师等，他们对本书的出版给予了很大的帮助。本书相关研究得到了国家重点研发计划课题（2017YFC0804704）、中国博士后科学基金（2015M582616）、重庆市科委科技攻关项目（cstc2012gg－yyjs40008）、重庆市自然科学基金（cstc2018jcyjAX0202、cstc2014jcyjA1316）、重庆市教委科技计划项目（KJQN202001229、KJQN201901236、KJQN201901231、KJQN201801209、KJQN201801231、KJ1601003、KJ131117、KJ1710257、KJ1401002、KJ1401008、KJ1603303）、重庆万州区科技计划项目（WZSTC－2019036、201203037）以及重庆三峡学院重大培育项目（17ZP11）、博士基金项目（14ZZ03）和重点实验室开放基金（063120202、ZNNYKFB201901、MP2020B0202）等项目的资助，在此表示感谢。本书在编写过程中，参考了许多学者和专家的著作及研究成果，在此谨向他们表示诚挚的谢意！

由于时间仓促和水平有限，书中不妥之处在所难免，恳请读者批评指正。

著 者

目　　录

第1章　概论

1.1　普适计算与物联网

1.1.1　普适计算

计算机技术与网络技术的广泛普及很大程度上得益于计算模式的不断革新。计算模式完成了从主机计算到桌面计算的转变。随着计算和通信技术的迅速发展，计算机技术的进一步发展迫切地需要全新的计算模式，使得由通信和计算机构成的信息空间与人们生活和工作的物理空间逐渐融为一体，普适计算因此应运而生。

普适计算（Ubiquitous/Pervasive Computing）是指在普适环境下使人们能够使用任意设备、通过任意网络和在任意时间都可以获得一定质量的网络服务技术。普适计算是在网络技术和移动计算的基础上发展起来的，其重点在于针对不同性质的网络、终端以及平台组成的普适环境，提供面向客户统一的、自适应的网络服务。普适计算体系结构主要包括普适计算设备、普适计算网络、普适计算中间件、人机交互和觉察上下文计算四个方面。普适计算是信息空间与物理空间的融合，在这个融合的空间中人们可以随时随地、透明地获得数字化的服务。普适计算的思想强调把计算机嵌入环境或日常工具中去，使计算机融入人的生活空间，形成一个无时不在、无处不在而又不可见的计算环境。

普适计算所涉及的技术主要包括移动通信技术、嵌入式系统、微电子、传感器和电子标签技术等。在普适计算技术发展的初期，普适计算所涉及的信息和服务类型主要来自虚拟世界，诸如文本信息、图片信息、存储服务、计算服务等。随着普适计算技术和相关支撑技术的逐步成熟，尤其是移动通信技术、微电子技术、新一代嵌入式芯片的开发以及嵌入式芯片之间通信等软件技术的突破，普适计算应用的自适应和自动化程度逐步提高，涌现出了一类直接利用物理世界信息或者直接作用于物理世界对象的普适计算应用。这类普适计算应用将物理世界和虚拟世界信息有效集成，成为虚拟世界和真实世界之间的桥梁。无线传感器网络为这一类的普适计算应用提供了基础架构支持，使得普适计算在无线传感器网络中得以实现和应用。

1.1.2　物联网

物联网（Internet of Things，IOT）是一种通过射频识别（Radio Frequency

Identification，RFID）、红外感应器、无线传感器网络（Wireless Sensor Network，WSN）、全球定位系统、激光扫描器等信息传感设备，按约定的协议，把物品与互联网连接起来，进行信息交换和通信，以实现智能化识别、定位、跟踪、监控和管理的网络。其主要特征是通过射频识别和传感器采集等方式获取物理世界的各种信息，结合互联网、移动通信网等网络进行信息的传送与交互，采用智能计算技术对信息进行分析处理，从而提高对物质世界的感知能力，实现智能化决策和控制。物联网技术以计算机、通信、微电子为基础，覆盖射频技术、分布式计算、传感器、嵌入式智能、无线传输、实时数据交换和互联网等关键技术。物联网利用这些技术的交叉与融合，建立一个物物相连的网络，从而完成远程实时数据交换与控制。

从“智慧地球”到“感知中国”，物联网备受国际国内的关注。物联网将会是继互联网之后国家大力发展的战略性新兴产业之一，物联网及应用被评为是未来四大高新技术产业之一，继计算机与互联网之后，将掀起世界信息产业的第三次浪潮。物联网技术已在许多领域得到广泛的应用，对传统行业起到巨大的拉动作用，如移动 POS、智能物流、智能交通、智能电网、环境保护、环境监控与灾害预警、公共安全、平安家居、智能消防、工业监测、健康护理等。这些智能应用领域都涉及传感器、RFID、电子、通信、自动化控制及 GPS 或 GPRS，通过这些技术的整合并最终构成一个智能的传输及分析系统。

1.1.3 普适计算与物联网

普适计算将是未来的主流计算模式，物联网是互联网的下一代发展形态。普适计算是一种包含传统计算机、新型计算设备和新型信息设备等各种设备的革新性计算模式，是信息空间和物理空间的融合，在这个融合的空间中用户可以随时透明地获得数字化的服务。而物联网是互联网的下一代发展形势，它使世界上的所有物体全部联网并可以被唯一识别，即把传统计算机、新型计算设备和新型信息设备通过互联网主动进行数据交换从而连接在一起。物联网的出现使普适计算的计算环境发生变化：①物体的普遍联网，使普适计算的环境进一步拓展，从而构成了更加复杂的计算物理空间，而对应信息空间如何组织，是一个值得研究的问题。②物联网为普适计算中的服务迁移提出了更高的普遍适应要求，并促进对普适计算的进一步研究和发展，推动普适计算成为物联网的基本计算模型。

1.2 无线传感器网络概述

无线传感器网络（Wireless Sensor Network，WSN）是由大量的具有数据传感、数据处理和无线通信能力的传感器节点通过自组织方式构建的网络。它能够通过微型传感器协作实时监测、感知和采集监测对象的信息，并将这些信息通过自组多跳的无线发送方式传输到汇聚节点，最后通过互联网、移动通信网络或卫星等方式传输到数据管理中心。用户通过管理节点沿着相反的方向对传感器网络进行网络配置和管理、发布监测任务和数据查询等。无线传感器网络节点包括传感器节点、汇聚节点和管理节点。无线传感器网络综合了传感器技术、嵌入式计算技术、现代通信网络及无线通信技术、分布式信息处理技术等，广泛应用于工农业监控、环境监测等领域并显示出巨大的应用价值。

1.2.1　网络特点

WSN 由数据采集单元、数据传输网络和控制管理中心三部分组成。数据采集单元即节点主要由集成传感器、数据处理单元和通信模块组成，各节点通过协议自组成一个分布式网络，将采集到的数据以无线传输方式在各节点上接力传送到信息处理中心。WSN 具有如下特点。

（1）大规模网络。通常在监测区域部署大量传感器节点，以增大节点覆盖区域，通过分布式处理大量采集到的信息能够提高监测精确度。网络节点数量较大且处于动态变化的环境是其显著的特点。

（2）自组织网络。WSN 中各节点通过分布式算法相互协调自动组织成一个网络。这要求传感器节点具有自组织能力，能够自动配置和管理，通过拓扑控制机制和网络协议自动形成转发监测数据的多跳无线网络系统。节点会因为能量耗尽或环境因素等加入或退出 WSN，所以其自组织性要能够适应这种网络拓扑结构的动态变化。

（3）多跳路由网络。节点通信距离有限，只能与在射频覆盖范围内的其他节点直接通信。如果希望与其他节点进行通信，需要通过中间节点担当路由角色进行转发。WSN 中的多跳路由是由普通网络节点完成的，每个节点既可以是信息的发起者，也可以是信息的转发者。

（4）动态性网络。能量耗尽会导致节点故障，网络节点的移动性和环境变化会导致无线通信链路故障，新节点的加入会使无线通信信道不稳定。WSN 是一个动态的网络，网络中的节点及其状态处于不断变化中，因而网络拓扑也在不断地调整变化。

（5）以数据为中心的网络。传感器网络是一个任务型的网络。用户使用传感器网络查询事件时，直接将所关心的事件通知网络，而不是通知给某个确定编号的节点。网络在获得指定事件的信息后汇报给用户。这种以数据本身作为查询或者传输的思想更接近于自然语言交流的习惯。

（6）应用相关的网络。传感器被用来感知并获取客观世界的物理信息。不同的物理信息量对传感器的应用系统有不同的要求，对其硬件平台、软件系统和网络协议要求也会有很大差异，所以传感器网络没有统一的通信协议平台。对于不同的传感器网络应用，在开发传感器共性问题的目标上，考虑到利用具体的应用来研究传感器网络技术，这是传感器网络设计不同于传统网络的显著特征。

（7）传感器节点的限制。

①电源能量有限。传感器节点体积微小，携带能量十分有限。因为在传感器节点数量大、分布区域广、部署区域环境复杂等情况下，通过更换电池的方式来补充能源是不现实的。如何高效利用能量以最大化网络生命周期是传感器网络面临的首要挑战。传感

器节点消耗的大部分能量都在无线通信模块上，因此节能成为 WSN 路由协议设计需要重点考虑的问题。

②通信能力有限。无线通信的能量消耗与通信距离的关系为 $E=Kd^{n}$，$2\leqslant n\leqslant 4$。可知通信能耗与距离的 n 次方成正比。随着通信距离的增大，能耗将急剧增加。因此，在满足通信连通度的前提下应尽量减小单跳通信距离，设计网络通信机制以满足传感器网络的通信需求是 WSN 面临的又一挑战。

③计算及存储能力有限。传感器节点是一种微型嵌入式设备，其处理器能力比较弱，存储器容量较小。传感器节点需要完成监测数据的采集和转换、数据的管理和处理、应答汇聚节点的任务请求和节点控制等工作，充分利用有限的计算和存储资源完成诸多协同任务成为 WSN 设计的挑战。

1.2.2 关键技术

无线传感器网络作为信息科学技术领域研究的热点，涉及多学科交叉研究，其关键技术如下：

（1）网络拓扑控制。拓扑控制是 WSN 研究的核心技术之一。无线自组织传感器网络通过拓扑控制自动生成良好的网络拓扑结构，能够提高路由协议和 MAC 协议的效率，可为数据融合、时间同步和目标定位等方面奠定基础，有利于节省节点的能量来延长网络的生存期。在满足网络覆盖度和连通度的条件下，通过功率控制和骨干网络节点选择，生成一个高效的面向数据转发的网络拓扑结构是目前主要的研究问题。

（2）网络协议。传感器拓扑结构动态变化、网络资源不断变化、节点能力有限等对网络协议提出了更高的要求。每个节点只能获取局部网络的拓扑信息，运行的网络协议不能太复杂。因此，研究的重点是网络层协议和数据链路层协议。网络层的路由协议决定监测信息的传输路径；数据链路层的介质访问控制用来构建底层的基础结构，控制传感器节点的通信过程和工作模式。

（3）网络安全。WSN 作为任务型的网络，不仅要进行数据的采集，而且要进行数据传输和融合、任务的协同控制等。数据传输的可靠性及安全性、数据融合的高效性等，就成为 WSN 安全方面需要解决的内容。WSN 实现最基本的安全机制有：机密性、点到点消息认证、完整性鉴别、新鲜性、认证广播和安全管理等。

（4）时间同步。时间同步是需要协同工作的传感器网络系统的一个关键机制。除了少量的携带有 GPS 硬件时间同步部件传感器节点外，其余大多数传感器节点都需要根据时间同步机制交换同步信息，与网络中的其他节点保持时间同步。在设计传感器网络的时间同步机制时，需要考虑到扩展性、稳定性、收敛性和能量感知等因素。传感器网络应用的多样性导致了时间同步机制需求的多样性，不可能用一种时间同步机制满足所有的应用要求。

（5）定位技术。位置信息是传感器节点数据采集中不可缺少的部分，没有位置信息的监测消息通常毫无意义。确定事件发生的位置或采集数据的节点位置是传感器网络最基本的功能之一。随机部署的传感器节点必须能够在布置后确定自身位置，且定位机制必须考虑到自组织性、健壮性、能量高效和分布式计算等要求。

(6) 数据融合。因为传感器节点的易失效性，传感器网络需要数据融合技术对多份数据进行综合以提高信息的准确度。同时，减少传输的数据量能够有效地节省能量，因此在从各个传感器节点收集数据的过程中，可利用节点的本地计算和存储能力进行数据融合，去除冗余信息，达到节省能量的目的。

(7) 数据管理。从数据存储的角度来看，传感器网络可被视为一种分布式数据库。以数据库的方法在传感器网络中进行数据管理，可将存储在网络中的数据逻辑视图与网络中的实现相分离，使得传感器网络的用户只需关心数据查询的逻辑结构，无须关心实现细节。虽然对网络所存储的数据进行抽象会在一定程度上影响执行效率，但可以显著增强传感器网络的易用性。

(8) 嵌入式操作系统。传感器节点是一个微型的嵌入式系统，携带非常有限的硬件资源，需要操作系统能够节能高效地使用其有限的内存、处理器和通信模块，且能够对各种特定应用提供最大的支持。在面向 WSN 操作系统的支持下，多个应用可以并发地使用系统的有限资源。传感器节点具有密集并发性和高模块化程度的特点，要求操作系统能够让应用程序方便地对硬件进行控制。这对 WSN 的操作系统提出了新的挑战。

(9) 应用层技术。传感器网络应用层由各种面向应用的软件系统构成，部署的传感器网络往往执行多种任务。应用层的研究主要是各种传感器网络应用系统的开发和多任务之间的协调。研究包括：面向应用的系统服务，基于感知数据的理解、决策和举动的理论与技术等。

(10) 可靠传输与故障容错。无线传感器网络自身特性与工作环境等因素，导致网络容易出现故障，会削弱无线传感器网络既定功能，影响无线传感器网络运行可靠性和传输稳定性。故障检测与容错能提高网络的自组织能力、自适应性和鲁棒性。可靠传输与故障容错技术对提高无线传感器网络运行的鲁棒性等有着非常重要的意义。

1.2.3 物理体系结构

WSN 节点包括传感器节点、汇聚节点和管理节点。大量传感器节点随机部署在监测区域内，以无线自组织的方式构建网络。传感器节点采集的数据经多跳路由后传输到汇聚节点，最后通过互联网或卫星等传到数据管理中心。用户通过管理节点沿着相反的方向可以对传感器网络进行网络配置和管理、发布监测任务和数据查询等。无线传感器网络结构如图 1-1 所示。

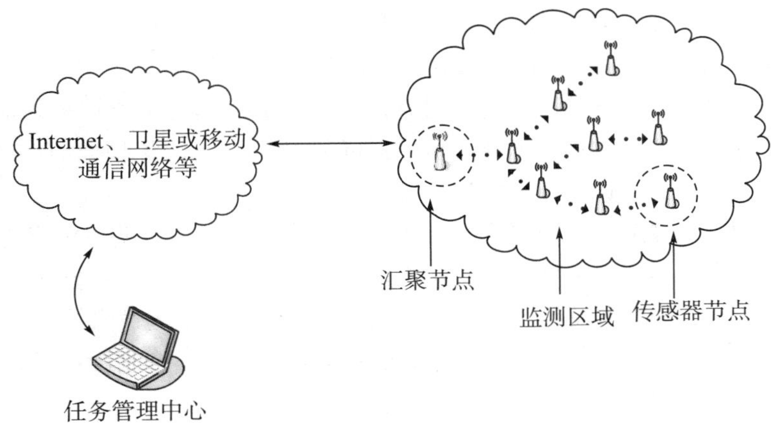

图 1-1 无线传感器网络结构

（1）传感器节点。WSN 是由大量的传感器节点组成。节点为微型嵌入式系统，包括数据采集模块、处理控制模块、无线通信模块和能量供应模块，具有感知能力、处理能力、存储能力和通信能力，其结构如图 1-2 所示。每个传感器节点可作网络节点终端和路由器。可以进行本地信息收集和数据处理，也可存储、融合并转发其他节点传来的数据，协作其他节点完成一些特定任务。

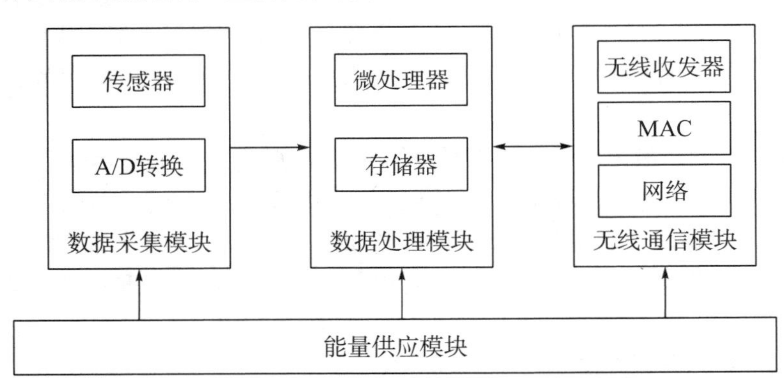

图 1-2 传感器节点的一般结构

（2）汇聚节点。汇聚节点连接传感器网络和外部传输网络，实现两种协议栈之间的通信协议的转换，同时发布管理节点的监测任务，并把收集的数据转发到外部网络上。汇聚节点可以是一个功能增强型的传感器节点，有较多的能量供给、存储及计算资源，也可以是没有监测功能仅带有无线通信接口的特殊网关设备。

（3）管理节点。用户通过管理节点对传感器网络进行配置和管理，进行任务发布、数据收集或数据查询等。传感器节点以自组织方式构建网络，将采集到的数据以多跳方式传给汇聚节点，再将数据通过互联网或移动通信网络传送到任务管理中心进行数据处理。

1.2.4 协议体系结构

根据 WSN 自身的特性以及应用要求，需要设计适应其特点的网络体系结构，为网络协议和算法的标准化提供统一的技术规范。WSN 的纵向协议体系结构可以划分为物理层、数据链路层、网络层、传输层和应用层，网络横向管理面则可以分为能耗管理面、移动性管理面以及任务管理面。WSN 协议体系结构如图 1-3 所示。

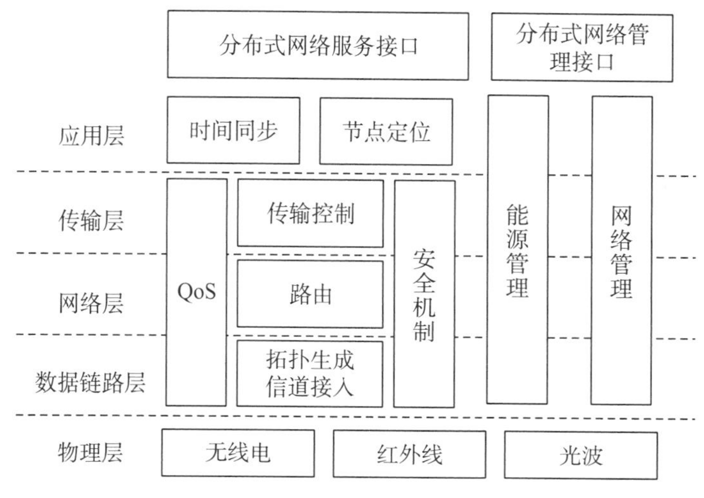

图 1-3 WSN 协议体系结构

（1）物理层。该层负责数据传输的介质规范，规定了工作频段、数据调制、信道编码和定时与同步等标准，为数据终端设备提供传送数据的通道并完成数据传输。物理层与介质访问控制（MAC）子层密切关联，以确保能量的有效利用。物理层的设计直接影响到电路的复杂度和传输能耗等问题，研究目标是设计低成本、低功耗和小体积的传感器节点。

（2）数据链路层。该层负责数据流的多路复用、数据帧检测、媒体介入和差错控制，以保证 WSN 中节点之间的连接。该层最主要的任务是设计一个适合于传感器网络的介质访问控制方法（MAC）。该方法是否合理与高效，直接决定了传感器节点间协调的有效性和对网络拓扑结构的适应性。合理与高效的介质访问控制方法能够有效地减少传感器节点收发控制性数据的比率，进而减少能量损耗。

（3）网络层。该层负责路由发现、路由维护和路由选择，实现数据融合，使得传感器节点可以实现有效的通信。路由算法执行效率的高低，直接决定了传感器节点收发控制性数据与有效采集数据的比率。路由算法的设计要以数据为中心，并且考虑能耗的问题。以数据为中心的特点要求能快速有效地组织起各个节点的信息并融合提取出有用信息直接传送给用户。

（4）传输层。该层负责数据流的传输控制，实现将传感器网络的数据提供给外部网络，是保证通信服务质量的重要部分。传感器网络现阶段还没有专门的传输层协议。

传感器网络要通过现有的 Internet 网络或卫星与外界通信，就需要将传感器网络内部以数据为基础的寻址，变换为外界的以 IP 地址为基础的寻址，需要进行数据格式的转换。

（5）应用层。该层包括一系列基于监测任务的应用层软件。应用层的传感器管理协议、任务分配和数据广播管理协议以及传感器查询和数据传播管理协议是传感器网络应用层需要解决的三个潜在问题。传感器网络的应用支撑服务包括时间同步和定位等。

1.2.5 路由协议设计要求

WSN 的路由协议设计是无线传感器自组网中的一个核心环节，路由协议负责寻找源节点和目的节点间的优化路径并沿此优化路径正确转发数据包。WSN 路由协议具有如下特点：

（1）能量优先。在 WSN 中，节点能量有限且一般没有能量补充。因此路由协议需要以节约能源为主要目标，高效地利用能量，实现网络能耗均衡，延长网络寿命。

（2）局部拓扑信息。传感器节点数量较大，不可能建立全局地址，节点只能获取局部拓扑结构信息和能量参数等，路由协议要能在局部网络信息的基础上选择合适的路径，以实现简单高效的路由机制。

（3）以数据为中心。在 WSN 中，往往较关注的是监测区域的感知数据，而不是具体某一传感器节点采集的数据。因此，传感器网络通常包含多个传感器节点到少数汇聚节点的数据流，从而形成以数据为中心的消息转发机制。因此，节点间的数据冗余度较高。传感器网络的路由机制还经常结合数据融合技术，通过减少通信量而节省能量。

（4）应用相关。传感器网络具有很强的应用相关性，不同应用中的路由协议可能差别很大，没有一个通用的路由协议。路由协议设计者需要针对不同的应用需求设计与之适应的路由协议。

路由算法在各种网络路由协议中起着至关重要的作用，采用何种算法往往决定了最终的数据传输路径，直接影响路由协议性能的优劣。因此 WSN 自身的特点和路由协议面临的问题与挑战，对其路由协议或路由算法的设计提出了如下要求。

（1）简洁性。相对于传统网络，传感器节点的运算能力和存储能力极其有限，这要求算法设计简洁，利用最少的开销，提供最有效的功能。

（2）节省能量。WSN 协议必须以节约能源为主要目标并尽可能延长网络存活时间。传感器网络路由协议不仅要选择能量消耗小的消息传输路径，而且要从整个网络的角度考虑，选择整个网络能量均衡消耗的路由。传感器节点的资源有限，传感器的路由机制要能够简单而且高效地实现信息传输。

（3）可扩展性。WSN 节点数目灵活多变，检测区域范围或节点密度不同，规模大小不同，新节点加入以及节点移动等，都会使得网络拓扑结构发生动态变化，这就要求路由机制具有可扩展性，能够适应网络结构的变化。

（4）网络连通性。由于网络节点可能失效，很难预测网络拓扑结构的变化，所以路由协议必须保证节点的连通性。连通性可能还依赖于节点的随机分布方式。所以，路由算法需适应网络连通性变化。

（5）鲁棒性。能量用尽或环境因素造成的传感器节点的失败，周围环境影响无线链路的通信质量以及无线链路本身的缺点等，这些 WSN 的不可靠特性要求路由机制具有一定的容错能力。

（6）快速收敛性。传感器网络的拓扑结构动态变化，节点能量和通信带宽等资源有限，因此要求路由机制能够快速收敛，以适应网络拓扑的动态变化，减少通信协议开销，提高消息传输的效率。

1.2.6　应用领域

作为物联网推广的重要载体和未来延伸 Internet 覆盖范围的关键技术，无线传感器网络及其技术广泛应用于军事国防、环境监测、医疗健康、工农业控制、空间探索、远程控制、基础设施安全、智能交通控制、智能工业农业、城市管理、抢险救灾和商业应用等诸多领域，已显示出巨大的应用价值，正受到广泛关注和高度重视，具有十分广阔的应用前景。

1.3　故障容错基本问题

1.3.1　故障容错内涵

无线传感器网络具有无中心自组网、网络拓扑动态变化、应用相关性、计算传输资源受限和能量约束等特性，以及工作环境存在不可预测性，诸如振动、电磁、系统噪声和随机噪声等干扰因素，容易引起网络出现射频冲突、时钟异步、电池耗尽、信号丢失和软件错误等故障，导致节点失效、读数异常和传输中断或丢包等现象，影响无线传感器网络数据接收率、传输准确率和传输平均时延等关键性技术指标，降低无线传感器网络稳定性、准确性和可靠性，削弱网络既定功能，尤其对环境较复杂、网络性能要求苛刻的应用领域，如关键设施运行状态监控、有毒有害气体监测与抢险救灾等带来巨大挑战。

无线传感器网络健康状态对于网络的稳定运行和性能优化非常重要，对提高无线传感器网络运行的可靠性和鲁棒性具有非常重要的意义。良好的无线传感器网络应具有故障特征的完整性、故障诊断准确性和故障恢复快速性，在能量消耗的节约性、抵御入侵的抗毁性、节点互连的鲁棒性和信息传输的正确性等方面应有较好的表现；能在网络出现故障时及时做出诊断，寻找合理的容错控制方案，自适应地处理网络故障，继续提供高可信的计算服务。

可靠传输是通过在网络各层次里采用可靠的数据传输算法或策略实现数据包的准确及时传输，即在目的节点或用户终端能及时接收到前端传感器节点所采集到的数据。可靠传输是在设计层面上对网络性能提出的指标要求。故障容错是指通过采用故障检测和容错的算法或策略，在网络节点或链路出现故障时能及时进行处理，保证网络既定功能和可靠数据传输等。故障容错是在技术层面上实现可靠传输的方法和途径，能提高无线传感器网络的可靠性与稳定性。面向可靠传输的故障容错是无线传感器网络领域的研究热点。

错误是导致故障的或未定义的系统状态。失败是指系统偏离其预期服务，这会影响其预期功能。故障容错是指功能单元或系统在出现故障或错误时继续执行所需功能的能力。故障检测包括通过自诊断或协作诊断来检测系统故障的功能。故障恢复是在故障检测之后，通过修改或更换故障组件以恢复系统正确的功能。在无线传感器网络中，一些容错机制利用组件冗余或备份实现故障处理。

无线传感器网络被部署用于能提供某些特定的服务，旨在收集感兴趣区域的信息，检测事件或在特定区域内跟踪目标。因此，这种类型的网络可以正确感知预期的信息，并将感测到的数据传输到接收器进行收集处理或将它们发送到处理中心。任何阻止节点发生故障的行为，包括错误感知和发送等，都被视为节点级别的故障容错。

无线传感器网络故障容错研究主要包括网络各层容错协议设计与多层联合优化控制等研究内容。网络层路由故障容错主要是通过多路由传输容错技术、网络编码数据冗余传输、网络层与其他层协同优化控制和引入仿生智能算法等方式实现。

1.3.2 故障来源

目前有两类不同的方法对故障源进行分类。第一类是从无线传感器网络的角度出发，第二类是从系统的角度进行分类。这两种分类方法相似，但观点不同。

1. 节点故障

节点故障是由硬件（感应单元、CPU、内存、网络接口、电池等）或软件（路由、MAC 和应用程序）故障引起的。硬件故障可能会导致软件故障。例如，电池能量低于某一水平时则感测单元可能会提供不正确的读数，从而妨碍数据采集的应用正常执行。但是，即使某些硬件组件发生故障，仍然会提供一些节点的服务。例如，即使节点提供不正确的读数，也可以使用节点来进行数据路由传输。事实上，无线传感器网络的某些应用如果不需要高精度的覆盖范围或者部署冗余的节点，就可以容忍传感单元的故障。然而，有限能源的消耗被认为是一个重要的常见故障，因为它阻止节点提供任何服务。因此，任何使能量消耗最小化并延长节点寿命的机制都被认为是 WSN 中的一种预防性容错解决方案。

接收器是 WSN 中的重要组成部分，如果不采取容错机制来克服汇聚节点故障，则信道的失效会导致整个网络的失效。故障可能会发生于当前接收节点的硬件或软件。但与普通传感器节点不同，接收器节点没有能量限制。Nayak（2009）提出根据故障所在的层次进行分类，可以将故障分类为硬件层故障、软件层故障、网络通信层故障和应用程序层故障。

2. 网络故障

WSN 应用程序需要从某些传感器节点位置收集信息并将数据传输到接收器。某些链路或链路中节点所发生的故障会影响路由数据传输。无线网络感知特性使得网络会因为多种因素导致网络故障，路由中关键传感节点的故障会导致整个链路上传输数据包的丢失。因此，路由协议必须重新建立新的路由或从备选路径中选择建立临时路由以满足应用需求。另外，周期性数据采集的应用中可以容忍偶尔数据包的丢失。但关键的应用场景如火灾检测预警等，要求预警数据包在短时间内及时到达接收器。若出现网络连接性问题导致数据包延迟传输到接收器，则会影响传感网络的整体性能。

3. 硬件层

在硬件层中，一个或多个传感器部件（如存储器、电池、传感单元和无线射频单元）故障会导致网络故障。导致故障的基本原因：组件质量低于某个阈值，以及影响许多组件的网络部署的主机环境性能（如射频通信广播等）。

4. 软件层

软件层由两部分组成：系统软件（如操作系统）和包含通信、路由和数据融合的中间件。软件错误或漏洞是 WSN 软件层中主要的错误源。一种解决方案是在中间件层面预先设计故障容错的协议或算法。

5. 网络通信层

由于无线通信链路容易出现故障，因此网络通信层是最敏感的 WSN 层之一。故障是由未知工作环境和传感器节点本身引起的。解决这些问题的一种方法是提升通信可靠性，使用纠错、重传机制和多道通信机制。当然使用这些方法会增加数据传输的延迟，所以需要考虑故障容错和协议或算法执行效率的折中。

6. 应用程序层

不是所有处于应用层的技术都具有容错能力。一定的应用程序都可根据其需求设计一定的故障容错策略，实现一定程度上的错误纠正能力。覆盖性和连通性就是最直接的依赖于应用的两个关键性指标，提高网络故障容错能力，就能反映出较好的网络覆盖性和连通性。

1.3.3 研究的必要性

无线传感器网络的发展将助推物联网实现社会生产生活中信息感知能力、信息互通性和智能决策能力的全面提升，推动物联网的发展并有望掀起第三次信息产业浪潮。无线传感器网络作为一种新的计算模式正在推动科技发展和社会进步，与国家经济和社会安全密切相关，已成为国际竞争的制高点，引起了世界各国军事部门、工业界和学术界的极大关注，并成为一个新的研究领域。

无线传感器网络作为一种新兴的信息获取和技术处理的分布式计算平台，有着自身独特的特性：节点数量大、分布范围广、无中心自组网、网络拓扑动态变化、通信与计算能力有限、电源能量有限、存在安全性问题、有应用相关性和以数据为中心等，在基础理论和工程技术两个层面提出了大量挑战性问题。无线传感器网络工作环境存在的不可预测性因素，诸如温度、振动、电磁等各种外界干扰容易引起网络出现射频冲突、时钟异步、电池耗尽、信号丢失和软件错误等故障。无线传感器网络中 MAC 层虽采取了睡眠和唤醒等方式避免数据碰撞，但也只能缓和而不能完全解决信道干扰和数据碰撞等故障问题。无线传感器网络更主要是关注事件本身的检测与感知，其节点故障率要远高于有线网络。节点故障、信道干扰、数据碰撞或传输堵塞等都会导致数据包的丢失。这将大大降低传感器节点的可靠性，使无线传感器网络预定功能失效，给网络的自组织能力、自适应性和鲁棒性带来更大的挑战。实现高可靠性和稳定性目前仍然是无线传感器网络技术的难点。

无线传感器网络异常或故障主要体现在以下两个方面：①节点端所采集数据的异常或错误，需用事件检测方法判断感知数据的准确性；②数据在传输过程的丢包等异常或故障，需用网络层及复合跨层容错技术进行主动式预防或纠错，从网络数据传输可靠性角度展开研究。提高无线传感器网络数据传输可靠性主要在网络覆盖连通、网络拓扑与路由和数据融合等方面开展研究。无线传感器网络自身健康状态对于网络可靠传输、稳定运行和性能优化非常重要。网络节点或链路等故障会影响到网络拓扑结构和网络层的传输路由，进而影响到网络传输稳定性。网络层的传输可靠性是整个无线传感器网络可靠性研究的重要内容。因此，本研究主要从采取主动控制方式应对网络可能会出现的异常或故障，或当网络出现异常或故障后，从网络系统自适应采取应对策略进行故障容错的角度开展研究，提高网络运行的稳定性和传输的可靠性。

无线传感器网络容错技术研究始于 20 世纪 80 年代末期。当时的信息处理系统正从集中式计算模式向网络化的个人工作站和服务器结构的分布式计算模式转移，人们也越来越意识到依靠单一信息源收集数据进行决策所受的种种限制，进而开始研究由若干个分置的传感器组成的分布式网络。与单个传感器相比，无线传感器网络有监测精度高、容错性高、覆盖区域大等显著特点。传感器节点感知数据的收集任务在时间上要求苛刻，在传输上要求可靠准确。因而有关传感器网络容错的研究逐渐发展成为一个重要研究领域。

无线传感器网络故障容错的本质是在系统出现错误的时候，及时对网络各种异常状态做出判断，寻找合理的容错控制方案，自适应地处理多种网络异常现象，继续提供高可信的计算服务。信息传输的准确性和可靠性是无线传感器网络应用的关键，是保证网络安全稳定运行和建立无线传感器网络应用体系的前提。故障容错技术对提高无线传感器网络运行的可靠性和鲁棒性有着非常重要的意义。无线传感器网络故障检测与容错是一个亟待解决的关键性技术问题。

无线传感器网络故障容错是一个复杂的系统问题，涉及故障预防、故障检测、故障孤立、故障诊断和故障恢复等方面。近年来，国内外学者针对无线传感器网络故障容错作了许多的研究，国内在这方面的研究起步总体较晚。现有的故障容错研究成果主要体现于网络各层协议、算法的优化和多层间的联合优化控制及系统硬件容错等。

但较多的容错研究是基于预先构成的网络结构，无法满足无线传感器网络大规模可扩展的需求。在动态自适应的构造故障容错结构框架以及针对新出现的故障特征设计自主的在线容错等方面，还值得深入的研究。由于无线传感器网络的复杂性和故障的多样性，并受限于无线传感器网络的实际应用条件，网络故障样本等先验知识较难以获取，现有容错模型只是简单地对故障进行抽象和特征提取，并没有反映出无线传感器网络故障完整性，严重影响故障检测与容错的准确性和鲁棒性。尤其对新出现的故障特征缺乏自主在线学习能力，传统的故障检测与容错方法往往难以在工程实践中发挥出预期的效能。因此，必须根据故障出现的真实情况，动态自适应地构造合适的结构框架，设计更完善的容错方式。

围绕无线传感器网络可靠传输与故障容错，在前期研究基础上，形成网络故障容错的相关理论和方法体系，建立故障仿生智能容错平台，以提高无线传感器网络运行的可靠性和稳定性，为工业监控、矿井安全监测和农业生物环境保护等国民生产和生活等对无线传感器网络可靠性要求高的领域的预警提供理论及技术支撑，具有较好的科学研究意义和应用价值。

1.3.4　容错技术分类

无线传感器网络故障容错的研究内容主要是网络各层协议及算法的优化、多层间的联合优化控制和系统硬件容错等。根据网络各层容错技术进行分类，物理层容错技术主要是硬件冗余容错、各模块功能自检及参数自适应调整。链路层容错技术主要包含容错覆盖、容错拓扑控制和编码容错等。网络层主要探索具有容错能力的路由算法和容错编码技术等。传输层建立故障检测、隔离与恢复机制。应用层利用数据融合模型等进行数据检测与容错。跨层协同优化是网络故障容错设计的一个很重要的方面。

根据故障检测与容错的管理模式与结构，可分为集中式、分布式和分层式故障检测与容错模式。集中式故障检测与容错由一个中心节点或基站负责收集并更新网络内所有节点状态信息，并根据节点目前状态与历史信息集中式比较进行判断和容错。分布式故障检测与容错是将网络分簇成一定数量的子区域，每个子区域进行分布式的故障检测与容错，而基站只负责少量节点的状态信息的检测。分层式故障检测与容错综合了分布式和集中式检测与容错模型，子区域簇头节点负责簇内节点信息融合，并将各子区域的融合信息传输到基站节点再进行决策信息融合，从而实现分层式的网络故障检测与容错。

根据无线传感器网络各层次的故障解决方法，借用传统分布式系统的不同故障容错的分类方法，即根据触发容错过程的时间分类标准，可分为故障预防、故障检测、故障孤立、故障诊断和故障恢复五类。故障预防就是避免或阻止故障事件的发生。故障检测是利用不同的方法采集故障事件的特征。故障孤立是关联网络中收集到的各种故障预警信息，并提出各种故障假设。故障诊断就是对各种假设进行论证以获得精确的故障信息并进行故障诊断。故障恢复是对故障进行处理。

故障预防技术就是利用网络现有资源的调度使用，对无线传感器网络可能会产生的故障设计预处理策略以阻止故障的出现，达到不影响网络连续性服务的目的。网络故障预防技术可分为两个级别：节点级和网络级。节点级故障预防旨在延长节点生存期；而网络级故障预防技术可以容忍某些节点发生故障，尝试使网络寿命最大化且确保数据感知的正确性和传输的连续性。网络中使用到的管理资源管理策略、睡眠策略、网络能耗均衡策略、节点冗余部署策略等均可归为此类。

故障诊断技术体现在当网络运行中发现问题时，触发这类故障诊断技术，通过用新组件替换故障组件来试图处理故障以恢复数据检测和传输。替换故障组件不一定意味着必须添加新的组件，而是激活处于睡眠模式或重定位的冗余组件，以保证服务的连续性。节点级别的治愈技术可以预防网络级别的技术。

容错技术分为四个主要类别：能量管理、流量管理、数据管理、覆盖与连接管理（图1-4）。能量管理目标是解决能量消耗过快的问题，最大限度地延长网络寿命，从而防止节点因为能量耗尽产生故障。流量管理包括重新建立传感器节点和数据收集器（接收器或基站）之间的新路由路径。它允许通过建立最佳路径并从任何已建立的路径中选择激活路径以恢复数据传输。数据管理讨论如何通过数据单元的处理来提高网络性能，如网络编码技术等。

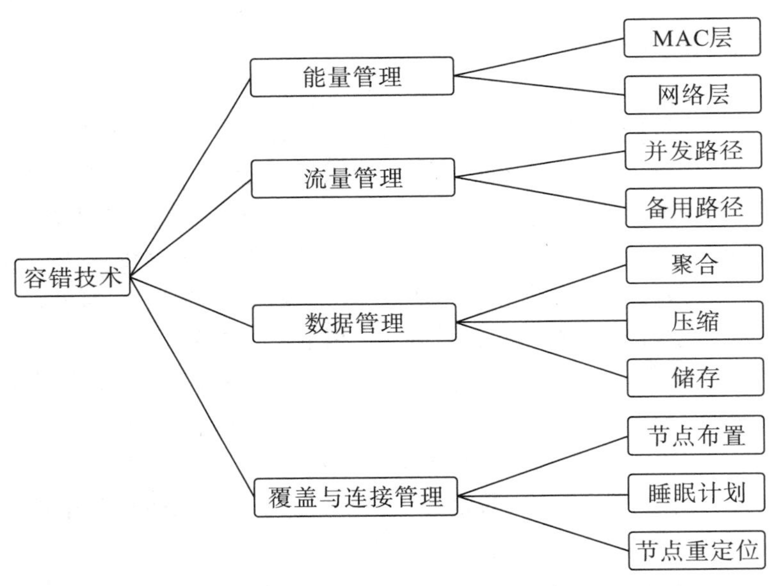

图1-4　容错技术的分类

网络某些组件出现故障会影响网络的可用性。无线传感器网络中的两个重要问题是覆盖性和连通性。覆盖范围决定了传感器网络如何监测感兴趣的区域。如果每个监测点都被 k 个传感器覆盖，这称为 k 覆盖网络。连通性被定义为每个传感器节点通过多跳路由到达的能力，因为传感器节点故障会影响整个网络的覆盖性和连通性，产生网络覆盖的漏洞。

网络故障容错技术可以同时属于不同故障容错分类层次或类别。例如路由协议可以采用一定的策略或方案来管理数据和能量。根据网络规模大小和针对失效的组件所采取故障恢复方法，可引入新的分类方法，将容错机制分为两类：小规模无线传感器网络故障容错机制和大规模无线传感器网络故障容错机制。一方面，当网络规模不同时，同一组件的故障对网络可靠性影响的程度是不同的。小规模网络由少量的传感器节点组成，每个节点在数据感知和传输方面都起着至关重要的作用。因此，任何节点的故障都会显著地影响无线传感器网络的可靠性。然而在大规模网络中，高密度部署了大量的节点（数百或数千）。传感网络的主要应用就是数据采集，尤其是重点关注区域或兴趣区域的信息获取。由于部署节点的密度高、空间相关性强，只要故障节点附近的节点继续收集信息，就可以容忍该节点出现的故障，由其他节点继续感知采集该区域的数据并传输到汇聚节点。另一方面，集中式或分布式的故障处理技术也与网络的规模有着密切的联系。集中式容错机制在网络传感器数量较少的情况下表现良好。但随着节点数量增加，网络故障处理能力会下降。同样，适用于大规模无线传感器网络的分布式故障容错机制，如果应用到小规模无线传感器网络里，则表现不出分布式故障处理的优势。少数节点的无线传感器网络应用集中式故障处理技术比应用分布式故障处理技术在节点之间信息交换和开销等方面更有意义。

1.3.5 容错影响因数

无线传感器网络具有一部分与传统无线网络相同的故障特征，如链路故障和信息堵塞等，但也存在自身独特的故障特征。因此，除了部分分布式系统已成为标准的 SNMP 和 TCP/IP 等故障诊断技术外，须有适合于无线传感器网络的有效的故障容错技术。

（1）自身独特性质。其包括无中心自组网、应用相关性、计算传输资源受限和能量约束等特性，传统的网络协议并不关心能量消耗和计算复杂度等问题，因为有线网络或无线 Ad Hoc 网络等都能得到持续供电，且具有较大的计算资源。传统的用于有线或无线网络的部分故障容错方法不能应用到无线传感器网络中。

（2）工作方式独特。传统网络主要关心的是点对点的传输可靠性，而无线传感器网络主要关注的是事件本身的检测与感知。无线传感器网络的节点故障率要远高于有线网络，因此必须以较少的计算开支对节点的健康状态进行监测。

（3）环境因素。因为节点能量耗尽或外部事件，无线传感器网络节点易发生故障。节点或因为振动、电磁、系统噪声和随机噪声等环境因素干扰导致错误感知数据。因网络拓扑动态变化或节点的移动超出了通信的范围，网络链路质量变差，或因物体阻挡等出现暂时或永久的故障，会导致数据传输的失败。

（4）MAC 层信息处理方式。有线网络为避免数据碰撞和信道错误等问题，主要是在 MAC 层用物理载波侦听和虚拟载波方式进行。而在无线传感器网络中，MAC 层也主要是运用睡眠和唤醒等方式避免数据碰撞，但也只能缓和而不能完全解决信道干扰和数据碰撞等故障问题。信道干扰、数据碰撞或传输堵塞等都会导致数据包丢失。

因此，设计故障容错协议，提高网络可靠性和稳定性，降低能量消耗，提高能量利用效率，显得非常必要。

1.3.6 性能指标与评价

容错技术的性能可以通过许多标准或指标进行评价。这些指标分为两类：第一类包括与执行机制的复杂性和开销直接相关的度量。考虑到无线传感器网络的特点，机制的复杂性在内存、CPU、带宽等方面对可用资源的影响相当大。因此，故障处理机制较为复杂，节点能耗较多较快，一般被推荐到对网络稳定性和可靠性有较高要求的场景中使用。第二类包括衡量容错机制对 WSN 性能影响的评价标准，如应用故障容错技术产生的网络传输时延和无线传感器网络生存期延长等指标，如表 1－1 所示。

表 1－1　无线传感器网络中容错技术的评估指标

度量	描述
消息的数量	机制生成的所需数量的控制消息
CPU 利用率	所需的 CPU 操作数量与机制的复杂性有关
内存利用率	传感器存储空间需要保证容错性
带宽利用率	需要良好执行的带宽百分比
能源消耗	机制所消耗的能量
收敛时间	机制产生的时间从失败中恢复并恢复正常运作
网络生命期延长	寿命延长的百分比
延迟	由容错过程产生的额外传输延迟

许多研究工作提出的网络可靠性，在某种程度或某些角度揭示了通信网的可靠性。但与传统可靠性分析中重要度等类似概念相比较，并没有反映出表示部件与系统行为定性的度量关系，从而限制了对网络容错特性的评价。Turbatte 等人在经典可靠性概念的基础上进行扩展，提出传感器网络的可靠度是指，在传感器节点发生故障的时候，网络系统仍然能观测所有既定变量的概率，同时还将冗余度作为数据观测的容错性度量。这就为传感器网络容错特性的深入分析奠定了基础。

近来有学者用数据包接收率、数据丢包率、数据传输准确率等指标来定量评价无线传感器网络的可靠传输与故障容错性能，同时也用网络能效性与能耗均衡等指标来反映网络系统的整体性能。网络数据传输特性可用数据包接收率和准确率两个指标来反映，这直接反映出链路数据传输质量与容错效果。数据包接收率的定义是在目的节点接收到数据量与源节点发送数据量的比值。数据包的接收率越大，数据包传输过程中丢包率越小，节点间的链路质量越好。数据准确率定义为所接收到的能重组成源数据的数据包量与源节点所发送的数据包量的比值。数据包准确率反映了数据编解码及重组数据包的准确率。网络能耗均衡性是指在网络运行的每段时间内，网络各节点的剩余能量均保持相近的水平。网络剩余能耗是网络运行一段时间后网络所有节点的剩余能量之和，能反映协议运行的能效性。

1.4　故障容错研究进展

1.4.1　总体研究进展

小型无线传感器网络由数十个分散在小面积上的传感器组成。它们可以部署在许多应用领域，如医疗保健、家庭监控等。在这种类型的无线传感器网络中，每个传感器节点在数据感知和传输方面都扮演着非常重要的角色。因此，任何传感器节点的故障都会严重影响网络的可靠性。

1. 能量和流量管理

能源消耗最小化或平衡的机制被认为是容错预防技术，其目标是预防节点延迟或网络故障。故障容错协议基于两种技术：重传和复制。在使用重传技术的协议中，如果没有收到确认（ACK），则节点通过备选路由重传分组。这种技术的主要缺点是重传需要更多的资源，如能量和存储器来缓冲分组，直到 ACK 接收。在复制技术中，相同数据的冗余副本通过不同的路径发送。尽管从某些节点或路径故障中恢复过来，但这种技术会产生很高的开销并增加能源消耗。不过使用数据压缩和编码技术就可解决这个问题。

（1）基于重传的机制。

许多协议选择每个数据传输所需能耗最低的路径，但使用相同的路径经常会导致这条路径上的节点的能量损耗较快。为缓解这一问题，Ad Hoc 传感器网络中基于低能耗的能量感知路由（EAR-LEAHSN）使用不同路径能量参数进行度量。该协议有三个阶段：

· 设置阶段：在此阶段，建立路由表、建立源地址和目的地址之间的所有路由及其能耗成本。

· 数据通信阶段：根据给定的能耗成本，按概率方式选择路径并将数据从源地址发送到目的地址。

· 路由维护：定期检查所有路径，以更新路由表并只保留活动路径。

该算法通过使用朝向接收器的不同路径来防止由于能量过早耗尽而引起的节点故障。它通过在活动路径上重新传输数据来容忍路径的故障，但 EAR-LEAHSN 成本较高，因为每个节点都会将所有路径及其成本的参数值保存到目的地。

叶明路（2007）提出了两种方案，允许在主路由出现故障后使用路由快速选择机制将数据传输到汇聚节点。因此，数据可以通过选定的路径传输。

Hassanein Luo（2006）定义了可靠的能量感知路由协议（REAR），其包括能量感知路由和在传输层的能量预留机制。它分为四个步骤：

· 服务路径发现（SPD）：接收器通过网络洪泛路径请求。该请求与每个节点中的可用能量相结合。源节点生成能量预留请求并通过反向路径将其发送到接收器。每个中间节点为该路径预留一部分可用能量。

· 备份路径：一旦选择了服务（主）路径，接收器将启动备份（恢复）路径选择，使用与 SPD 相同的过程，同时排除属于服务路径的节点。

· 可靠性传输：REAR 依靠确认信息来保证数据传输的正确性。每个节点保存数据的一个副本，直到收到一个 ACK。如果没有收到 ACK，则节点将数据发送回源节点，沿备份路径重新发送数据。

· 能量释放：当路径失效时，向所有中间节点发送错误消息，释放此路径的保留能量并将其添加到可用能量中。

该算法的主要优点是可以在备份路径上立即重新传输数据，无须为其选择新路径而导致额外的延迟。然而，备份路径的维护要求即使路径从未被使用也保留一部分能量，因为允许一个内存空间维护这些备份路径，也可能导致内存不足。

在 2000 年，定向扩散（DD）被提出并成为 WSN 中最流行的路由协议之一。它使用属性值描述来从传感器节点请求信息。它分三个阶段执行：

第一个阶段是探索阶段。在这个阶段中，信宿通过向信息源发送一个 Interest（指定需要哪些信息的询问）来启动数据收集。当一个节点收到一个来自邻居的兴趣信息包时，它会向这个邻居创建一个渐变值（直接链接）。一旦 Interest 值被重新获得，源节点就开始通过所有路径进行数据传输。

第二个阶段是积极强化。接收器通过不同的路径从源接收数据，选择时延性能最好的数据，并以更高数据传输率发送原始兴趣包。

第三个阶段是路由维护。当接收端发现数据传输存在问题时，它会选择另一条路径或触发另一个探索阶段。

由于这个协议是一个查询 - 驱动的协议，因此不能用于连续数据传输的网络中。此外，该协议在 Interest 洪泛期间不使用节能机制，并且在第一阶段建立的所有路径上进行周期性的低速率传输。然而，新路径的强化克服了在主路径上故障节点影响传输的问题。

定向扩散结构如图 1 - 5 所示。其由主路径和备份路径组成，传输速率较低。

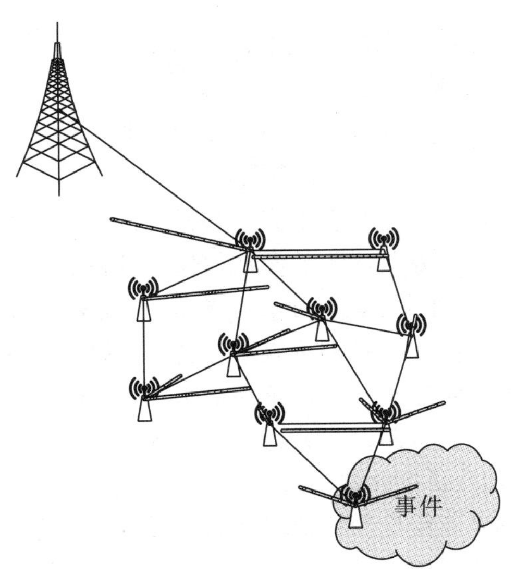

图 1 - 5　定向扩散结构

Intanagonwiwat（2000）提出了无线传感器网络的高能效多路径路由协议。它采用与定向扩散相同的技术，在传递两个加强信息的阶段有区别。第一条消息强化了最好的邻居，而另一条消息则强化了次好邻居。这个过程在每个节点中重复，可以找到几个部分不相交的路径。这些编织的多路径有助于快速从故障中恢复。

当主要路径的一部分失效时，将使用该部分的替代路径。然而，所有路径都是前向的，而且必须保持活跃，这增加了网络能源消耗。

（2）基于数据复制的容错机制。

Deb 等人提出了 ReInForM 算法，即在传感器网络中使用多路径的可靠信息转发策略。其算法首先在网络中洪泛地广播更新路由消息，使得每个节点可以确定其邻居以及到信宿的跳数。当源节点需要发送数据时，它将动态包状态（DPS）添加到消息头中。该状态包括到 Sink 节点的跳数、本地信道错误率和期望的可靠性等信息，并根据可靠期望值通过不同的路径发送多个数据副本。每个中间节点使用 DPS 信息来确定要发送副本的数量。

该协议提供了较高的数据传输可靠性，通过发送同一个数据包的多个副本到接收器实现传输故障容错。但对于网络能耗和带宽的利用，其协议执行的代价较高。

其所提出的路由协议性能分析如表 1-2 所示，同时从节能、消息数量、消息最小化和容错机制等方面给出了这些算法之间的比较。大多数容错机制都是基于备份路径的，当主要路径发生故障时使用多路径传输多个数据副本，以确保至少有一个数据副本能到达信宿。

表 1-2　小规模无线传感器网络路由协议对比

协议	节能	消息最小化	聚合	容错机制
EAR-LEAHSN	是	否	否	其他路径
REAR	是	–	–	备份路径
定向扩散	否	是	是	加强另一条路径
编织路线	是	否	否	备份编织路径
ReInForM	否	否	否	多条路径

2. 数据管理

数据管理中常用三种技术：数据聚合、数据压缩和数据存储。

（1）数据聚合。

这种技术允许用户获得监视字段的一个全局视图，而不是多个单独的视图，即单独获取每个传感器节点值。这减少了通过网络传输的数据量，并因此降低了由通信引起的消耗能量。

这种技术通常与聚类相结合，它克服了大量节点数据传输和处理的问题，将节点组织成簇，并选择一些节点作为引导者（簇头）进行数据处理和传输。有文献提出的算法是具有故障容错功能的。这意味着它们能从簇头故障中恢复过来。聚合算法基于两种技术：树聚合和迭代聚合技术。树聚合方式是将网络组织为一棵逻辑树，数据从树叶传播到根节点（树节点）。迭代聚合集合算法是基于多次迭代收敛的。在每一轮算法迭代中，整个网络分成多个小组，并且组中的每个节点聚集感知数据。经过多轮迭代聚集后，所有的网络节点都有相同的信息。在文献中，分布式随机分组算法（DRG）被认为是一种迭代聚合算法。在每一轮中，一个节点以概率为 p 成为小组组长，它的邻居节点通过将其采集的信息发送给它并计算聚合值（SUM，AVG，MAX），并将计算结果重新发送给所有新加入组的成员。成员用新值替换更新它们的值。当所有节点具有相同的聚合值时，该算法收敛。在一些节点发生故障的情况下可保证数据在网络中持续存在。

微小聚合协议（TAG）是基于树结构聚合的代表性协议。这是 Tiny OS 的一个核心服务，它为声明查询提供了一个有用的接口。事实上，TAG 并没有使用新的查询语言，而是模仿了单个传感器上 SQL 风格的查询语法。聚合过程分为两个阶段：第一个阶段是分发阶段。在这个阶段里，网络中注入聚合查询，如 AVG、SUM、COUNT、MEDIAN 等，并且以基站作为根节点建立整个树结构。第二个阶段是数据收集，其中汇总值沿子级节点到父级节点最后到根节点的路由进行传输。

微小聚合协议的主要问题是节点故障导致整个子树故障。为了克服这个问题，提出了一些解决方案。一个解决方案的思想是，当它们没有收到父代的数据时便选择另一个父代的子代。另一个解决方案是维护父代的缓存来记录它们子代的部分值。这些记录值是父代错过更新值时使用的。

Nathy（2004）提出了两种容错聚合方案。

第一种方案是 Synopsis Diffusion 算法。它使用节能的多路径路由方案来容忍一些节点和一些链路故障。数据聚合过程要用到三个函数：从感测数据生成概要，利用概要生成函数，利用融合函数生成来自两个概要的新概要，最后利用概要评价函数从概要中提取最终答案。

该算法分两个阶段执行：分发阶段和汇总阶段。在第一阶段，查询被注入网络中，并建立聚合拓扑。第二阶段是传输数据汇总。在每个概要传输中使用多路径提供容错机制以从一些节点或链路故障中恢复。协议面临的问题是如何处理重复敏感的聚合，如 SUM、COUNT 等，建议使用散列函数来解决这个问题。

第二种方案是 Ride-Sharing Protocol，其基本思想是通过将丢失的数据包与另一个正确地监听到该数据包的传感器节点的数据进行聚合，从而将丢失的数据包进行恢复。与 Synopsis Diffusion 不同，每个值最多只能聚合一次，因此它直接支持重复敏感的聚合。

恢复机制遵循两种技术：第一种是级联技术，其中列出了备份父级，列表中的第一个父级尝试纠正错误。如果失败，列表中的下一个参与者将负责错误恢复。第二种为扩散技术，所有后备父代通过将其缺失值分开来进行恢复，并且每个父代聚集丢失分组的一部分。

（2）数据压缩。

与数据聚合不同，数据压缩包括减少每个传感器传输的数据量，且不会丢失信息，从而使接收器可以提取每个传感器值。除了通过减少数据传输量减少每个节点能量消耗之外，数据压缩是一种与基于复制的路由协议一起使用的通用协议。该协议允许发送相同数据的多个副本而不增加可用资源的使用，如存储器和能量等。

与 Slepian 和 Wolf 的压缩理论相关的技术之一是分布式信源编码（DSC），它主要基于传感器输出之间的相关性。DSC 算法要求接收器和所有传感器都拥有这个相关性。这个机制利用了节点密集的 WSN 中相同节点附近的传感器所产生的信息具有高度冗余特性的原理。如果一个节点把其数据发送到信宿，则它的邻居节点只发送几个有代表性的数据位。然后根据这两个节点数据之间的相关性，信宿可以提取出第二个节点的数据值。许多被提出的算法正是基于 DSC 机制并已经在无线传感器网络应用上进行了实验且得到了验证，例如 Pradhan（2005）提出的方案。

（3）数据存储。

数据存储是数据管理中一个很有趣的问题。当部分节点产生故障或失败时，对故障节点的数据恢复是具有挑战性的。通常采用的数据存储技术正是基于数据冗余机制。

基于这种数据存储机制，传感器存储器分为两个区域：数据存储器和冗余数据存储器。数据存储器用于存储感知信息和从其他传感器恢复的故障数据。冗余数据存储器用于存储将在数据恢复过程中使用的冗余数据。每个传感器通过（$n-1$）个传感器分配其数据的副本，使得每个传感器存储一部分其他传感器的冗余数据。这份冗余数据由始发节点定期更新。如果一个节点发生故障，其他节点合作从其冗余存储器中恢复所有的数据，并将这些数据存储为恢复的数据。只有在接收器不可用时才执行此协作恢复。否则，接收器可以直接访问所有的传感器存储器并恢复数据。

这种技术的主要缺点是它不能容忍同时发生多节点故障或在数据恢复的开始到结束之间发生节点故障。Piotrowski（2009）提出了一种名为微小分布式共享内存的新方法 TinyDSM。TinyDSM 是一种提供可靠分布式数据存储的中间件。节点广播数据给其他节点，将数据副本存储到附近的一些节点上，并通过广播数据的发起节点定期发出请求更新数据副本。如果需要在网络中查询一个节点数据，它可以由具有数据副本的任何节点来应答，而不仅仅由信息发起节点来应答。即使某些节点处于睡眠模式导致数据访问或恢复失败，其节点存储的数据也是可用的。

该数据存储机制可根据节点之间的跳数和可用内存等参数来选择节点存储其副本数据。这个数据存储机制有两个缺点：第一，TinyDSM 不考虑节点能量约束；第二，如果对存储较多的数据副本的节点进行数据更新，则源节点可能成为数据更新的瓶颈。

3. 覆盖范围和连接性

无线传感器网络覆盖性和连接性的保证主要采用两大类算法：预防性算法和甄别性算法。

（1）预防性覆盖/连接管理。

预防算法取决于网络节点部署策略和网络拓扑结构维护，通过激活处于睡眠模式的冗余节点或某些移动传感节点来替换出现故障的节点。

王晓瑞（2003）覆盖配置协议（CCP）试图实现网络良好的覆盖和连接。这种机制只激活一组节点，使整个区域被覆盖和网络连通，其他节点进入休眠状态，以延长网络生命周期。节点可以处于以下三种状态之一：SLEEP、ACTIVE 或 LISTEN。在

ACTIVE 状态下，节点参与数据感知和数据传输。处于侦听状态时，节点可以侦听来自邻居的 HELLO 消息，用于维护邻居路由信息表。如果其感应区域的一部分未被其邻居覆盖，则该节点有资格成为活动节点。最初处于网络中的所有节点都处于 ACTIVE 状态。如果覆盖程度高于设定要求，一些节点关闭并休眠一段时间T_s。如果其他节点由于能量耗尽等原因导致节点故障，则可以激活这些节点。使用的消息类型包括三种：HELLO 消息周期性地在邻居之间交换信息，JOIN 消息通知邻居节点转化为活动状态，当节点进入休眠状态时向节点发送 WITHDRAW 消息。在 LISTEN 和 ACTIVE 状态下，节点使用随机定时器来避免两个邻居同时退出或激活。状态转换的规则如图 1-6 所示。T_s、T_l、T_j、T_w分别是睡眠定时器、监听定时器、加入定时器和撤销定时器。

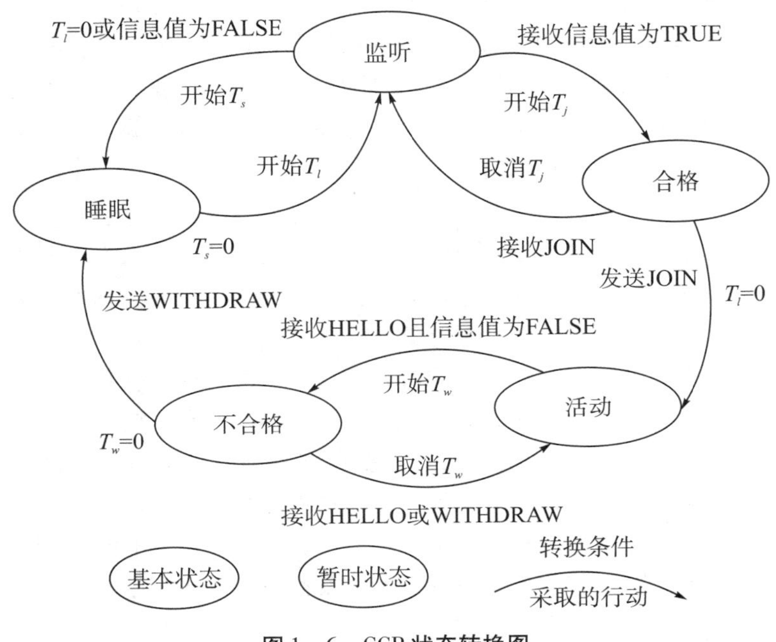

图 1-6　CCP 状态转换图

只有当$R_c \leqslant R_s$（R_c是通信范围，R_s是感测范围）时，CCP 才提供连通性。如果不是这种情况，CCP 与 SPAN 集成在一起，SPAN 维护由主动节点组成的通信骨干网。

Benahmed 等人提出了监测和自组织机制，以增强关键节点的连通性。为了实现其功能，该算法将网络视为单位圆盘图 G（V，E），其中 V 表示节点集（顶点），E 表示它们之间的链接。在 AP 点检测阶段，根据图形建立一个生成树来提取所有关节节点。在第二阶段，应用蚂蚁行为启发的自组织算法。该算法试图通过唤醒冗余邻居节点来组织网络，特别是在 AP 周围。如果没有冗余节点，算法转到 1 跳邻居，从其最高能量的冗余节点中选择一个，并将其移动到 AP 附近或增加其通信范围。

中继节点布置是另一种提供容错能力的方法，其主要目标是放置一组中继节点，以提高网络中的可靠性和容错能力。问题是如何放置最少数量的中继节点来覆盖一组随机分布的传感器，使得每个传感器被至少 k 个节点覆盖以使网络 k 连接（2 连接以保证容错）。

刘海（2006）讨论了这个问题并给出了最小中继节点布局（MRP）作为一个解决方案，把一组最小数量的中继节点作为网络传输骨干节点。这个骨干网能够保证在没有其他节点参与的情况下数据成功传输。MRP 旨在使网络 2 连接，这意味着每个传感器可以与其他两个节点通信。这需要两个步骤：第一步是放置一定数量的节点，使网络 1 连接（MRP－1）。第二步是添加一些节点，使网络 2 连接（MRP－2）。

在 MRP－1 中，使用两种算法：第一种被称为最小磁盘覆盖方案，其思想是将具有相同通信范围的最少数量的中继节点进行放置，以使得每个传感器可以至少与一个中继节点进行通信；第二种算法是具有最小 Steiner 点数的 Steiner 树问题（STP-MSP），其目的是添加最少数量的节点来连接放置在第一个算法中的节点。

MRP－2 的基本思想是添加额外的中继节点，成为网络 2 连接。该算法在置于 MRP－1 中的每个节点的通信圈中增加了三个备份节点。新节点是等边三角形山峰，其中心是旧节点。针对网络具有故障容错功能的节点布置问题，张玮懿（2007）对 MRP－2 进行了扩展。

图 1－7 给出了三种算法应用后的网络拓扑结构。在第一种拓扑中，网络由最小磁盘覆盖算法覆盖，但两个中继节点没有连接。在 STP-MSP 应用之后，网络是连接的。MRP－2 通过增加一个中继节点组来保证网络的容错能力。

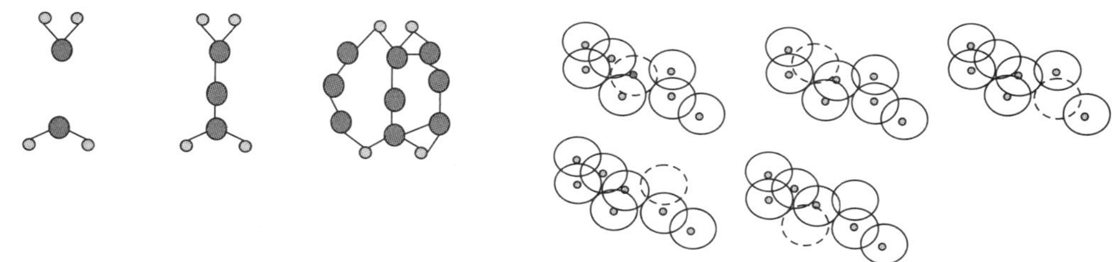

图 1－7　中继节点在 MRP 中的位置

（2）甄别覆盖/连接管理。

当在网络中检测到故障时，将调用甄别覆盖/连接管理技术，尝试重新组织网络拓扑以恢复连接性或提升网络覆盖范围。

面向覆盖的连接恢复算法（C3R）容忍节点故障，并能从有故障节点的网络中进行恢复。其基本思想是网络中任何一个节点都建立并维护它 1 跳邻居节点的信息，协调故障节点附近的节点，暂时将每个邻居移动到其位置一段时间，替换故障节点。该算法适用于具有移动节点的传感器网络。

为确保网络故障容错，C3R 分四步进行。第一步是预操作失败，每个节点必须通过交换 HELLO 消息来建立它的邻居列表，并且通过 HEARTBEAT 消息来更新。当一个节点错过来自邻居的 HEARTBEAT 消息时，此节点被假定失败。第二步是与邻居节点同步。在故障检测之后，未参与先前节点恢复的邻居移动到故障节点位置。到达该位置的第一个节点成为恢复协调器，其他节点停止移动。第三步为制定故障恢复策略，协调节点选择处理网络故障及对节点进行恢复和链接。每个节点通知协调者进行失败节点处理时，都要计算其覆盖度、可用能量和到故障节点的原始距离等指标。只有覆盖率高、节点位置距离小、能量高的节点才能进行故障恢复。协调节点将建立一个时间表，为每个恢复节点分配故障节点位置的重定位时间和持续时间。第四步是故障恢复策略的执行。计划中的第一个节点占用故障节点的位置，其他节点重新回到其初始位置。一段时间后，另一个节点移动到故障节点位置处以替换故障节点，而第一个节点返回到其初始位置并且通知其邻居节点。移动节点一个接一个地来回移动。如果节点的能量低于设定的阈值，则通知主动协调器分配新的调度。

在图 1-8 中，阴影节点表示具有相同感测范围的具有四个邻居节点的故障节点。这些邻居节点从它们最初的共同区域（虚线圆圈）逐一恢复故障节点。

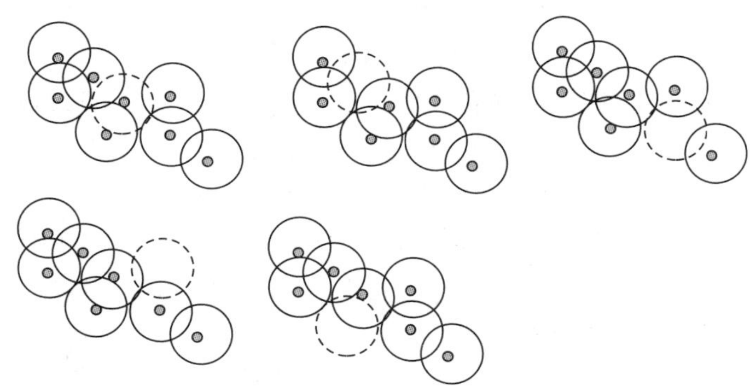

图 1-8　在 C3R 中执行的恢复过程

Gandhi（2011，2014）提出了两种技术：第一种技术允许通过重新部署某些节点或通过节点迁移来实现连接故障恢复或网络连通。最小移动技术（MMT）能减少节点迁移所引起的网络覆盖漏洞。第二种技术为将多通道通信与 WSN 故障恢复相结合的解决方案。其提出的方法通过重新部署节点来保证 WSN 分区后的连接恢复，然后重新分配信道，同时限制对属于故障节点附近的节点的重新分配处理。算法 Least-Disruptive topology Re-pair（LeDiR）通过重定位最小节点数而不延长最短路径的长度来恢复参与节点之间的连接。在 LeDiR 中，恢复过程仅被限制在属于 WSN 分区之后的最小不相交网络段的邻居。这些方法针对的是从单个节点故障中进行故障恢复，并没有考虑处理多个节点同时发生故障的情况。

1.4.2　现状与趋势

近年来，国外开展了针对无线传感器网络可靠传输与故障容错的研究，国内在这方面的研究起步总体较晚。现有的可靠传输与故障容错的研究内容主要在于网络各层协议及算法的优化和多层间的联合优化控制及系统硬件容错等。当前国内外无线传感器网络容错研究主要集中在部署覆盖、事件检测和数据传输三个方面。

（1）通过节点的部署覆盖实现网络故障容错。在无线传感器网络的部署阶段，研究节点的置放问题及节点的连通性，在保持相关监测区域一定节点冗余度情况下的容错问题，中继节点和移动节点的置放与移动问题，k 连通度情况下容错性及其他性能指标，基于区域连通性等问题，实现无线传感器网络的故障容错。

（2）通过事件检测实现网络故障容错。运用最大似然估计和 Bayesian 理论来解决链路失效的问题。在基于地理位置感知的分布式事件检测中，利用节点失效会引起拓扑的变化来检测出失效节点并对错误进行恢复。研究在节点存在一定失效概率的前提下，综合计算出事件发生的概率，检测出失效的节点，研究每个节点具有邻居节点最优的数量等问题。在异构传感器网络中采取分布式投票算法来增强事件检测的容错性等。

（3）通过数据重传、网络编码和多路径路由技术等实现网络故障容错。网络层路由故障容错主要是通过多路由数据重传和网络编码的方式实现。多路由数据重传是源节点在确认存在路由故障时，通过重新建立路径或在事先建立好的多路径路由表中选择激活实现数据容错，即冗余路由容错。网络层的数据冗余传输是将原始数据进行复制后，将多个同一源数据的备份通过不同的路径进行传输。若无线传感器网络发生节点或路径故障，可通过其他路径备份的数据在目的节点对源数据包进行恢复，即通过源数据包多路径传输的冗余性实现故障容错，但数据传输过程开销较大。在这三个方面中，最吸引研究者注意的是网络层数据传输的容错性研究，它是目前无线传感器网络故障容错较主要的一个研究方面。

根据无线传感器网络可靠传输与故障容错研究现状，跨层协议的协同优化和基于仿生学理论与现代智能仿生算法的故障容错，将会引起学者们的关注和深入的研究。

（1）基于跨层协议协同优化的网络故障容错。

未来容错协议的设计，不仅某层次的协议须具有故障容错的功能，还应结合其他层，实现跨层联合优化容错，如结合容错拓扑结构的网络层路由算法，或结合 MAC 层的容错路由算法，或结合节点部署及连通性等设计容错拓扑结构等。复合方式实现容错是无线传感器网络故障检测与容错很重要的一个研究方向。

（2）基于仿生学理论的网络故障容错。

生物免疫系统机理、人工神经网络、粒子群算法、蚁群算法、遗传免疫算法、模糊诊断和专家系统等仿生学理论和现代智能仿生算法，对无线传感器网络故障容错提供了较好的思路和方法，已凸显出较好的容错效果，成为新的研究热点。

已有学者应用仿生学理论和现代智能仿生算法，实现无线传感器网络故障检测与容错研究并取得较好的效果。如将蚁群算法的群智能计算优势引入网络层多路由的构建中，粒子群算法能够利用其快速的聚类收敛特性在拓扑构建中提高网络分簇效率，人工神经网络或结合模糊算法等在应用层可对感知数据单元进行预测与容错，遗传算法可应用到网络链路层或网络层对其数据单元进行编码传输提高数据容错性等。根据免疫系统机理进行无线传感器网络故障检测与容错，已初显良好的容错效果和优势。

1.4.3　问题与挑战

网络层可靠传输与故障容错技术是无线传感器网络故障容错的一项非常重要的研究内容。网络层容错控制技术仍是无线传感器网络容错研究的重点。现在已有对无线传感器网络故障容错的研究，对无线传感器网络数据传输稳定性和可靠性等方面有较好的提升。但由于无线传感器网络自身独特的特点以及工作环境等因素，网络数据传输可靠性和稳定性等始终是需要面临的一个难题。这为无线传感器网络故障容错技术带来了较大的挑战。当前无线传感器网络可靠传输与故障容错研究的难点和挑战主要有以下几个方面：

（1）高可靠性和稳定性。高可靠性和稳定性始终是无线传感器网络研究的难点，尤其是应用到火灾预警、安全检测、健康监护和关键设备状态监测等领域时，它要求每一个数据包都必须及时准确地传输到目的节点或用户终端。

（2）故障容错性。网络自身独特的性质、拓扑控制与工作环境等因素的影响，要求系统必须具有良好的故障容错性。网络节点或链路出现故障时能自适应使用备份的节点与链路，或通过建立新的工作拓扑和传输路径等方式实现故障容错，以保证网络运行的稳定性和数据传输的可靠性。某些应用领域的高可靠性和稳定性要求，也为无线传感器网络故障容错技术带来了较大的挑战。

（3）协议优化。针对不同的网络特点和应用要求，建立优化的传输协议与故障容错机制，并充分考虑到算法计算复杂度、能效性和时间延迟等关键指标，需具有灵活可扩展的自适应性，探讨更有效的建立方式，例如引入仿生智能算法等。目前多路径路由较多考虑的是单源节点、单目的节点或多源节点的情况，根据不同的网络应用需求，将多路径路由传输机制延伸到多源节点多目的节点情况下开展故障容错研究。

（4）跨层联合优化控制。网络层多路径传输机制与网络拓扑结构设计相结合，即网络层多路径路由机制与节点代理、移动节点管理策略、节点覆盖性与连通性策略相结合，开展网络容错控制技术研究。网络层可靠传输与故障容错包括多路径路由传输与编码机制、数据重传机制或负载均衡机制相结合等。将网络编码与多路由传输相结合实现容错，根据网络及节点能耗、开销、时延和带宽利用情况，实施负载均衡机制，优化网络编码技术，降低计算复杂度，减少传输时延，提高数据传输有效性和准确率，解决网络编码与时间同步的问题，或结合安全性考虑容错等。

除了以上面临的问题和挑战外，在无线传感器网络中可靠传输与故障容错研究方面还存在对提出的算法或策略的相关要求，诸如可行性、应用相关性、可扩展自适应性、高效灵活性、高能效性、计算开销和低复杂度等。

1.5 本章小结

本章详细介绍了普适计算与物联网的基本概念以及无线传感器网络的主题框架和故障容错等内容。从“智慧地球”到“感知中国”，物联网备受国际国内的关注。物联网将是继计算机与互联网之后，世界信息产业的第三次浪潮。而物联网的发展需要以无线传感器网络为基础，无线传感器网络具有数据传感、处理和无线通信能力的传感器节点，是通过自组织方式构建的网络，综合了传感器技术、嵌入式计算技术、现代通信网络及分布式信息处理技术等。在无线传感器网络数据传输中容易出现节点失效、数据异常和丢包等现象，本章针对无线传感器网络容错控制方案进行了系统性的阐述，并对容错控制未来的发展作出详细分析，指出提高无线传感器网络的可靠性和鲁棒性具有非常重要的意义。

参考文献

[1] Marco C, Sajal K, Chatschik B, et al. Looking ahead in pervasive computing: Challenges and opportunities in the era of cyber-physical convergence [J]. Pervasive and mobile computing, 2012, 8 (1): 2-21.

[2] Kakousis K, Paspallis N, Papadopoulos G A. A survey of software adaptation in mobile and ubiquitous computing [J]. Enterprise information systems, 2010, 4 (4): 355-389.

[3] Wang M M, Cao J N, Li J, et al. Middleware for wireless sensor networks: A survey [J]. Journal of computer science and technology, 2008, 23 (3): 305-326.

[4] Chen J, Huang L. A fault-resilient method for wireless sensor networks in pervasive computing [J]. Sensor letters, 2013, 11 (5): 853-861.

[5] Atzori L, Iera A, Morabito G. The internet of things: A survey [J]. Computer networks, 2010, 54 (15): 2787-2805.

[6] Chen J L. A survey of trust management in WSNs, internet of things and future internet [J]. KSII Transactions on internet and information systems (TIIS), 2012, 6 (1): 5-23.

[7] Gluhak A, Krco S, Nati M, et al. A survey on facilities for experimental internet of things research [J]. IEEE Communications magazine, 2011, 49 (11): 58-67.

[8] Akyildiz I F, Su W, Sanka R A, et al. Wireless sensor networks: a survey [J]. Computer networks, 2002, 38 (4): 393-422.

[9] Yick J, Mukherjee B, Ghosal D. Wireless sensor network survey [J]. Computer networks, 2008, 52 (12): 2292-2330.

[10] 闫宇博，杨盘隆，张磊，等. 基于时空多样性编码的低轮值无线传感器网络可靠传输算法 [J]. 通信学报，2012，33 (6): 103-111.

[11] 梁露露，高德云，秦雅娟，等. 无线传感器网络中面向紧急信息可靠传输协议 [J]. 电子与信息学报，2012，34 (1): 95-100.

[12] Paek J, Govindan R. Rcrt: Rate-controlled reliable transport protocol for wireless sensor networks [J]. ACM Transactions on sensor networks (TOSN), 2010, 7 (3): 20.

[13] Luo X, Dong M, Huang Y. On distributed fault-tolerant detection in wireless sensor networks [J]. IEEE Transactions on computers, 2006, 55 (1): 58-70.

[14] Nakayama H, Ansari N, Jamalipour A, et al. Fault-resilient sensing in wireless sensor networks [J]. Computer communications, 2007, 30 (11): 2375-2384.

[15] Lee M H, Choi Y H. Fault detection of wireless sensor networks [J]. Computer communications, 2008, 31 (14): 3469-3475.

[16] Lu B, Gungor V C. Online and remote motor energy monitoring and fault diagnostics using wireless sensor networks [J]. IEEE Transactions on industrial electronics,

2009, 56 (11): 4651 -4659.

[17] 张乐君，国林，张健沛，等. TCP 连接迁移的移动无线传感器网络数据可靠传输技术研究［J］. 哈尔滨工程大学学报，2010，31（5）：627 -631.

[18] 陈拥军，袁慎芳，吴键，等. 无线传感器网络故障诊断与容错控制研究进展［J］. 传感器与微系统，2010，29（1）：1 -5.

[19] Shi H C, He J, Liao B Y, et al. Fault node recovery algorithm for a wireless sensor network [J]. IEEE Sensors journal, 2013, 13 (7): 2683 -2689.

[20] Paradis L, Han Q. A survey of fault management in wireless sensor networks [J]. Journal of network and systems management, 2007, 15 (2): 171 -190.

[21] Bhatti S, Xu J, Memon M. Clustering and fault tolerance for target tracking using wireless sensor networks [J]. IET Wireless sensor systems, 2011, 1 (2): 66 -73.

[22] Lu H, Li J, Gui Z M. Secure and efficient data transmission for cluster-based wireless sensor networks [J]. IEEE Transactions on parallel and distributed systems, 2014, 25 (3): 750 -761.

[23] Schaffer P, Farkas K, Horvth Á, et al. Secure and reliable clustering in wireless sensor networks: A critical survey [J]. Computer networks, 2012, 56 (11): 2726 -2741

[24] Zhang Y Y, Shu L, Park M S, et al. An intelligent and reliable data transmission protocol for highly destructible wireless sensor networks [J]. Journal of internet technology, 2009, 10 (5): 539 -548.

[25] Oh H, Han T D. A demand-based slot assignment algorithm for energy-aware reliable data transmission in wireless sensor networks [J]. Wireless networks, 2012, 18 (5): 523 -534.

[26] Djukic P, Valaee S. Reliable packet transmissions in multipath routed wireless networks [J]. IEEE Transactions on mobile computing, 2006, 5 (5): 548 -559.

[27] 王翥，王祁. 多约束容错性 WSN 中继节点布局算法的研究［J］. 电子学报，2011，39（3）：116 -120.

[28] Liu Y, Zhu Y, Ni L M, et al. A reliability-oriented transmission service in wireless sensor networks [J]. IEEE Transactions on parallel and distributed systems, 2011, 22 (12): 2100 -2107.

[29] Fenxiong C, Shen Y, Dianhong W, et al. A fault-tolerant fast detection of abnormal event scheme for wireless sensor networks [J]. Journal of computational information systems, 2012, 8 (22): 9323 -9332.

[30] 李玉凯，白焰，方维维，等. 一种无线传感器网络可靠传输协议及其仿真分析［J］. 系统仿真学报，2010，22（6）：1551 -1556.

[31] Lin C H, Kuo J J, Liu B H, et al. GPS-free, boundary-recognition-free, and reliable double-ruling-based information brokerage scheme in wireless sensor networks

[J]. IEEE Transactions on computers, 2012, 61 (6): 885 - 898.

[32] Boukerche A, Martirosyan A, Pazzi R. An inter-cluster communication based energy aware and fault tolerant protocol for wireless sensor networks [J]. Mobile networks and applications, 2008, 13 (6): 614 - 626.

[33] Sridhar P, Madni A M, Jamshidi M. Hierarchical aggregation and intelligent monitoring and control in fault-tolerant wireless sensor networks [J]. IEEE Systems journal, 2007, 1 (1): 38 - 54.

[34] Du R, Ai C, Guo L, et al. A novel clustering topology control for reliable multi - hop routing in wireless sensor networks [J]. Journal of communications, 2010, 5 (9): 654 - 664.

[35] Anisi M H, Abdullah A H, Razak S A. Energy-efficient and reliable data delivery in wireless sensor networks [J]. Wireless networks, 2013, 19 (4): 495 - 505.

[36] Wu J, Sun N. Optimum sensor density in distortion-tolerant wireless sensor networks [J]. IEEE Transactions on wireless communications, 2012, 11 (6): 2056 - 2064.

[37] Chen X, Kim Y A, Wang B, et al. Fault-tolerant monitor placement for out-of-band wireless sensor network monitoring [J]. Ad Hoc networks, 2012, 10 (1): 62 - 74.

[38] Chen R, Speer A P, Eltoweissy M. Adaptive fault-tolerant QoS control algorithms for maximizing system lifetime of query-based wireless sensor networks [J]. IEEE Transactions on dependable and secure computing, 2011, 8 (2): 161 - 176.

[39] Feng Y, Tang S, Dai G. Fault tolerant data aggregation scheduling with local information in wireless sensor networks [J]. Tsinghua science & technology, 2011, 16 (5): 451 - 463.

[40] Wu K, Dreef D, Sun B, et al. Secure data aggregation without persistent cryptographic operations in wireless sensor networks [J]. Ad Hoc networks, 2007, 5 (1): 100 - 111.

[41] Zhou H, Wu Y, Hu Y, et al. A novel stable selection and reliable transmission protocol for clustered heterogeneous wireless sensor networks [J]. Computer communications, 2010, 33 (15): 1843 - 1849.

[42] 刘韬. 基于梯度的无线传感器网络能耗分析及能量空洞避免机制 [J]. 自动化学报, 2012 (8): 1353 - 1361.

[43] Bari A, Jaekel A, Jiang J, et al. Design of fault tolerant wireless sensor networks satisfying survivability and lifetime requirements [J]. Computer communications, 2012, 35 (3): 320 - 333.

[44] Yin R R, Liu B, Li Y Q, et al. An evolution model of fault-tolerant topology in wireless sensor networks [J]. Journal of computational information systems, 2013, 9 (19): 7881 - 7887.

[45] Alsaade F. Proposing a secure and reliable system for critical pipeline infrastructure

based on wireless sensor network [J]. Journal of software engineering, 2011, 5 (4): 145 -153.

[46] Karim L, Nasser N, Sheltami T. A fault - tolerant energy-efficient clustering protocol of a wireless sensor network [J]. Wireless communications and mobile computing, 2014, 14 (2): 175 -185.

[47] Yin R R, Liu B, Li Y Q, et al. Adaptively fault-tolerant topology control algorithm for wireless sensor networks [J]. The journal of China universities of posts and telecommunications, 2012 (19): 13 -35.

[48] Li Y, Zhao L, Liu H, et al. An energy efficient and fault-tolerant topology control algorithm of wireless sensor networks [J]. Journal of computational information systems, 2012, 8 (19): 7927 -7935.

[49] 李宏，谢政，陈建二，等. 一种无线传感器网络分布式加权容错检测算法 [J]. 系统仿真学报，2008，20 (14): 3750 -3755.

[50] Hsieh H C, Leu J S, Shih W K. A fault-tolerant scheme for an autonomous local wireless sensor network [J]. Computer standards & interfaces, 2010, 32 (4): 215 -221.

[51] Wang T Y, Chang L Y, Duh D R, et al. Fault-tolerant decision fusion via collaborative sensor fault detection in wireless sensor networks [J]. IEEE Transactions on wireless communications, 2008, 7 (2): 756 -768.

[52] Moustapha A I, Selmic R R. Wireless sensor network modeling using modified recurrent neural networks: Application to fault detection [J]. IEEE Transactions on instrumentation and measurement, 2008, 57 (5): 981 -988.

[53] You Z, Zhao X, Wan H, et al. A novel fault diagnosis mechanism for wireless sensor networks [J]. Mathematical and computer modelling, 2011, 54 (1): 330 -343.

[54] Wang T Y, Han Y S, Chen B, et al. A combined decision fusion and channel coding scheme for distributed fault-tolerant classification in wireless sensor networks [J]. IEEE Transactions on wireless communications, 2006, 5 (7): 1695 -1705.

[55] Xue Y, Ramamurthy B, Wang Y. LTRES: A loss-tolerant reliable event sensing protocol for wireless sensor networks [J]. Computer communications, 2009, 32 (15): 1666 -1676.

[56] Oh H, Vanvinh P. Design and implementation of a MAC protocol for timely and reliable delivery of command and data in dynamic wireless sensor networks [J]. Sensors, 2013, 13 (10): 13228 -13257.

[57] Merhi Z, Elgamel M, Bayoumi M. A lightweight collaborative fault tolerant target localization system for wireless sensor networks [J]. IEEE Transactions on mobile computing, 2009, 8 (12): 1690 -1704.

[58] Bekmezci I, Alag Z F. Delay sensitive, energy efficient and fault tolerant distributed

slot assignment algorithm for wireless sensor networks under convergecast data traffic [J]. International journal of distributed sensor networks, 2009, 5 (5): 557-575.

[59] Jhumka A, Bradbury M, Saginbekov S. Efficient fault-tolerant collision-free data aggregation scheduling for wireless sensor networks [J]. Journal of parallel and distributed computing, 2014, 74 (1): 1789-1801.

[60] Bouabdallah F, Bouabdallah N, Boutaba R. Reliable and energy efficient cooperative detection in wireless sensor networks [J]. Computer communications, 2013, 36 (5): 520-532.

[61] Torres C, Glsek T P. Reliable and energy optimized WSN design for a train application [J]. Journal of systems architecture, 2011, 57 (10): 896-904.

[62] He J, Ji S, Pan Y, et al. Reliable and energy efficient target coverage for wireless sensor networks [J]. Tsinghua science & technology, 2011, 16 (5): 464-474.

[63] Kamal A R M, Hamid M A. Reliable data approximation in wireless sensor network [J]. Ad Hoc networks, 2013, 11 (8): 2470-2483.

[64] Liu L, Qin X L, Zheng G N. Reliable spatial window aggregation query processing algorithm in wireless sensor networks [J]. Journal of network and computer applications, 2012, 35 (5): 1537-1547.

[65] Vinh P V, Oh H. RSBP: A reliable slotted broadcast protocol in wireless sensor networks [J]. Sensors, 2012, 12 (11): 14630-14646.

[66] Chen X, Kim Y A, Wang B, et al. Fault-tolerant monitor placement for out-of-band wireless sensor network monitoring [J]. Ad Hoc networks, 2012, 10 (1): 62-74.

第2章　故障容错理论基础

网络层故障容错主要是通过多路径路由数据传输、纠删编码/网络编码、数据重传机制、跨层协同优化与复合容错和仿生智能容错等方式实现。

多路径路由传输容错技术是当源节点在确认存在路由故障时，在源节点与目的节点间建立多条传输路径进行数据传输，通过冗余路由实现故障容错。多路径路由是通过重新建立路径或在事先建立好的多路径路由表中选择激活等方式实现。其虽增加了路由建立的复杂度，但改进了网络负载均衡和传输带宽，提高了数据传输的稳定性和可靠性。

纠删编码/网络编码传输方式是通过对原始数据包分片编码后进行多路径传输，在目的节点对一定数量的编码数据片解码重组成源数据包，通过冗余编码数据片实现故障容错。编码传输方式提高了数据传输稳定性和负载均衡，但增加了冗余数据片的网络传输能耗。

数据重传是当目的节点没有收到源数据或源节点没有接收到目的节点的确认信息时，在多条路由中选取最小跳数或最小能耗的路径进行数据重传。其虽增加了网络传输延迟与能耗，但有助于提高数据传输成功率。

跨层协同优化与复合容错指网络不同层次协同开展容错控制技术，在两个或多个层次上实现故障容错，或对多种容错方法进行组合以取得更好的容错效果。

仿生智能容错是在网络层路由的建立和网络编码技术中，引入仿生智能计算，包括蚁群算法、粒子群算法和免疫系统的基本原理等，实现并优化网络层故障容错。

2.1　智能计算容错

2.1.1　仿生智能计算

基于仿生学原理与现代智能仿生算法的无线传感器网络故障检测与容错是新的研究热点。无线传感器网络层引入仿生学原理或仿生智能处理方法能较好地提高其容错性。其主要包括生物免疫系统机理、模糊诊断、专家系统、人工神经网络、粒子群算法、蚁群算法和遗传免疫算法等，对无线传感器网络的故障检测与容错提供了较好的思路和方法，已显示出了较好的容错效果。

已有学者将仿生学理论和现代智能仿生算法应用到无线传感器网络故障检测与容错研究中。如将蚁群算法的群智能优势引入网络层多路由的构建中，粒子群算法能够利用其快速的聚类收敛特性在拓扑结构构建中提高网络分簇效率，基于人工神经网络或模糊计算等可在应用层或网络层对感知数据单元进行预测与容错，遗传算法可应用到链路层或网络层对其数据单元进行编码传输提高数据容错性等。

将生物免疫系统机理引入无线传感器网络故障检测与容错中，已初显良好的容错效果和优势。国外已有学者在这方面做了前期基础性的研究工作。Tatiana Bokareva 等提出了一种基于生物免疫机制的无线传感器网络容错结构 SASHA，将淋巴结机制用于产生检测器对故障进行检测，由胸腺机制完成对故障的确诊。此结构不但能识别已知故障，对未知故障同样具有良好的自适应学习和进化能力。Amir Jabbari 等模拟生物免疫系统或神经免疫系统的自学习、自组织、记忆和信息处理等机理，利用免疫理论中的克隆选择、亲和力和免疫网络理论等构建网络模型，开展无线传感器网络安全检测、系统协调和故障容错研究。

2.1.2　遗传与进化计算

1. 遗传算法基本概念

1975 年，遗传算法（GA）首先由美国学者约翰·霍兰德提出，其初衷是模拟自然生命的进化。根据物竞天择的生存法则，种群为了生存繁衍，必须通过与其他物种竞争，优秀的种群因适应环境的变化而保留下来，劣等的物种因不适应环境的变化而被淘汰。遗传算法需要经历三个操作过程，即选择、交叉和变异。在选择阶段，从初始种群获得一组可能的解决方案。然后使用两个随机选择的染色体（亲本）通过交叉交换它们的遗传信息以产生两个后代染色体。然后后代染色体经历突变以生成更好的解决方案。一旦突变结束，通过适应性评估后代染色体，并将它们的适应度值与前一代的所有染色体进行比较。如果新生成的后代个体具有较高的适应度值，则亲本染色体被后代个体替换，然后进行突变以选择更优良的群体。

2. 基本算法流程

（1）个体编码。

遗传算法将决策变量的编码作为搜索对象，编码后的实际问题称为染色体个体。遗传算法不直接处理优化问题的决策变量，但是用类似染色体的编码来表示其解。编码不仅决定了如何将实际问题转化为遗传算法可以操作的基因型个体，还决定了从基因型搜索个体空间转化为决策空间中的表现型时的解码方法。对于无线传感器网络中的最优覆盖集选择问题，使用位串 $\bar{a}=(a_1,\ a_2,\ \cdots,\ a_n)$ 通过公式（2.1）来表示解，并将实际问题空间转换为相应的编码空间。

$$a_i=\begin{cases}1, & S_i\ \text{被选为工作节点}\\0, & \text{其他}\end{cases} \tag{2.1}$$

假设总共有 20 个传感器节点放在监控区域中，则位串的长度为 20 位。假设传感器节点 S_1、S_3、S_5、S_7、S_9、S_{11}、S_{13}、S_{15}、S_{17}、S_{19}正在工作，这个位串的编码表示如图 2－1 所示。

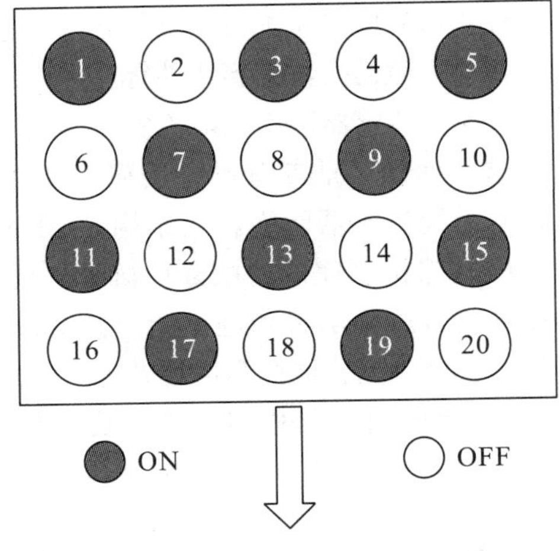

图 2－1　编码表示

（2）适应度函数和选择操作。

适应度函数表征解的优秀程度，选择操作决定了来自当前种群的哪些染色体将通过交叉和突变而创建新的子染色体。新的子染色体加入了现存的种群。具有新的子染色体的新群体将作为下一步选择的基础。适应度值越大，选择染色体的机会越大。

（3）交叉与变异。

交叉产生新的一代个体。由此产生的后代，就像自然界中的染色体一样，携带着父母的部分信息。目前存在许多交叉技术，最简单的形式是一点交叉，而另一类是多点交叉。在一点交叉中，每个父代从特定的地方被分成两部分，然后通过交换每个父代的一部分而产生两个子代。而多点交叉点是选择染色体上的几个交叉点，每个父代根据交叉点的数量分为几个部分。最简单的方法是选择一个随机交叉点，然后在两个父染色体之间交换信息。交叉操作示例如表 2－1 所示。

表 2－1　交叉操作

个体	基因交叉
父代 1	1110　　0101
父代 2	1011　　1110
子代 1	1110　　1110
子代 2	1011　　0101

交叉是在选择过程之后完成的，并取决于在 GA 开始之前最初定义的概率。发生交叉的概率取决于交叉率。进行交叉后再发生突变。这是为了防止种群中的所有解陷入解的局部最优。变异改变了新子染色体的某一点，其概率称为变异概率，变异操作如表 2－2 所示。

表 2-2　变异操作

染色体	基因变异
原始染色体	11100101
变异染色体	11000111

3. 遗传算法的特点

遗传算法是一种解决搜索问题的常用算法，通过于多种问题。其主要特点如下：

（1）自组织性。个体在进化过程中其适应度的值会不断发生变化，遗传算法借鉴生物界适者生存的原理，利用这些适应度的值来进行自组织搜索，选择适合度值大的个体，并且消除适合度值小的个体。

（2）编码特性。遗传算法不直接作用于变量集，而是使用决策变量的特征进行编码，然后对个体进行编码以执行遗传操作。当遗传算法评估个体时，它仅取决于适合度值的大小，并且不需要计算导数或其他辅助信息。该评估机制有利于遗传算法解决复杂的目标函数和优化问题。

（3）并行性。遗传算法的搜索不是单点搜索，而是群体操作。并行搜索方式可以搜索代表决策变量的多个个体，且可以同时对目标空间的多个区域进行搜索。

（4）概率引导。种群搜索方向由遗传算法的概率来引导。遗传算法搜索的灵活性很高，因为算法中的选择、交叉和变异操作是依概率执行的。

2.2　网络编码机理

2.2.1　纠删编码冗余容错原理

网络层数据冗余传输机制是将原始数据包分片进行编码，将源数据包的多个编码数据片通过不同的路径进行传输。若网络发生节点或路径故障，可通过其他路径的编码数据片在目的节点处解码重组成源数据包。通过源数据包的编码数据片进行多路径传输，增加了一定的开销，但提高了故障容错性和数据传输准确率。

纠删码是数据冗余传输方式中较为广泛运用的一种编码方式。源节点将大小为 bM 字节的数据包分解成大小为 b 字节的 M 个数据片，将此 M 个数据片进行编码，生成 $N+R$ 个编码数据片在网络中沿源节点到目的节点的 x_1 到 x_n 这 n 条路径进行传输，有 $\sum_{i=1}^{n} x_i = N+R$。目的节点将接收到 $N'(N \leqslant N' \leqslant N+R)$ 个编码数据片。根据解码规则目的节点至少接收到 N 个编码数据片才能重组成 M 个源数据，允许丢失最多 R 个数据片。如果随机变量 Z_i 是路径 x_i 上接收到的数据片量，则有 $\sum_{i=1}^{n} Z_i \geqslant N$。数据编码冗余度以 R 表示。当 R 大于数据传输丢失率时，通过冗余数据传输就能在目的节点获得源节点的数据包。众多纠删编码方式中最具有代表性的就是 Reed-Solomon（RS）编码和无速率编码 Rateless Code（RC）。纠删编码容错机制如图 2－2 所示。

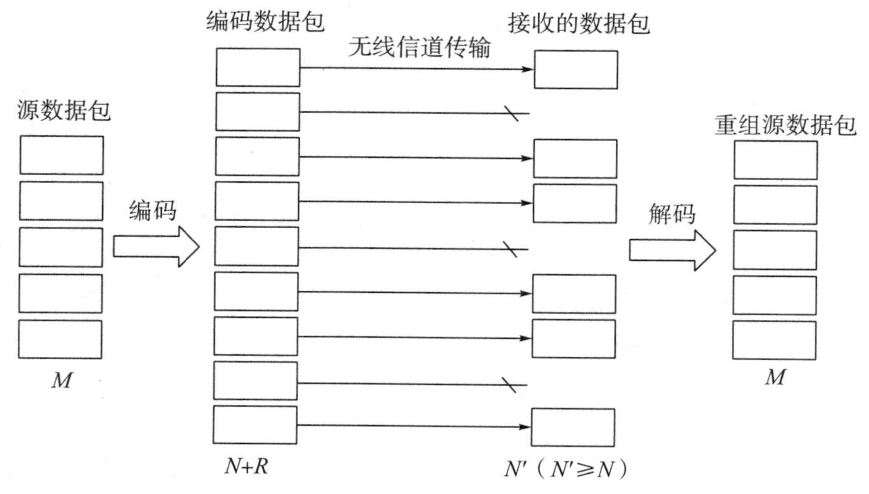

图 2－2　纠删编码容错机制

2.2.2　基于纠删编码的传输容错算法

ReInForM（Reliable Information Forwarding using Matiple paths）机制是根据源节点的可靠度期望和包含了网络可靠性与跳数等信息的 DPS（Dynamic Packet State）数据包，将感知数据的多个副本通过多条路径传输到 sink 节点。ReInForM 的容错性在于将同一份数据多个副本沿着随机选择的多条路径进行传输。数据的复制不仅在源节点，同时也在每个中间节点。每个中间节点利用 DPS 数据包的信息，决定分解成多少份副本以及决定数据传输的下一个节点，直到数据传输到 sink 节点。ReInForM 机制有较高的数据传输率，即使在传输过程中有一些数据丢失，也能通过其他数据包副本进行恢复。ReInForM 协议代价较大，但在每个节点处不需要较大的存储空间。

Petar 建立了网络故障容错模型，确定了多路径传输模式下数据传输的成功率和能耗有效性等。其根据数据传输丢包率和能耗信息等确定每条路径的质量与生存期，并确定传输数据片量的大小，以提高网络容错性和延长网络生存期。其运用多路径按需路由 MDR（Multipath on Demand Routing）和编解码 Reed Solomon 方式进行数据可靠性传输。当源节点有数据发送时，通过包含有源节点、sink 节点和请求节点 ID 的信息包，在网内以洪泛方式开始路由请求。源节点将收到所有返回的路由信息并储存邻居节点 ID 和路径长度值等。源节点根据路径数、路径长度和最大故障概率等对数据包进行分割。这种机制下数据包在源节点进行编码，并非像 ReInForM 在每个节点处都对数据进行复制。

面向故障容错路由的轻量前向纠错编码算法（Forward Error Correction，FEC）能根据路由协议反馈信息实现动态配置，在路由建立和数据传输中通过纠删编码减小运算量和存储空间。在源节点处运用纠删编码将源数据分成数据片并建立索引，将 ARQ（Auto Repeat reQuest）信息包传递到 sink 节点。sink 节点接收到这个信息包时就能识别数据片丢失并以此确认相应链路故障，然后 sink 节点选择沿良好的链路发送包含故障路径和丢失数据包信息的 ARQ－1 到源节点。当源节点接收到 ARQ－1 数据包时标注故障路径并重传丢失的数据包。如果 sink 节点仍没有收到需要的数据，则发送 ARQ－2 信息包。从接收到的数据包可以估计网络状态，如果数据丢包率较高，sink 节点则发送 DAQ（Dynamic Adjust reQuest）信息调整编码率以增加数据包的冗余度。这种协议避免了下一数据包因故障路径进行重传。在不交叉多路径路由中进行测试表明，该算法在有路径故障信息测试条件下具有较低的数据丢包率。

2.2.3　网络编码容错原理

网络编码（Network Coding）融合了编码和路由的功能，网络节点不仅参与数据转发，还参与数据编码处理，通过对来自不同链路的信息进行编码组合，即使网络部分节点或链路失效，最终在目的节点仍然能恢复出原始数据，增强了网络数据传输稳定性，提高了网络容错性与鲁棒性，扩展了传感器网络容错技术的适用范围。

网络编码有别于纠删编码冗余传输容错技术。纠删编码冗余传输容错技术只在源节点处对数据进行编码，在目的节点对其接收到的编码数据片进行解码重组生成源数据包，在网络中的中继节点只对分组进行存储转发而不对数据进行处理。而网络编码方式中的中继节点不仅对接收到的数据片进行编码处理，还须进行路由转发。网络编码的基本原理如图 2－3 所示。

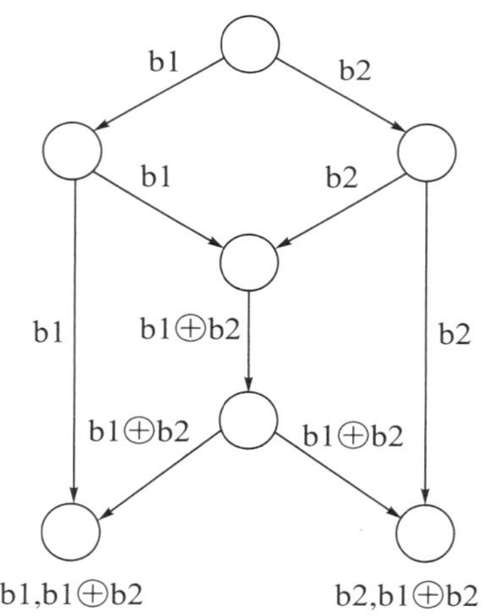

图 2－3　网络编码的基本原理

网络编码技术是近年来通信领域的重大突破，以数据为中心和具有无线传输特点的无线传感器网络将是网络编码技术未来的重要应用领域，但目前将网络编码技术应用到无线传感器网络故障容错以提高网络传输可靠性和稳定性等还处于起步阶段。

2.2.4 基于网络编码传输容错算法

Leong 等提出了一种随机网络编码算法。除目的节点外的其余节点独立选择在有限域上的随机线性映射，将映射作用于输入数据流得到输出数据。接收节点只需知道各个编码节点进行线性运算的系数即可解码出原始数据，其系数可随同网络数据包一起传送。通过仿真比较分析表明，分布式随机网络编码方法在组播吞吐量和鲁棒性方面明显较好。

结合分布式源编码和网络编码的优化算法中，Zhang 等提出了节能和鲁棒性的量化模型和动态调整的链式编码结构，对分布式源编码的压缩效率和网络鲁棒性进行了折中考虑，以提高无线传感器网络的容错性和可靠性。Rout（2012）提出的基于网络编码的概率路由（Network Coding-based Probabilistic Routing，NCPR）被证实具有较好的能耗效率和传输可靠性。

Shan（2006）把编码算法与多路径路由技术相结合，将信息从源节点传输到目的节点。Yang（2008）中提出的算法思想是，通过多路径路由传输已编码的数据片，sink 节点将接收到的编码数据片进行解码。在源节点传送数据之前须知道传输路径数。此算法结合网络编码减少传输路径数来减少能耗，并保证相同的可靠度。但该算法难以获得较为精确的路径数。NC-EERMR（Energy Efficient Reliable Multipath Routing using Network Coding）路由协议通过多跳的方式建立多路径路由。每个节点只需建立并维持本地节点到下一跳节点之间的路径，而无须建立源节点到目的节点之间的路径。此协议能减少所需传输路径数和传输数据，并能降低能耗。

Rout（2013）将无线传感器网络瓶颈区域的节点分为简单中继节点和网络编码节点两类，提出了一种结合占空比和网络编码的有效方法，该方法提高了网络瓶颈区域的能耗效率，全面延长了网络工作寿命。Li 等提出了一种自适应网络编码算法，提出解析模型来估计数据传输的冗余度，并基于簇结构和分布式机制动态地调整在每跳节点的冗余度，但此算法并不适合于广播场景。Hou 等提出的可靠数据传输协议 AdapCode，根据链路质量动态调整编码机制，通过自适应网络编码减小编码更新过程中的广播信息流。此算法的编码机制是靠节点密度和网络稳定性来决定，但网络稳定性往往较难精确获取。

2.3 数据重传机制

数据重传是链路层实现传输容错的方法，将其应用到网络层传输容错中能提高数据传输成功率。当目的节点没有接收到源数据包或源节点没有接收到目的节点的确认信息时，在多条路由中选取最小跳数或最小能耗的路径进行数据重传。当源节点接收到目的节点传回的确认信息时表示源数据传输成功。虽增加了网络传输延迟、数据包的丢失，且需要更多的数据存储空间，但提高了数据传输的成功率等具有重要意义。

具有数据重传机制的无线传感器网络路由协议较多。DD（Directed Diffusion）协议被认为是经典的具有数据重传机制的协议，通过 sink 节点发布 Interest 信息包到网络各节点并周期性更新。接收到 Interest 信息包的节点以洪泛方式将数据传送到邻居节点，以确保所有的节点都能收到这个数据。每个节点都产生一个包括数据传输率和传输方向的梯度值。节点将检测到的数据与其缓存数据作比较判断，并以较低速率周期性地广播数据。当 sink 接收到多路传来的数据时，通常在具有最低时延的路径上广播加强信息以提高 Interest 数据传输率。DD 协议的容错之处在于，当 sink 节点没有接收到任何数据，则确认所建立的路径发生故障，并重新发送 Reinforcement 信息，利用另一条路径来重新传输丢失的数据。

2.4　跨层协同优化

跨层协同优化指网络层协同其他层容错控制技术，跨层优化实现故障容错，如结合网络拓扑结构和容错覆盖，或结合应用层的数据融合机制等。复合容错指对多种容错方法进行组合以取得更好的容错效果，如网络编码与多路径技术相结合，多路径传输与负载均衡机制相结合等。

Boukerche Azzedin 等提出了基于事件驱动和问询机制的协议 PEQ 和基于簇结构的改进机制 CPEQ。PEQ 建立具有跳数值的树结构，通过跳数值建立节点到 sink 点的最短传输路径，沿着最短路径的反方向传输 sink 节点的兴趣消息，并建立了基于回答确认的故障修复机制以发现故障节点，然后重新选择一个跳数值较小的节点为前向节点建立一条新的路径。这对于事件驱动的网络具有较小时间延迟、快速的故障路径重新配置和高可靠的事件数据传输。PEQ 是改进的分簇模式，具有较高的数据传输率和数据传输平均时延，性能总体优于 DD（Directed Diffusion）协议。两种算法具有故障容错性和数据传输低延迟率，能很好地满足条件苛刻的上下文物理信息的感知。

运用纠删编码方式和基于时间多项式算法建立多路径的传输方式，可降低数据丢失率（PPL）和提高网络传输可靠性。在源节点运用 FEC（Forward Error Correction）将每个源数据包编码成多份编码数据片，并沿多条互补交叉的路径传输到目的节点，源节点应用负载均衡算法确定在每一条路径上分配多少数据片进行传输。在目的节点将接收到与源数据片数量相等或更多的编码数据片进行解码重构和结合以减小数据丢失率，达到更高的传输可靠性。

Kim 等研究了影响无线传感器网络可靠性的因素，对多种容错方法进行优化组合以提高网络容错性，包括链路层重传机制和纠删编码（如线性编码、范德蒙式矩阵编码和 Reed-Solomon 编码）等，通过寻找故障节点的可替代下一跳节点进行数据传输，能减少数据包的丢失。实验结果表明每一种方法能解决不同的故障类型，通过对这些方法的合理组合，能较大幅度地提高网络可靠性和容错性，降低数据丢包率，快速修复链路故障，降低网络开销。

Yang（2008）采取了类似于 TinyDB 结构的网络系统，利用一部分节点与 sink 节点建立的高稳定性和高带宽的链路进行数据传输。当节点需要特定的信息时，在网络中泛洪发送请求信息。当请求信息经历网络节点时，记录下路径并包括每一跳的可靠度及能量信息。源节点利用请求数据包携带的丢包率和能量信息选择路径进行数据传输。

Karaca（2012）定义了故障容错管理模型并提出了一种跨层设计方法（Cross-Layer Design，CLD），允许在不同网络层次之间相互协同，提供一个灵活高能效的网络故障容错应对机制，包含故障检测、故障预测、故障管理和故障恢复等。

2.5 容错多目标优化

2.5.1 多目标优化问题

多目标优化实际是具有多个相关性指标的决策问题，它是从系统设计、建模和规划等许多实际复杂的问题中凸显出来的。多目标优化问题存在于工业制造、城市运输、资本预算、能量分配、城市布局等多个领域，甚至可以说现实生活中人们遇到各种各样的决策问题都属于多目标优化问题，单目标问题只是其他目标受限或者因为决策者的个人偏好人为抉择而形成的。多目标优化与单目标优化的最大区别在于前者的决策复杂性较强，导致难度增加不少。多目标优化需要同时对多个目标进行优化，而这些目标通常相互影响，较好情况是一个目标的优化会使另一个目标同时改善，相反的情况是一个目标的改善会导致另一个目标的优化指标极速下降。例如，在无线传感器网络覆盖中，很多性能指标是相互矛盾的（例如覆盖率和节点利用率），不能同时兼顾，只能牺牲一个性能的特性来提高另一个性能指标。所以，需要以无线传感器网络覆盖的性能指标为多目标优化问题的目标，用多目标优化算法来对其进行优化。

2.5.2 数学模型

现实生活中的许多问题都十分复杂，这些问题往往有不止一个衡量标准，需要同时满足多个需求，实现多个目标。将各个目标分别进行优化，即单目标优化，是解决这类问题的一种方法。但是，这种方法往往不能得到适合每个目标的解，因为这些目标可能是相互矛盾的，其中一个目标达到最优将会导致其他目标性能的削弱。而且，各个目标由于物理量纲不一致，它们的度量标准也存在不同，故不易进行比较。利用多目标优化方法可以很好地处理此类问题，它可以在各个目标之间进行权衡，使每一个目标函数最大限度达到最优，最终得到 Pareto 最优解集，决策者可以结合实际情况，从 Pareto 最优解集中选取一些解来使用。

多目标优化问题的数学模型由 N 个目标函数、M 个控制变量、p 个等式约束条件和 q 个不等式约束条件组成，其数学模型如式（2.2）所示：

$$\begin{cases} \min \boldsymbol{y}=F(\boldsymbol{x})=F_1(\boldsymbol{x}),\ F_2(\boldsymbol{x}),\ \cdots,\ F_N(\boldsymbol{x}) \\ s.t.\quad h(\boldsymbol{x})=\{h_1(\boldsymbol{x}),\ h_2(\boldsymbol{x}),\ \cdots,\ h_p(\boldsymbol{x})\}=0 \\ \qquad g(\boldsymbol{x})=\{g_1(\boldsymbol{x}),\ g_2(\boldsymbol{x}),\ \cdots,\ g_q(\boldsymbol{x})\}\leqslant 0 \\ \qquad \boldsymbol{x}=\{x_1,\ x_2,\ \cdots,\ x_M\}\in X \\ \qquad \boldsymbol{y}=\{y_1,\ y_2,\ \cdots,\ y_N\}\in Y \end{cases} \tag{2.2}$$

其中，$\boldsymbol{x}$ 是含有 M 个控制变量的决策向量，X 是由决策向量形成的决策空间，$\boldsymbol{y}$ 是由 N 个目标函数组成的目标向量，Y 是由目标向量构成的目标空间，$h(\boldsymbol{x})=0$ 和 $g(\boldsymbol{x})\leqslant 0$分别表示 M 个控制变量的等式约束和不等式约束。

多目标优化问题的可行解集 X_f 是指满足全部约束条件的决策向量的集合，即：

$$X_f=\{x\in X\,|\,h(x)=0,\ g(x)\leqslant 0\} \tag{2.3}$$

在多目标情况下，每一个解都具有多种属性，集中解的关系也往往难以用大于、等于、小于这种简单的方式进行对比。为了衡量多目标优化集中解的优劣，多目标优化引入了 Pareto 占优（支配）的概念。

对于最小化问题，两个控制变量 u，$v\in X_f$，当且仅当 $\forall i=\{1,\ 2,\ \cdots,\ N\}$ 都有 $vF_i(u)<F_i(v)$，则称 u 占优 $v(u<v)$；当且仅当 $\forall i=\{1,\ 2,\ \cdots,\ N\}$ 都有 $F_i(u)\leqslant F_i(v)$，并且 $\exists i=\{1,\ 2,\ \cdots,\ N\}$ 有 $F_i(u)<F_i(v)$，则称 u 弱占优 $v(u\leqslant v)$；当且仅当 $\exists i=\{1,\ 2,\ \cdots,\ N\}$ 有 $F_i(u)\leqslant F_i(v)$，并且 $\exists i=\{1,\ 2,\ \cdots,\ N\}$ 有 $F_i(u)\geqslant F_i(v)$，则称 u 无差别于 $v(u\sim v)$。在最大化问题中，Pareto 占优的定义类似于最小化问题，这里不再做重复说明。

对于可行解集 X_f 中的一个可行解 x，当且仅当 $\nexists u<x$，$v\in X_f$，$v\in X_f$，则称 x 为 Pareto 最优解，也叫作非劣解或非支配解，表示不存在可以支配 x 的可行解，也就是任何一个目标的函数值无法再得到改进，否则会导致其他目标的函数值变差。

所有 Pareto 最优解组成的集合 P 就是 Pareto 最优解集，由 Pareto 最优解集映射到目标向量的集合 $F(P)=\{F(u)\,|\,u\in P\}$ 叫作 Pareto 前沿。

由上述基本概念可知，区别于单目标优化问题的单一解，多目标优化问题的解通常是由多个 Pareto 最优解组成的 Pareto 最优解集。在实际应用中，决策者需要结合关于优化对象的先验知识以及实际应用时的偏好，从 Pareto 最优解集中选出一个或多个 Pareto 最优解作为多目标优化问题的最优解。

2.5.3　古典多目标优化算法

在 Pareto 概念提出之前的多目标优化方法都是采用转化为单目标的办法处理的，具体做法是将多目标问题中的所有目标进行整合，然后转化为一个带正系数的单目标问题，也就是说，不是基于 Pareto 优化概念的，这个正系数由决策者根据先验知识决定或者将自适应因子加入算法而进行调整。在 Pareto 概念出现后，学者们并没有放弃转化的方法研究，为了使得到的结果尽量逼近 Pareto－前端，在算法中加入了动态系数进行优化。其中包括目标规划法、极大极小法、线性加权法和约束法等，下面简单介绍最常用的线性加权法和约束法。

1. 线性加权法

线性加权法的具体操作是先根据先验知识和个人对目标函数的不同偏好分配不同的权重，然后将目标函数和对应的权重值进行组合，成为一个一维的目标函数，其数学模型表示为：

$$\begin{cases} \max f(x) = \sum_{i=1}^{m} w_i f_i(x) \\ s.t. \quad x \in X_f \end{cases} \tag{2.4}$$

在公式（2.4）中，w_i 为权重值，为了方便权重之间的对比，权重值一般都会进行正则化处理。该方法的优点是简单易行、权重值可以随意调整；缺点是十分依赖先验知识，在没有先验知识或者先验知识很少的情况下权重值很难确定，导致算法的不可行性提升。此外，加权法很难甚至不能处理凹形的 Pareto－前端，而且通过加权法得到的结果往往很难进行比较，只能在各目标函数的权重值分别相同时才能比较，这些方面的局限性极大地限制了其发展应用。加权法的关键是权重值的合理分配，由此，学者针对权重值进行了重点研究，并提出了如固定权重、随机权重和适应性权重等方法。

固定权重方法（Fixed－weight Approach）作为最先提出的方法，即权重值在算法的整个运行中都是固定的，权重值根据先验知识事先确定。随机权重方法，在算法的每一代中都会给目标函数随机分配权重值，虽然这样获得的权重组合最多，解的多样性会很好。但是从每代 Pareto 解中获得过量的信息会导致算法没有明确的收敛方向。在适应性权重方法中，算法主动收集当代群体的有用信息，各个目标会根据这些有用的信息分别自适应调整各自当前权重值，使算法朝着理想的方向进行收敛。虽然这种方法得到的结果较之前两种方法优秀，但是具体的算法操作过程比较复杂，涉及的参数很多。

2. 约束法

约束法与线性加权法不同，因为它对最优 Pareto－前端的形状并无要求。其主要策略是从多个目标函数中随机选取一个作为主函数进行优化，其他的目标函数作为附加的约束条件。一般的多目标优化问题经过约束法转化后的数学描述为：

$$\begin{cases} \max f(x) = f_i(x) \\ s.t. \quad e_i(x) = f_i(x) \geqslant \varepsilon_i, \ 1 \leqslant i \leqslant k, \ i \neq j \\ x \in X_f \end{cases} \tag{2.5}$$

约束法的长处在于其操作简单，可行性强。当容许值 ε_i 取值不同时，得到的解也就不同，且这些解都为 Pareto－最优解，因而此法在实际生活中经常用到；约束法的短处是参数 ε_i 的取值过分依赖先验知识。

古典的多目标优化算法虽然高效且可行性强，但仍然不能产生完整的 Pareto－最优解。所以有可能多次运行传统多目标算法得到的解大部分相同，还是不能得到完整的

Pareto－最优解。再者，算法的每次运行过程都是相互独立的，两次的算法过程很有可能相同，这样会使算法做很多无用功，而且得到的解不具有可比性，令决策者最终做出错误的选择，影响实际的生产生活。因此，在处理较复杂多目标优化问题时，通常都不采用传统的多目标算法。

2.5.4　经典多目标优化算法

与古典的多目标算法不同的是，经典的多目标优化算法都是基于 Pareto－占优概念的，利用非劣排序和选择操作使整个解集与 Pareto－最优前端的距离变小。同样和单目标优化算法不同，多目标优化算法（MOEA）必须具备以下三个条件：

（1）非劣解的数量尽可能大；

（2）要求这组解距离已知的全局 Pareto－最优前端的距离尽可能小；

（3）解在整个全局的最优 Pareto－前端上分布尽可能均匀。

可以说要得到优良的解，所有的多目标优化算法的设计都必须考虑上述三个条件，每一种算法采取不同的算子进行组合都是为了实现上述目的。Laumanns 等提出了多目标优化算法的一种集成模型（UMMEA），许多多目标优化算法（如强度 Pareto 算法、强度 Pareto 算法 2、Pareto 档案进化策略、Pareto 包络选择算法）都是集成模型的变形。

2.5.5　基于多目标优化的路由算法研究

一般来讲，无线传感器网络的每一个节点所装备的能量是有限的，而且在网络布置后为节点更换电池十分困难，所以能耗是设计 WSN 路由协议的关键因素。路由算法应确保整个网络的能耗是均衡的，这有利于延长网络的使用时间。但是除了能量之外，网络覆盖、延迟、可靠性等都是描述网络服务质量的重要指标。不同的应用场合往往有不同的需求，不同类型的数据的可靠性需求也不同，在实际应用中，这些需求往往是矛盾的，例如对于实时性要求较高的应用情况来说，同时要保证网络的寿命就困难了许多。在实际应用中，如何合理地权衡不同的需求是一个十分重要的问题，其中如何通过路径优化和数据融合来权衡能量消耗与延迟，以及如何权衡网络生存时间与应用性能是研究的热点。

Ammari 等人提出了 TED（Trade-off Energy with Delay）数据转发协议，其链式结构与 PEGASIS 类似，作者采用了分割通信范围的思想，就是以最小通信距离为间距，将传感器节点的通信范围切成若干同心圆环。通过在合适的圆环中选择转发数据的节点，以权衡最小能耗、最小延时和能量均衡这三个目标。其中，距离节点最近的几个圆环可以保证最小的能量消耗，当延时和能量同等重要时处于中间的圆环更为合适，当延时和能量均衡成为网络最优先考虑的因素时，则在最外圈选择下一跳节点。通常，使用节点与基站之间的最短路径来传输数据是不合适的，因为这会导致位于最短路径上的节点过快地消耗掉它们携带的能量。此协议采用非直达路径进行数据传递，作者引入偏离最短路径的角度变量，来调节网络的能耗和延时；最后采用 MOGA 多目标遗传算法进行了计算，并针对不同的需求给出了最优的参数值。TED 协议没有采用睡眠机制来节约能量，而是假设网络中所有节点一直在运行，而且没有采用数据融合的方式减少数据发送量。

Felemban 等人提出了 MMSOEED 路由协议，此协议的目标是在实时性和可靠性之间做最适合的取舍。这里没有对能量消耗方面进行讨论，此协议主要针对生存时间较短的无线传感器网络，在这种前提下，网络的服务质量远比网络的使用寿命重要得多。

Huynh 等人提出了一种新的计算信息多跳传递时的延时模型和一种可以权衡能量消耗和延时的簇头选择方法。在簇建立阶段，基站以某一功率等级对所有节点发送 ADV 消息，每一个节点通过信号强度大致判断与基站之间的距离。各个节点根据各自的剩余电量依次播送 ADV(ID，E）消息，接受该消息的临近节点与之比较剩余能量的多少，若小于收到的能量信息，则该节点成为簇成员节点。簇头节点从广播过 ADV 消息并且剩余能量大于接收到 ADV 消息的节点中选择，并通过 TED 算法解决可能存在一些节点相距较近且剩余能量相同的问题。

2.6　网络拓扑控制

2.6.1　拓扑控制概述

无线传感器网络一般具有大规模、自组织、随机部署、环境复杂、传感器节点资源有限、网络拓扑经常发生变化的特点。这些特点使拓扑控制成为挑战性研究课题。同时，这些特点也决定了拓扑控制在无线传感器网络研究中的重要性：首先，拓扑控制是一种重要的节能技术；其次，拓扑控制能保证覆盖质量和连通质量；再次，拓扑控制能够降低通信干扰、提高 MAC（Media Access Control）协议和路由协议的效率、为数据融合提供拓扑基础；最后，拓扑控制能够提高网络的可靠性、可扩展性等其他性能。总之，拓扑控制对网络性能具有重大的影响，因而对它的研究具有十分重要的意义。

目前，拓扑控制研究已经形成功率控制和睡眠调度两个主流研究方向。所谓功率控制，就是为传感器节点选择合适的发射功率；所谓睡眠调度，就是控制传感器节点在工作状态和睡眠状态之间的转换。传感器网络拓扑可以根据节点的可移动与否（动态的或静态的）和部署的可控与否（可控的或不可控的）分为如下四类：

（1）静态节点、不可控部署：静态节点随机地部署到给定的区域。这是大部分拓扑控制研究所作的假设。

（2）动态节点、不可控部署：这样的系统称为移动自组织网络（Mobile Ad hoc Network，MANET）。其挑战是无论独立自治的节点如何运动，都要保证网络的正常运转。功率控制是主要的拓扑控制技术。

（3）静态节点、可控部署：节点通过人或机器人部署到固定的位置。拓扑控制主要是通过控制节点的位置来实现的，功率控制和睡眠调度虽然可以使用，但已经是次要的了。

（4）动态节点、可控部署：在这类网络中，移动节点能够相互定位，拓扑控制机制融入移动和定位策略中。因为移动是主要的能量消耗，所以节点间的能量高效通信不再是首要问题。同时移动节点的部署不太可能是密集的，所以睡眠调度也不重要。

2.6.2　拓扑控制的设计目标

拓扑控制研究的问题是：在保证一定的网络连通质量和覆盖质量的前提下，一般以延长网络的生命期为主要目标，兼顾通信干扰、网络延迟、负载均衡、简单性、可靠性、可扩展性等其他性能，形成一个优化的网络拓扑结构。无线传感器网络是与应用相关的，不同的应用对底层网络的拓扑控制设计目标的要求也不尽相同。下面介绍拓扑控制中一般要考虑的设计目标、相关概念和结论。

1. 覆盖

覆盖可以看成是对传感器网络服务质量的度量。在覆盖问题中，最重要的因素是网络对物理世界的感知能力。覆盖问题可以分为区域覆盖、点覆盖和栅栏覆盖（barrier coverage）。区域覆盖研究对目标区域的覆盖（监测）问题，点覆盖研究对一些离散的目标点的覆盖问题，栅栏覆盖研究运动物体穿越网络部署区域被发现的概率问题。相对而言，对区域覆盖的研究较多。如果目标区域中的任何一点都被 k 个传感器节点监测，就称网络是 k - 覆盖的，或者称网络的覆盖度为 k。一般要求目标区域的每一个点至少被一个节点监测，即 1 - 覆盖。因为讨论完全覆盖一个目标区域往往是困难的，所以有时也研究部分覆盖，包括部分的 1 - 覆盖和部分的 k - 覆盖。而且有时也讨论渐近覆盖。所谓渐近覆盖是指，当网络中的节点数趋于无穷大时，完全覆盖目标区域的概率趋于 1。对于已部署的静态网络，覆盖控制主要是通过睡眠调度实现的。Voronoi 图是常用的覆盖分析工具。对于动态网络，可以利用节点的移动能力，在初始随机部署后，根据网络覆盖的要求实现节点的重部署。虚拟势场方法是一种重要的重部署方法。覆盖控制是拓扑控制的基本问题。

2. 连通

传感器网络一般是大规模的，所以传感器节点感知到的数据一般要以多跳方式传送到汇聚节点。这就要求拓扑控制必须保证网络的连通性。如果至少要去掉 k 个传感器节点才能使网络不连通，就称网络是 k - 连通的，或者称网络的连通度为 k。拓扑控制一般要保证网络是连通（1 - 连通）的。有些应用可能要求网络配置到指定的连通度。像渐近覆盖一样，有时也讨论渐近意义下的连通，即当部署区域趋于无穷大时，网络连通的可能性趋于 1。功率控制和睡眠调度都必须保证网络的连通性，这是拓扑控制的基本要求。

3. 网络生命期

网络生命期有多种定义。一般将网络生命期定义为直到死亡节点的百分比低于某个阈值时的持续时间，也可以通过对网络服务质量的度量来定义网络的生命期。我们可认为网络只有在满足一定的覆盖质量、连通质量、某个或某些其他服务质量时才是存活的。功率控制和睡眠调度是延长网络生命期的十分有效的技术。最大限度地延长网络的生命期是一个十分复杂的问题，它一直是拓扑控制研究的主要目标。

4. 吞吐能力

设目标区域是一个凸区域，每个节点的吞吐率为 λbits/s，在理想情况下，则有下面的关系式：

$$\lambda \leqslant \frac{16AW}{\pi \Delta^2 L} \cdot \frac{1}{nr} \text{bits/s} \tag{2.6}$$

其中，A 是目标区域的面积，W 是节点的最高传输速率，π 是圆周率，Δ 是大于 0 的常数，L 是源节点到目的节点的平均距离，n 是节点数，r 是理想球状无线电发射模型的发射半径。由此可以看出，通过功率控制减小发射半径和通过睡眠调度减小工作网络的规模，在节省能量的同时可以在一定程度上提高网络的吞吐能力。

5. 干扰和竞争

减小通信干扰、减少 MAC 层的竞争和延长网络的生命期基本上是一致的。功率控制可以调节发射范围，睡眠调度可以调节工作节点的数量。这些都能改变 1 跳邻居节点的个数（也就是与它竞争信道的节点数）。事实上，对于功率控制，网络无线信道竞争区域的大小与节点的发射半径 r 成正比，所以减小 r 就可以减少竞争。睡眠调度显然也可以通过使尽可能多的节点睡眠来减小干扰和减少竞争。

6. 网络延迟

当网络负载较高时，低发射功率会带来较小的端到端延迟；而在低负载情况下，低发射功率会带来较大的端到端延迟。对于这一点，一个直观的解释是：当网络负载较低时，高发射功率减少了源节点到目的节点的跳数，所以降低了端到端的延迟；当网络负载较高时，节点对信道的竞争是激烈的，低发射功率由于缓解了竞争而减小了网络延迟。这是功率控制和网络延迟之间的大致关系。

7. 拓扑性质

事实上，对于网络拓扑的优劣，很难直接根据拓扑控制的终极目标给出定量的度量。因此，在设计拓扑控制（特别是功率控制）方案时，往往退而追求良好的拓扑性质。除了连通性之外，对称性、平面性、稀疏性、节点度的有界性、有限伸展性（spanner property）等，都是希望具有的性质。

此外，拓扑控制还要考虑诸如负载均衡、简单性、可靠性、可扩展性等其他方面。拓扑控制的各种设计目标之间有着错综复杂的关系，对这些关系的研究也是拓扑控制研究的重要内容。

2.6.3 拓扑控制模型

随机图理论在信息科学中被广泛地应用，UDG、RNG 和 MST 等都是基于随机图理论的经典拓扑模型，很多的拓扑结构都是在它们的基础上演变而来的。从连通和抗干扰的角度对拓扑模型进行分类，结果如图 2－4 所示。

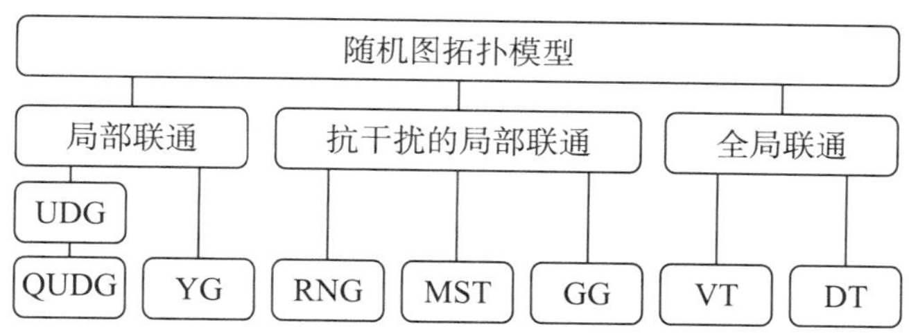

图 2－4　基于随机图理论的拓扑模型

1. 单位圆图（UDG）

假定网络中 N 个节点构成了二维平面中的节点集 V，所有节点都以最大功率工作时所生成的拓扑称为 UDG（Unit Disk Graph）。若所有节点最大的传输范围为 1，无线节点在平面中就构成了一个 UDG，当且仅当每对节点间的欧氏距离 $dis(u, v) \leqslant 1$ 时，两个节点之间才有链路相连。UDG 的连通性是网络能够提供的最大连通性，因此，任何拓扑控制算法生成的拓扑都是 UDG 的子图。

2. 准规则单位圆图（QUDG）

假设 V、R 是两个空间平面的节点集，且 $V \subset R$，设参数 $d \in [0, 1]$，则对称的欧氏图（V, E）被称为以 d 为参数的准规则单位圆图（QUDG）。对任意 α，$\beta \in V$，若 $|\alpha\beta| \leqslant d$，则 $(\alpha, \beta) \in E$；若 $|\alpha\beta| > 1$，则 $(\alpha, \beta) \notin E$。在实际应用中，节点的发射功率会因为硬件或环境等各种原因而变化，所以 QUDG 是比 UDG 更接近实际的拓扑模型。未经拓扑控制算法处理的 UDG 是非平坦的，非平坦图边的非顶点交叉现象将给信道带来干扰。为了对其作平面化处理，简化拓扑结构，许多 UDG 的近似子图算法被提了出来，其中最具代表性的有 Gabriel 图（GG）、相关邻近图（RNG）和最小生成树（MST）。

3. Gabriel 图（GG）

在二维欧氏空间中，V 为节点集，w，u，$v \in V$，$w \neq u \neq v$。连接 GG 中任意两个节点 u 和 v，则以边 $d(u, v)$ 为直径、通过节点 u 和 v 的圆内不包含其他任何节点。如果 $(dis(u, v))^2 \leqslant \min((dis(w, u))^2 + (dis(w, v))^2)$，$w \neq u \neq v$，则说明 $d(u, v)$ 为 GG 的一条边。在传输功率正比传输距离的平方时，GG 是最节能的拓扑模型。

4. 相关邻近图（RNG）

在二维欧氏空间中，V 为节点集，任意两个节点间的边长小于或等于 u、v 分别与其他任意一节点的距离的最大值，即欧氏距离 $dis(u, v) \leqslant \max(dis(w, u), dis(w, v))$，$w, u, v \in V$，$w \neq u \neq v$。若 $d(u, v)$ 为 RNG 的一条边，则在分别以点 u 或 v 为圆心，以 $dis(u, v)$ 为半径的两个圆 R_1 和 R_2 的交集 I 内不能有其他节点。RNG 是由 GG 产生的，RNG 稀疏程度和连通性均介于 MST 与 GG 之间并优于 MST，而冲突干扰优于 GG，易于用分布式算法构造。

5. 最小生成树（MST）

MST 是保持图连接所需的满足最小权值的链路子集。MST 是 RNG 的子图，其特征是连通但不形成回路，任意两个节点均可以相互通信。每个节点出现在树上，链路总长度最小。构造 MST 有两种主要算法，即 Kruskal 和 Prim 算法。Kruskal 算法总是选择剩余权值最小的边加入最小生成树；Prim 算法则通过任意将节点加入最小生成树，同时仅将权值更小的边加入。

6. 其他常用的拓扑模型

除了上面讨论过的几种模型外，Yao 图（YG）、Voronoi Tessellation（VT）和 Delaunay Triangulation（DT）也是常用的模型。YG 分很多扇区，节点在扇区内选择最近的邻居进行通信，具有简单的分布式结构；VT 首先识别网络冗余节点，然后计算出可被关闭的冗余节点，最后由工作节点构建覆盖集；DT 中点集 V 的一个三角剖分只包含 Delaunay 边，具有最大化最小角、唯一性（任意四点不能共圆）等特性。

2.7 网络多路径路由

2.7.1 多路径传输容错机制分类

在源节点和 sink 节点之间建立多条传输路径，通过建立冗余路由机制实现网络层传输容错，虽增加了建立路由的能耗和复杂度，但改进了网络负载均衡和传输带宽，提高了数据传输的稳定性和可靠性，这是在网络层实现故障容错的一种较普遍的方法。多路径传输容错机制如图 2－5 所示。

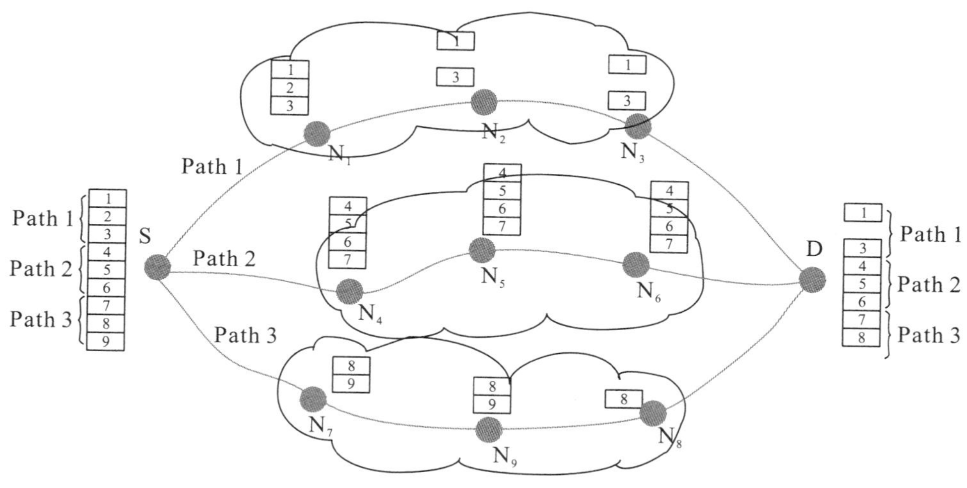

图 2-5　多路径传输容错机制

多路径路由容错机制可分为如下几类：①根据多路径是否交叉，可分为互不交叉多路径传输机制 DM（Disjoint Multipath）和部分交叉多路径传输机制 BM（Braided Multipath）。DM 为所建立的主路径和备选路径互不交叉的多路由机制，所建立的每一条传输路径互不交叉。任何一个节点或链路故障都不影响其他传输路径，k 条互不连接的多路径可以容许 $k-1$ 条路径故障。BM 是存在部分路径交叉的多路由机制，其主路径比备选路径在数据传输能耗和传输延迟方面更优，但 BM 的备选路径总体上在时间延迟和能耗等方面比 DM 较优。②根据是否同时使用多路径传输，可分为在建立的多路径中只使用一条路径进行传输和同时使用多条路径进行传输。③根据建立备份路径的起始位置，可分为在故障节点的上一节点处重新寻找下一跳节点并建立到目的节点的路由，在故障节点的前后邻居节点间建立备份路径对故障节点进行隔离，和在源节点和目的节点间重新建立一条传输路径。④根据建立多路径的时间，可分为在事先建立好的多条路径路由表中选择激活所需路由和在出现故障节点时临时建立传输路由两种方式。多路径传输容错机制分类如表 2-3 所示。

表 2-3　多路径传输容错机制分类

分类依据	多路径或备份路径建立模式	
多路径是否交叉	DM	BM
同时使用路径数量	1 条	两条及以上
路径起始位置	故障节点前后跳节点间	源节点与目的节点间或故障节点的前一跳节点与目的节点间
建立时间	事先建立好，需要时选择激活	临时建立

2.7.2　多路径传输容错算法

安全多路径高可靠性入侵故障容错机制 SMRP（Sub-branch Multi-path Routing

Protocol）是针对节点故障和入侵攻击影响网络可信度，基于 DM 模式的多路由机制优化。其核心是基于多路径高效轻量的安全机制 SEIF（Secure and Efficient Intrusion-Fault tolerant protocol），通过分布式网内认证机制而不需要基站作参考信息，通过建立的多路径选择机制来提高数据传输容错性和节约节点能量。

自适应选择可靠路径进行传输的路由算法 SRP（Self-selecting Reliable Path routing），包括 SSR（Self-Selecting Routing）和 SHR（Self-Healing Routing）两部分。自适应路由选择协议 SSR 利用广播通信的优势和优先回退传输延迟机制选择前行传输的下一跳节点。自适应路由修复机制 SHR 是在 SSR 基础上增加了路由修复阶段，当数据包前行传输过程中面临的下一跳节点发生故障时，能回退到源节点并从众多传输路径中另外选择一条路径到达目的节点。SRP 路由特点保持了动态路由选择的特点，当没有传输故障发生时选择既定的能成功传输数据到目的节点的路径进行数据传输，这些路径是最短最优没有故障的传输路由。与 AODV 和 GRAB 作比较分析，其在数据传输丢包率和建立新路由能耗等方面具有良好的性能。

REAR（Reliable Energy Aware Routing）协议中，当 sink 节点接收到从源节点传来的 Interest 消息并不在其路由表时，sink 节点建立两条互不相连的路径，其中一条用来传输数据，另一条作为主路径的备份路径。其容错性体现在：当其中一条路径发生故障时，中间节点将所传送的数据包回传至源节点并发送一个错误报告给 sink 节点。故障路径信息就在源节点和 sink 节点路由表里删除。当需要重新建立服务路径时，就切换到新建立的数据传输路径上。REAR 的核心思想是在源节点和目的节点之间为主路径建立一条备份路径以提高网络传输稳定性，降低能耗和减少存储空间。

D. Ganesa 等提出的高能效多路径弹性路由机制是基于 DD 路由协议的 BM 多路径路由模式，能建立几条部分不交叉的传输路径，以保持多路径机制的低能耗性和路由故障的快速恢复性。它的容错特性在于在源节点和 sink 节点间建立了多条传输路径，主路径被用来传输数据，通过 sink 节点连续发送的 Keep-alive 信息包保持备选路径处于激活状态，以便在主路径发生故障时能迅速激活备份路径并重新传输丢失的数据。按需多路径可靠容错路由 RFTM（Reliable Fault Tolerant Multipath），根据网络可靠性需求和链路质量期望，建立可满足不同需求的互不交叉的多路径，运用编码方式进行数据传输。sink 节点根据节点可用资源、跳数和时延等做出智能决策，以满足网络状态和不同应用需求。

能量高效多路径容错路由协议 MFTR 是运用多路径路由进行故障容错和流量控制，一条最短的路径作为主数据传输路径，并建立其他两条备份路径预防网络故障并处理主路径过载的传输流量。IFRP（Intrusion/Fault tolerant Routing Protocol）是根据能量效率同时运用单路径与多路径传输机制，通过本地监测和中心决策机制，监测并孤立入侵节点或故障节点。当监测到网络面临恶意情况时，将从单路径切换到多路径模式提高网络的可靠性与灵活性。故障容错实时路由协议 FT-SPEED，使用空隙通知和空隙避让机制，使要传输的数据包沿空洞的两边的路径同时传输，以保证数据有效传输到目的节点，避开传输路径的空洞问题。

ENFAT-AODV 协议（ENhanced FAult-Tolerant AODV routing protocol）是将 Ad Hoc

网络中的按需距离矢量路由（AODV）应用到无线传感器网络中，为网络主传输路径中的每个节点都建立了备份路径。当主路径中的节点发生故障时立即启用备份路径生成主传输路径进行下一个数据包进行传输，以减少数据丢包率和保持数据传输连续性。

高能效多路径容错路由 EEFTM 提出了节点的可靠度（RR）为节点正确传输数据到目的节点的概率。EEFTM 正是通过基于节点可靠度（RR）的各路径平均可靠度（ARR）来选择可靠路由。当网络中存在链路质量差或路由故障时，从可选择的多路径中选择具有最高 ARR 值的链路作为传输路由，从而实现传输可靠性和故障容错性。

DD 路由协议通过网络洪泛并加强所需要建立的路由。在 DSR（Dynamic Source Routing）中，当源节点要发送数据到目的节点时，感知事件源节点负责进行所有路由的决策。DVR（Distance Vector Routing）是利用轻量级洪泛法建立路径。与 DSR 略有不同的是，它是在源节点和目的节点之间需要传输数据时才建立路径，而并非一开始就建立传输路径，不用发现或建立不需要的路径以节约能量。Gregoire Michae 提出通过射频信道监听确诊故障节点。当网络中存在故障节点时，通过在故障节点处选择另一个不同的节点重新建立路由，而并非在网络中重新建立一条从源节点到目的节点的备份路由。

多路径路由传输容错算法对比分析见表 2 -4。

表 2 -4　多路径路由传输容错算法对比分析

名称	拓扑结构	多路径建立模式	核心容错方法	容错效果与稳定性	能效性	其他
SMRP	平面树状结构	DM	节点不相交和分支不相交	高于 HSPREAD	高	结合安全机制 SEIF，分布式不需参考基站
SRP	平面结构	BM	SSR 和 SHR	高于 AODV 和 GRAB	高于 AODV 和 GRAB	动态路由选择机制
RFTM	平面结构	DM	Flooding	较高	一般	结合编码方式，无须重传
MFTR	簇式结构	BM	阈值判定	一般	视故障节点数	一条主路径和两条备份路径
IFRP	平面树状结构	BM	本地监测和中心决策机制	高于 SeRINS	高于 SeRINS	实现单路径与多路径传输切换机制，密钥认证
ENFAT-AODV	平面 Mesh 网络	BM	按需距离矢量路由（AODV）	高于 AODV	高于 AODV	为每个节点都建立了备份路径
EEFTM	分簇结构	DM	AOMDV 协议	高于 AOMDV	高于 AOMDV	节点可靠度（RR）与各路径平均可靠度（ARR）

续表2－4

名称	拓扑结构	多路径建立模式	核心容错方法	容错效果与稳定性	能效性	其他
DD	平面 Mesh 结构	BM	Flooding	高于 Flooding	高于 Flooding	有向多路径传输
DVR	平面结构	DM	Light Flooding AODV	高于 AODV	高于 AODV	源节点和目的节点之间需要传输数据时才建立路径

2.8 网络覆盖控制

2.8.1 覆盖基本问题

1．覆盖范围

覆盖范围可定义为感兴趣区域部署传感器节点的覆盖程度和范围。覆盖问题的目标可以定义为目标或感兴趣范围域中的每个点是否都在所部署的传感器感测范围内，即传感器对目标的监视或跟踪情况。根据各种特征类型可对覆盖范围进行分类，如图2－6所示。

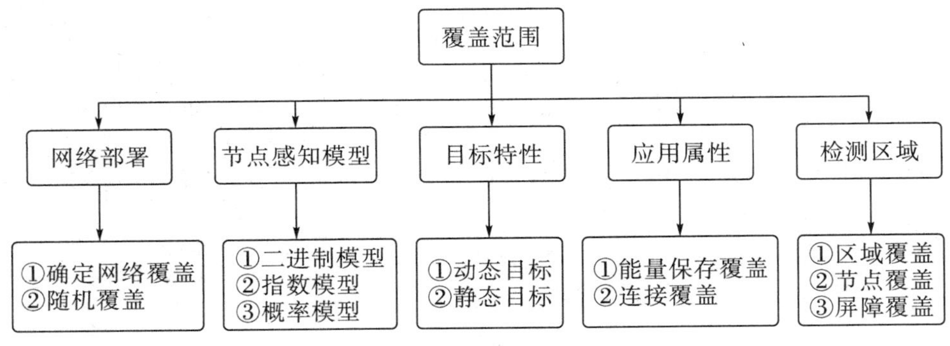

图2－6　覆盖范围的分类

2．网络连接

网络连接性是无线传感器网络的一个重要属性。如果每个节点都可以直接或间接与其他节点通信，则称WSN已连接。连接网络的目的是找出活动节点的最小子集，以便观察到的数据可以到达接收站。

不可能将网络划分为不相交的节点集，这使得连接性问题成为WSN中至关重要的问题。连接性与网络节点密度和节点部署计划相关，能感知通信范围内的网络状态，为网络节点的部署与优化提供了方法参考，例如节点部署模式、网络优化算法等。

2.8.2　网络部署

1. 确定覆盖

在确定覆盖类型中，传感器节点以预定义的方式部署。画廊问题中的覆盖可以认为是确定的网络覆盖。守卫用房间里的点来表示。这个问题的目标是确保房间的每个部分都能被至少一个警卫（传感器）监控。由于所有防护点的位置都是预先确定的，因此它处于确定的覆盖范围内，如图 2-7 所示。

2. 随机覆盖

随机覆盖范围与确定的网络覆盖范围正好相反，也就是说，没有关于传感器位置和网络拓扑结构的可用预定义信息，位置和拓扑会不时变化。例如，在战场上，目标可以根据时间和拓扑变化移动其位置。在随机覆盖中，若节点位置固定，则将节点放置得非常紧密，以实现所需的覆盖。因此，随机覆盖的目的是在保持覆盖的同时将能耗降至最低，如图 2-8 所示。

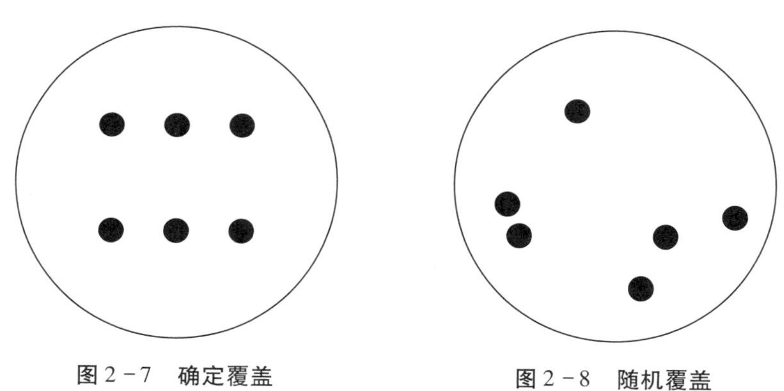

图 2-7　确定覆盖　　　图 2-8　随机覆盖

2.8.3　节点感知模型

1. 二进制模型

在此模型中，节点感测到半径为 R（感应范围）且以 C 为中心的圆盘形状区域，是否感测到特定目标 T 由“1”或“0”确定。

如果 $dis(T, C) \leqslant R$，则输出“1”，这意味着目标在传感器的感应范围内，否则输出“0”。在此，$dis(T, C)$ 代表中心与目标之间的欧几里得距离。

2. 指数模型

该模型提供有关在给定网络中感知目标的信息。要检测目标的状态和目标与传感器节点之间的距离的第 k 次幂成反比，即：

$$感应机会 = c/[dis(T, C)]^k \tag{2.7}$$

其中 $k \geqslant 2$，c 是由网络特性决定的常数。

3. 概率模型

Ghosh（2008）介绍了概率模型作为二元传感模型的扩展。对于概率模型，将 R_u 定义为 $R_u < R_s$，其中 R_s 是圆盘的半径，并定义一个间隔 $(R_s - R_u, R_s + R_u)$，其中检测到物体的概率为 p。基于给定的概率模型，传感器 S_i 对点 $p(x, y)$ 的感测如下：

$$C_{(x,y)}(S_i) = \begin{cases} 0, \text{ if } R_s + R_u \leqslant d(S_i, p) \\ \mathrm{e}^{-\omega a^{\beta}}, \text{ if } R_s - R_u < d(S_i, p) < R_s + R_u \\ 1, \text{ if } R_s - R_u \geqslant d(S_i, p) \end{cases} \tag{2.8}$$

其中 $a = d(S_i, p) - (R_s - R_u)$，且 ω、β 是当物体距传感器一定距离时的检测概率的测量参数。

2.8.4 目标特性

1. 静态目标覆盖

静态目标是固定目标，这些目标相对于传感节点是无法移动的，位置是固定的。这种类型的覆盖范围旨在最大限度地扩大覆盖范围并最小化传感器节点的冗余。这是一种较为简单的覆盖监测方法，如经常用到的温度监测。

2. 动态目标覆盖

动态目标具有移动能力，可以将行驶中的车辆表示为动态目标。这种类型覆盖的主要焦点是动态目标的移动。与静态相比，其比较复杂。这种覆盖方式对于军事场景非常有用，如用于含有移动节点的战场监视。

2.8.5 应用属性

1. 节能覆盖

节能覆盖着眼于“网络中节点的能量消耗是否有效”，因为这对网络的生存期有很大的影响。由于资源有限，通过将感知节点分为“活动”和“睡眠”节点子集来完成此类型的覆盖。进行这种类型的覆盖是为了通过减少能耗来实现网络寿命最大化的目标。

2. 连接覆盖

连接性覆盖回答了如何同时协调通信要求和覆盖程度，因此在覆盖范围控制中起着重要作用。连接性覆盖范围可以进一步分类为：活动节点连接性覆盖范围——此覆盖范围处理活动节点的“活动”和“睡眠”状态；连接的路径覆盖范围——这种覆盖范围处理连接的传感器节点的选择过程，以获得最大的效果。

2.8.6　监测区域

1. 区域覆盖面

在区域覆盖范围内，每个点都受到至少一个传感器的感知。由于每个点都需要监视，因此在这种类型的覆盖范围内，传感节点会密集部署，从而导致覆盖范围重叠。“森林防火”是区域覆盖的一个例子。

2. 点覆盖率

在点覆盖范围内，仅需监视有限数量的离散对象或目标点。在这种类型的覆盖范围内，传感器节点在随机部署下被划分为多个节点子集。由于这种划分方式的每个子集都轮流工作，能有助于网络寿命最大化。

3. 屏障覆盖

障碍物覆盖范围用于计算目标区域中对象移动的概率。概率可以通过物体的运动速率以及传感器在物体所沿路径上每个点的感应强度来确定。基于此方式，可计算传感器节点的密度，可发现传感器节点应在目标区域中部署的密度。屏障覆盖率可进一步分为弱 k 屏障覆盖和强 k 屏障覆盖。

弱 k 屏障覆盖范围——这种覆盖范围可确保至少有 k 个传感器检测到与正交路径一起穿过某个区域的任何目标。

强 k 屏障覆盖范围——该覆盖范围确保了 k 个传感器可以检测到目标，但是目标所遵循的路径并不重要。

2.8.7　覆盖模型与问题描述

传感器节点的传感器模型直接确定节点的覆盖范围和监视能力。通常，传感器节点的传感器模型可分为两种类型：二元传感模型和概率传感模型。在二维平面上，二元传感模型将传感器节点抽象为圆形区域，其中节点位置为圆的中心，半径为 R_s。圆形区域成为传感器节点的传感盘，R_s 成为传感器节点的传感半径，这由节点传感单元的物理特性决定。假设节点 S_i 的坐标为 (x_i, y_i)，在二元感知模型下，对于平面上的任何目标点 $P(x, y)$，节点 S_i 与 $P(x, y)$ 的欧氏距离可以表示为：

$$d(S_i, P)=\sqrt{(x_i-x)^2+(y_i-y)^2} \tag{2.9}$$

如果目标点 $P(x, y)$ 到节点 S_i 的距离小于等于节点的感知半径 R_s，则认为目标点 P 被节点 S_i 覆盖。令 $C_{xy}(S_i)$ 表示 S_i 对点 P 的感知质量，该概率为一个二值函数：

$$C_{xy}(S_i)=\begin{cases}1, & d(S_i, P)\leqslant R_s\\ 0, & \text{其他}\end{cases} \tag{2.10}$$

基于二元传感模型，进一步考虑传感器网络工作节点集 $S=\{S_1, S_2, \cdots, S_n\}$ 的覆盖模型。首先，引入随机变量 c_i，$i\in[1, n]$，用于描述像素点 $P(x, y)$ 被传感器节点 S_i 覆盖，定义为：

$$c_i: d(S_i, P)<R_s \tag{2.11}$$

令 c_i 的概率表示为 $P\{c_i\}$，所以，$P\{c_i\}$ 正是点 $P(x, y)$ 被节点 S_i 覆盖的概率，$P(x, y)$ 与 S_i 的欧氏距离决定该概率的大小。即：

$$P\{c_i\}=C_{xy}(S_i)=\begin{cases}1, & d(S_i, P)\leqslant R_s\\ 0, & \text{其他}\end{cases} \tag{2.12}$$

定义 $\bar{c}_i$ 为 c_i 的补集，有：

$$P\{\bar{c}_i\}=1-P\{c_i\}=1-C_{xy}(S_i) \tag{2.13}$$

对节点集 S，点 $P(x, y)$ 被节点集 S 覆盖的概率是 c_i 的并集。然后节点集 S 对点 $P(x, y)$ 的覆盖率可计算为：

$$C_{xy}(S)=P\{\bigcup_{i=1}^{n} c_i\}=1-P\{\bigcup_{i=1}^{n}\bar{c}_i\}=1-\prod_{i=1}^{n}[1-C_{xy}(S_i)] \tag{2.14}$$

在二元感知模型下，只要节点集 S 中有 1 个覆盖率点 $P(x, y)$，就认为点 $P(x, y)$ 被该节点集 S 覆盖。如果 S 中全部传感器节点都没有监测到点 $P(x, y)$，则 $P(x, y)$ 就是未被覆盖点。

图 2-9 显示了使用二元感知模型时的区域覆盖。每个节点的感知区域是以该点为中心、感知距离为半径的圆。节点 A、B、C、D、E、F 共同覆盖矩形目标区域。可知，在二元感知模型下，为了确保监测区域被完全覆盖，有必要在监测区域内部署其余的传感器节点。

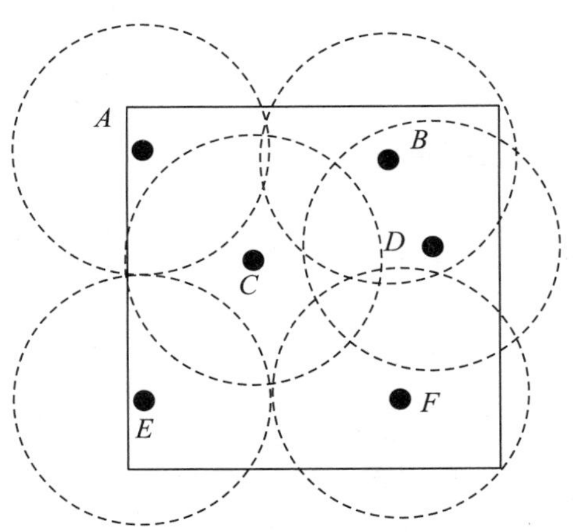

图 2-9　二元感知模型的区域覆盖示意图

监测区域 A 被离散化为 $m\times m$ 的点，则每个点的面积为 $\Delta x\cdot\Delta y$。据此，可以计算出节点集 S 的区域覆盖面积 $A_{area}(S)$，即：

$$A_{area}(S) = \sum_{x=1}^{m}\sum_{y=1}^{n} C_{xy}(S) \cdot \Delta x \cdot \Delta y \tag{2.15}$$

用 A_s 表示目标区域的总面积，则可以求得节点集 S 的区域覆盖率 $R_{area}(S)$，即：

$$R_{area}(S) = A_{area}(S)/A_s = \sum_{x=1}^{m}\sum_{y=1}^{n} C_{xy}(S)/(m \times n) \tag{2.16}$$

2.9　网络能耗优化

2.9.1　能量概述

因为无线传感器节点体积微小，通常采用功率较小的电池供电（如 Mica2 节点），因此，能量是 WSN 中最为受限的资源。实际的 WSN 系统包含的节点较多，分布区域较广，且部署区域环境往往比较复杂，因此通过更换电池的方式来补充节点的能量是不现实的。WSN 的每个节点监视周围的环境并生成相应的环境信息，系统的基本任务是收集从各个监控点采集到的信息，并最终传输给基站。作为信息采集系统，WSN 最主要的挑战是如何节省节点能量来扩展网络的生命周期，并延长系统能源的更新周期。

为了延长 WSN 的生命期，目前主要的研究工作集中在：网络的节点硬件和物理层如何尽可能做到能量有效，拓扑控制策略（即如何管理节点使其共同协作来完成感应和采集操作）如何达到能量有效，而能量有效的 MAC 协议和路由协议的改进是关注的重点。WSN 的生命期是由很多因素决定的，如节点分布密度与配置、信息采集频率、网络连接性和通信消耗等。在通常的 WSN 体系结构中，感应节点通过一些中继节点将采集的环境信息通过多跳通信传输至基站。在这种结构中，中继节点承载了几乎所有的通信负荷。研究表明，WSN 总能量的 70% 约消耗在通信上。无线通信的特点是：随着无线通信距离的增大，射频信号的强度成指数递减。为了增加通信距离，往往需要增加较多的传输能量以增强信号强度。传输距离的增加也导致通信链路质量下降，数据的丢失、发送失败等导致的数据重发重传也增加了额外的能量消耗。由此可见，如果网络中存在足够多的中继节点，通信距离和通信质量都可以保证网络达到一个理想的能量有效配置状态。但不可能在一个实际的应用中使用足够多的中继节点。由此产生的问题是：如何在有限数量的中继节点下，放置这些节点使其形成的网络传输所耗费的总能量最小?

2.9.2　网络能量模型

1. 网络模型

建立 WSN 模型，应将所有传感器节点与几个网关一起随机地部署。一旦它们被部署，则保持其状态静止不动。与低能量自适应聚类层次结构（LEACH）类似，数据收集操作分为几轮。在每一轮中，所有传感器节点收集本地数据并将其发送到相应的CH（即网关）。收到数据后，网关将它们聚合为冗余和不相关的数据，并通过其他CH作为下一跳中继进而将聚合数据发送到基站节点。在两个相邻的轮回之间，所有节点关闭射频以节省能量。其通信都是通过无线连接进行，当两个节点处于彼此的通信范围内时方可建立无线链路。在发送功率时，节点可以根据接收信号强弱计算到另一节点的距离。

2. 能量模型

此处使用的能量无线电模型与Heinzelman（2002）描述的相同。在这个模型中，根据发射器和接收器之间的距离使用路径衰落信道。当距离与阈值 d_0 相比较小时，则使用自由空间（*fs*）模型，否则使用多径（*mp*）模型。让 E_{elec}、ε_{fs} 和 ε_{mp} 作为电子电路通过在各自的自由空间和多径的扩增所需的能量。无线电在距离为 d 时发送 l 比特消息所需的能量如下：

$$E_r(l,\ d)=\begin{cases}lE_{elec}+l\varepsilon_{fs}d^2,\ d<d_0\\ lE_{elec}+l\varepsilon_{fs}d^4,\ d\geqslant d_0\end{cases} \tag{2.17}$$

无线电接收 l 比特信息所需的能量如下式所示：

$$E_R(l)=lE_{elec} \tag{2.18}$$

$E_R(l)$ 取决于多个因素，例如数字编码、调制、滤波网络连接和信号的扩频，而放大器能量 $\varepsilon_{fs}d^2/\varepsilon_{mp}d^4$ 则取决于发射器和接收器之间的距离以及可接收的距离误码率。该模型是一个简化的模型，通常无线电波传播是高度可变的建模。

2.9.3 节能容错路由

无线传感器网络中的路由协议可分为几类，这里将集中讨论基于层次结构路由的相关工作，这种路由可节省能量并提供容错功能。

近年来，无线传感器网络设计的大多数路由方法都集中在能量感知上，目的在于延长节点寿命从而延长整个网络的寿命。失败的CH导致对群集节点的访问受限，并可能降低网络的性能。因此，需要满足不同应用要求的多目标路由方法来支持CH的能量效率。

LEACH是第一个也是最流行的基于层次结构的无线传感器网络路由协议，专门用于降低功耗。其高效之处结合了基于集群的路由和应用相关的数据聚合，在系统生命周期、延迟和应用相关的感知质量方面提供了良好的性能。LEACH使用高分布式集群形成技术提供大量节点的自组织，使用概率公式调整集群和簇头位置的算法，实现分布式信号处理以节省通信资源的技术。LEACH的主要缺点是它不能保证良好的CH分布，也不能保证良好的CH选择。

PEGASIS被认为是LEACH的扩展改进协议。PEGASIS是一种基于近乎最优链的协议，用于WSN中的数据收集问题。PEGASIS避免了簇的形成，每个节点发送数据到其本地邻居而不是 CH，并且链中的一个节点被选择将每轮聚合数据发送到 BS，因此每轮节省的总能量减少。仿真表明 PEGASIS 的性能优于 LEACH。

混合能效分布式聚类（HEED）通过使用一种新的 CH 选择方法克服了 LEACH 的缺点，这种方法依赖于两个参数，即节点的剩余能量和节点度（即相邻节点的数量）。HEED 确保整个网络中的 CHS 分布良好，并将通信成本降至最低。

阈值敏感能效传感器网络协议（TEEN）是一种以数据为中心的机制，通过多层次的机制将数据传递给 BS。自适应周期阈值敏感能效传感器网络协议（APTEEN）是 TEEN 协议的扩展，两者具有相同的体系结构。考虑到能量耗散和网络寿命，APTEEN 的性能介于 LEACH 和 TEEN 之间。

具有自适应集群的高效电源管理协议（EPMPAC）是一种基于集群的协议，将网络划分为自适应本地集群，每个集群都有自己的管理器。该协议在组织者和簇头之间分配负载。易于部署、节能、良好的移动性管理和网络生命周期等特征使 EPMPAC 成为无线传感器网络可靠的协议，并提供比传统协议更好的性能。

健壮自组传感器网络的分布式集群协议（REED）在物理网络的顶部构建了一个 k 重独立的集群头。当检测到簇头故障时，每个节点自动切换到另一个簇头，并且能够使用簇内通信直接与 k 簇头中的至少一个进行通信。REED 延长了网络寿命，并定期更新群集网络，以便在传感器节点之间公平均衡能耗。

Akkaya（2005）提出了无线传感器网络故障容错、节能、分布式聚类协议（FEED）。它利用节点间的能量、密度、中心性和距离等因素，提供了一种比 LEACH 和 HEED 更好的网络生命周期路由技术。FEED 提供的将故障 CH 替换为监控节点的属性将有助于网络故障容错。

2.10　本章小结

稳定性和可靠性是无线传感器网络应用较为重要的性能指标，尤其是火灾预警、安全检测和健康监护等对无线传感器网络可靠性要求较高的领域。通过网络故障容错，能提高网络传输稳定性、可靠性和数据准确性。故障容错控制已成为无线传感器网络一项关键技术和研究热点。

针对网络层容错是无线传感器网络故障容错一个重要的研究内容，本章首先简要介绍了无线传感器网络可靠传输与故障容错技术，对网络层故障容错关键技术进行分类，重点对网络层所采用的多路由传输、纠删编码/网络编码、数据重传机制、跨层协同优化与复合容错和仿生智能容错等关键故障容错技术进行了归纳总结。

参考文献

[1] 梁露露，高德云，秦雅娟，等. 无线传感器网络中面向紧急信息可靠传输协议[J]. 电子与信息学报，2012，34（1）：95－100.

[2] Paek J，Govindan R. RCRT：Rate-controlled reliable transport protocol for wireless

sensor networks [J]. ACM Transactions on sensor networks (TOSN), 2010, 7 (3): 20.

[3] Luo X, Dong M, Huang Y. On distributed fault-tolerant detection in wireless sensor networks [J]. IEEE Transactions on computers, 2006, 55 (1): 58-70.

[4] 李玉凯，白焰，方维维，等. 一种无线传感器网络可靠传输协议及其仿真分析 [J]. 系统仿真学报，2010，22 (6)：1551-1556.

[5] Anisi M H, Abdullah A H, Razak S A. Energy-efficient and reliable data delivery in wireless sensor networks [J]. Wireless networks, 2013, 19 (4): 495-505.

[6] Liu C, Huo H, Fang T, et al. Fault tolerant spatio-temporal fusion for moving vehicle classification in wireless sensor networks [J]. IET Communications, 2011, 5 (4): 434-442.

[7] 陈拥军，袁慎芳，吴键，等. 无线传感器网络故障诊断与容错控制研究进展 [J]. 传感器与微系统，2010，29 (1)：1-5.

[8] Shih H C, Ho J H, Liao B Y, et al. Fault node recovery algorithm for a wireless sensor network [J]. IEEE Sensors journal, 2013, 13 (7): 2683-2689.

[9] Karim L, Nasser N, Sheltami T. A fault-tolerant energy-efficient clustering protocol of a wireless sensor network [J]. Wireless communications and mobile computing, 2014, 14 (2): 175-185.

[10] Yin R R, Liu B, Li Y Q, et al. Adaptively fault-tolerant topology control algorithm for wireless sensor networks [J]. The journal of China universities of posts and telecommunications, 2012 (19): 13-35.

[11] Li Y, Zhao L, Liu H, et al. An energy efficient and fault-tolerant topology control algorithm of wireless sensor networks [J]. Journal of computational information systems, 2012, 8 (19): 7927-7935.

[12] 张莉，李金宝. 无线传感器网络中基于多路径的可靠路由协议研究 [J]. 计算机研究与发展，2011，48：171-175.

[13] Bari A, Jaekel A, Jiang J, et al. Design of fault tolerant wireless sensor networks satisfying survivability and lifetime requirements [J]. Computer Communications, 2012, 35 (3): 320-333.

[14] Yin R R, Liu B, Li Y Q, Liu H R. An evolution model of fault-tolerant topology in wireless sensor networks [J]. Journal of Computational Information Systems, 2013, 9 (19): 7881-7887.

[15] 张乐君，国林，张健沛，等. TCP 连接迁移的移动无线传感器网络数据可靠传输技术研究 [J]. 哈尔滨工程大学学报，2010，31 (5)：627-631.

[16] Xue Y, Ramamurthy B, Wang Y. LTRES: A loss-tolerant reliable event sensing protocol for wireless sensor networks [J]. Computer communications, 2009, 32 (15): 1666-1676.

[17] Oh H, Van vinh P. Design and Implementation of a MAC protocol for timely and reliable delivery of command and data in dynamic wireless sensor networks [J]. Sensors, 2013, 13 (10): 13228 - 13257.

[18] Merhi Z, Elgamel M, Bayoumi M. A lightweight collaborative fault tolerant target localization system for wireless sensor networks [J]. IEEE Transactions on mobile computing, 2009, 8 (12): 1690 - 1704.

[19] Bekmezci I, Alag Z F. Delay sensitive, energy efficient and fault tolerant distributed slot assignment algorithm for wireless sensor networks under convergecast data traffic [J]. International Journal of distributed sensor networks, 2009, 5 (5): 557 - 575.

[20] Jhumka A, Bradbury M, Saginbekov S. Efficient fault-tolerant collision - free data aggregation scheduling for wireless sensor networks [J]. Journal of parallel and distributed computing, 2014, 74 (1): 1789 - 1801.

[21] Bouabdallah F, Bouabdallah N, Boutaba R. Reliable and energy efficient cooperative detection in wireless sensor networks [J]. Computer communications, 2013, 36 (5): 520 - 532.

[22] 张希元，赵海，孙佩刚，等. 基于链路层重传的传感器网络可靠传输模型 [J]. 系统仿真学报，2008, 19 (22): 5325 - 5330 + 5335.

[23] Boukerche A, Martirosyan A, Pazzi R. An inter-cluster communication based energy aware and fault tolerant protocol for wireless sensor networks [J]. Mobile networks and applications, 2008, 13 (6): 614 - 626.

[24] Nakayama H, Ansari N, Jamalipour A, et al. Fault-resilient sensing in wireless sensor networks [J]. Computer communications, 2007, 30 (11): 2375 - 2384.

[25] Yick J, Mukherjee B, Ghosal D. Wireless sensor network survey [J]. Computer networks, 2008, 52 (12): 2292 - 2330.

[26] Torres C, Tter P. Reliable and energy optimized WSN design for a train application [J]. Journal of systems architecture, 2011, 57 (10): 896 - 904.

[27] Lin C H, Kuo J J, Liu B H,. GPS-free, boundary-recognition-free, and reliable double-ruling-based information brokerage scheme in wireless sensor networks [J]. IEEE Transactions on computers, 2012, 61 (6): 885 - 898.

[28] Long C Z, Luo J P, Xiang M T, et al. Secure directed diffusion route protocol and security of wireless sensor network [J]. International journal of advancements in computing technology, 2012, 4 (22): 452 - 459.

[29] Marina M K, Das S R. Ad hoc on-demand multipath distance vector routing [J]. ACM SIGMOBILE Mobile computing and communications review, 2002, 6 (3): 92 - 93.

[30] Moustapha A I, Selmic R R. Wireless sensor network modeling using modified recurrent neural networks: Application to fault detection [J]. IEEE Transactions on instrumentation and measurement, 2008, 57 (5): 981 - 988.

[31] Kamal A R M, Hamid M A. Reliable data approximation in wireless sensor network [J]. Ad Hoc networks, 2013, 11 (8): 2470 – 2483.

[32] Liu L, Qin X L, Zheng G N. Reliable spatial window aggregation query processing algorithm in wireless sensor networks [J]. Journal of network and computer applications, 2012, 35 (5): 1537 – 1547.

[33] Vinh P V, Oh H. RSBP: A reliable slotted broadcast protocol in wireless sensor networks [J]. Sensors, 2012, 12 (11): 14630 – 14646.

[34] Karim L, Nasser N, Sheltami T. A fault-tolerant energy-efficient clustering protocol of a wireless sensor network [J]. Wireless communications and mobile computing, 2014, 14 (2): 175 – 185.

[35] Miao L S, Djouani K, Kurien A, Noel G. Network coding and competitive approach for gradient based routing in wireless sensor networks [J]. Ad Hoc networks, 2012, 10 (6): 990 – 1008.

[36] Jin Y, Ruan P. Adaptive cooperative FEC based on combination of network coding and channel coding for wireless sensor networks [J]. Journal of networks, 2014, 9 (2): 481 – 487.

[37] Rout R R, Ghosh S K, Chakrabarti S. Co-operative routing for wireless sensor networks using network coding [J]. IET Wireless sensor systems, 2012, 2 (2): 75 – 85.

[38] Yang Y, Zhong C, Sun Y, et al. Energy efficient reliable multi-path routing using network coding for sensor network [J]. Int J Comput sci netw secur, 2008, 8 (12): 329 – 338.

[39] Rout R R, Ghosh S K. Enhancement of lifetime using duty cycle and network coding in wireless sensor networks [J]. IEEE Transactions on wireless communications, 2013, 12 (2): 656 – 667.

[40] 张希元，赵海，孙佩刚，等. 基于链路层重传的传感器网络可靠传输模型 [J]. 系统仿真学报，2008，19 (22)：5325 – 5330.

[41] Long C Z, Luo J P, Xiang M T, Yu G C. Secure directed diffusion route protocol and security of wireless sensor network [J]. International journal of advancements in computing technology, 2012, 4 (22): 452 – 459.

[42] 陈拥军，袁慎芳，吴键，等. 无线传感器网络故障诊断与容错控制研究进展 [J]. 传感器与微系统，2010，29 (1)：1 – 5.

[43] Chen P Y, Chang L Y, Wang T Y. A low-cost VLSI architecture for fault-tolerant fusion center in wireless sensor networks [J]. IEEE Transactions on circuits and systems I: Regular papers, 2010, 57 (4): 803 – 813.

[44] Djukic P, Valaee S. Reliable packet transmissions in multipath routed wireless networks [J]. IEEE Transactions on mobile computing, 2006, 5 (5): 548 – 559.

[45] Zhou B B, Cao J N, Zeng X Q, et al. Adaptive traffic light control in wireless sensor network-based intelligent transportation system [J]. IEEE Transactions on vehicular technology, 2010, 28 (5): 1736 - 1747.

[46] Eckart Z, Kalyanmoy D, Lothar T. Comparison of multiobjective evolutionary algorithms: Empirical results [J]. Evolutionary computation (EC), 2000, 8 (2): 173 - 195.

[47] Goldberg D E. Genetic algorithms in search, optimization, and machine learning [M]. Reading menlo park: Addison-wesley, 1989.

[48] 林浒，彭勇. 面向多目标优化的适应度共享免疫克隆算法 [J]. 控制理论与应用，2011 (2): 206 - 214.

[49] Mihaela C, Jie W. Energy-efficient coverage problems in wireless Ad hoc sensor networks [J]. Journal of computer communications, special issue on sensor networks, 2006, 29 (4): 413 - 420.

[50] Shahraki A, Rafsanjani M K, Saeid A B. A new approach for energy and delay trade-off intra-clustering routing in WSN [J]. Computers & mathematics with applications, 2011, 62 (4): 1670 - 1676.

[51] Xin X, Minjiao Y, Xiao L, et al. A cross-layer optimized opportunistic routing scheme for loss-and-delay sensitive WSNs [J]. Sensors, 2018, 18 (5): 1422 - 1463.

[52] Yao Y, Cao Q, Vasilakos A V. EDAL: An energy-efficient, delay-aware, and lifetime-balancing data collection protocol for wireless sensor networks [J]. IEEE/ACM Transactions on networking, 2015, 23 (3): 810 - 823.

[53] Xujing L, Wei L, Mande X, et al. Differentiated data aggregation routing scheme for energy conserving and delay sensitive wireless sensor networks [J]. Sensors, 2018, 18 (7): 2349 - 2378.

[54] Xie D, Wei W, Wang Y, et al. Tradeoff between throughput and energy consumption in multirate wireless sensor networks [J]. IEEE Sensors journal, 2013, 13 (10): 3667 - 3676.

[55] Ammari H M. On the energy-delay trade-off in geographic forwarding in always-on wireless sensor networks: A multi-objective optimization problem [J]. Computer networks, 2013, 57 (9): 1913 - 1935.

[56] Felemban E, Lee C G, Ekici E. MMSPEED: Multipath multi-SPEED protocol for QoS guarantee of reliability and timeliness in wireless sensor networks [J]. IEEE Transactions on mobile computing, 2006, 5 (6): 738 - 754.

[57] Challal Y, Ouadjaout A, Lasla N, et al. Secure and efficient disjoint multipath construction for fault tolerant routing in wireless sensor networks [J]. Journal of network and computer applications, 2011, 34 (4): 1380 - 1397.

[58] Babbitt T A, Morrell C, Szymanski B K, et al. Self-selecting reliable paths for wireless sensor network routing [J]. Computer communications, 2008, 31 (16): 3799 - 3809.

[59] Ganesan D, Govindan R, Shenker S, et al. Highly-resilient, energy-efficient multipath routing in wireless sensor networks [J]. ACM SIGMOBILE Mobile computing and communications review, 2001, 5 (4): 11 - 25.

[60] Long C Z, Luo J P, Xiang M T. Secure directed diffusion route protocol and security of wireless sensor network [J]. International journal of advancements in computing technology, 2012, 4 (22): 452 - 459.

[61] Marina M K, Das S R. Ad hoc on-demand multipath distance vector routing [J]. ACM SIGMOBILE Mobile computing and communications review, 2002, 6 (3): 92 - 93.

[62] Min R, Bhardwaj M, Choi S H, et al. Energy-centric enabling technologies for wireless sensor networks [J]. IEEE Wireless communications, 2002, 9 (4): 28 - 39.

[63] Alberto C, Deborah E. ASCEN T: Adaptive self-configuring sensor networks topologies [J]. IEEE Trans on mobile computing, 2004, 3 (3): 272 - 285.

[64] Jones C E, Sivalingam K M, P Agrawal, et al. A survey of energy efficient network protocols for wireless networks [J]. Wireless network, 2001, 7 (4): 343 - 358.

[65] Ok C S. Distributed energy balanced routingfor wireless sensor network [J]. Comput ind eng, 2009, 57 (5): 125 - 135.

[66] Heinzelman W B, Chandrakasan A P, Balakrishnan H. An application-specific protocol architecture for wireless microsensor networks [J]. IEEE Transactions on wireless communications, 2002 (3): 660 - 670.

[67] Akkaya K and Younis M. A Survey on routing protocols for wireless sensor network [J]. Ad Hoc network, 2005 (3): 325 - 349.

[68] Singh S K, Singh M P, Singh D K. Routing protocols in wireless sensor network-A survey [J]. International journal of computer science & engineering survey, 2010, 1 (2): 12 - 25.

[69] Singh S K, Singh M P, Singh D K. Routing protocols in wireless sensor network-A survey [J]. International journal of computer science & engineering survey, 2010, 1 (2): 12 - 25.

[70] Lindsey S, Raghavendra S C. PEGASIS: Power-efficient gathering in sensor information systems [J]. IEEE Aerospace conference proceedings, 2002 (3): 1125 - 1130.

[71] Younis O, Fahmy S. HEED: A hybrid, energy-efficient, distributed clustering approach for Ad-hoc Network [J]. IEEE Transactions on mobile computing, 2004, 3 (4): 366 - 369.

第3章　故障检测与诊断策略

3.1　故障检测概述

在WSN设计中，一个严峻的挑战是在传感器节点只提供有限的能量、计算和存储的情况下来满足不同的应用需求，例如生命周期、吞吐量和可靠性。传感器节点通常部署在恶劣的环境中，如森林、海底、动物栖息地和活火山，这进一步加剧了满足应用需求的设计挑战。无人值守或者恶劣的部署环境使得传感器节点比其他系统更容易发生故障，一旦传感器节点部署好后再对其进行人工检查是不切实际的。故障可以发生在任何传感器节点部件中，但传感器和执行器的故障率明显高于其他基于半导体的系统。例如，美国国家航空航天局（NASA）因航天飞机外部燃料箱的传感器故障而取消了发现号航天飞机的发射。传感器故障可能由于部署条件恶劣、未知因素破坏、火灾、极端天气或元器件老化等情况而发生。传感器节点故障可能导致传感器网络分区，即传感器节点孤立并与传感器网络断开连接，导致WSN可用性降低和WSN故障。因此，为了满足应用要求，在WSN中引入故障检测和容错机制势在必行。

虽然传统的可靠性模型可以较容易地应用于FT（Fault Tolerance）系统，但是故障并不都是由系统错误造成的。由于噪声、电压电平和损坏的组件都会产生瞬态恶意错误，因此，必须对故障检测能力进行建模，提供针对此类故障的检测覆盖，以保护关键的任务数据。故障检测可采用分布式故障检测（DFD）算法，该算法可识别故障传感器读数，以诊断传感器故障。DFD算法不会产生额外的传输成本，它们使用现有的网络流量来识别传感器故障，其故障检测结果表明该算法能够准确识别故障。

虽然故障检测有助于隔离有故障的传感器，但是在WSN中，引入容错功能是可靠地完成应用程序任务的必要条件。一个显著的FT技术是添加冗余的硬件或软件。但FT的额外冗余必须证明额外的成本是合理的。由于连接到传感器节点的传感器（例如温度、光照、运动传感器等）具有比其他组件如处理器和收发器等相对更高的故障率，因此传感器冗余将是提高传感器节点的FT性能最有效的方法。增加冗余的备用传感器几乎不会增加单个传感器节点的成本。

尽管FT是WSN一个重要的研究领域，但对WSN的故障诊断和FT研究却相对较少。在不同的应用程序中，不同的FT需求会增加WSN的故障检测和FT的复杂性。例如，与环境监视等非任务关键型应用程序相比，任务关键型应用程序具有相对较高的可靠性要求，目前还没有传感器节点模型来为关键任务应用提供更好的可靠性。应用程序通常被设计为在一定的时间内可靠地运行，因此在WSN设计中，需要考虑可靠性和平均故障时间（MTTF）等 FT 指标。WSN 的设计需要一个模型来评估 FT 指标并在设计时确定必要的冗余。前述文献中并没有提供精确的数学模型来观察或评价 WSN 的可靠性和平均故障时间。以往的研究都是在系统孤立和应用单一的情况下研究故障检测和 FT，并没有在 WSN 的背景下研究它们的协同关系。

3.2 故障检测进展

Jiang 提出了一种 DFD 方案，通过数据交换和相互测试相邻节点来检测故障传感器节点。Jian-Liang 等提出了一种加权中值故障检测方案，该方案利用了诸如温度、湿度等传感器测量值之间的空间相关性。Lee 和 Cho 提出了一种 DFD 算法，该算法基于相邻传感器节点数据间的比较来识别故障传感器节点。Khilar（2012）和 Mahapatra（2012）提出了一种诊断间歇性 WSN 故障的概率方法，仿真结果表明，当相邻传感器节点在每一轮中交换测量值时，DFD 算法的精度随着诊断轮数的增加而提高。

Ding 等提出了用于故障传感器识别和 FT 事件边界检测的算法。该算法认为事件区域中的故障和正常传感器都可能产生异常读数，或读数偏离典型应用程序特定范围。Krishnamachari（2004）和 Iyengar（2004）提出了一种用于传感器故障检测和校正的分布式贝叶斯算法。该算法认为由于设备故障导致的测量误差可能是不相关的。Wu 等提出了一种故障检测方案，该方案试图通过采用多数投票技术的时间序列来识别故障传感器节点。Lo 等提出了一种分布式的、无引用的故障检测算法，该算法基于对同一物理现象进行监测的传感器节点之间的局部成对验证。一对传感器节点的输出之间存在线性关系，故可用来检测传感器节点是否存在故障。结果表明，该算法的检测精度可达到 84%，误报率仅 0.04%。

Miao 等提出了检测有未知类型和症状的故障的不可知论诊断方法。对于小型无线传感器网络，该方案的检测精度接近 100%。随着 WSN 规模的增加，误报率增加，检测精度明显下降。该技术要求汇聚节点从 WSN 的所有传感器节点收集数据，从而导致汇聚节点和汇聚节点附近的传感器节点的能量耗竭较快。此外，由于该方案具有计算集中性，其故障检测延时较高。

WSN 中存在一些与异常检测相关的研究工作。Bhargava（2013）和 Raghuvanshi（2013）提出了一种基于 S－变换（连续小波变换的扩展）的 WSN 异常检测方法。S－变换提取了传感器节点数据集的特征，用于训练支持向量机（SVM）。然后将 SVM 用于正常和异常数据的分类。结果表明，该方案的数据分类准确率在 78% 到 94% 之间。Salem 等提出了一种用于医学 WSN 的异常检测算法。该算法首先将感知患者属性的实例分类为正常和异常；然后，该算法使用回归预测来识别错误的传感器读数和进入临界状态的患者。结果证明了该算法实现了相对较低的误报率（1%）和一个良好的检测精度（未规定达到精度）的医疗 WSN 应用。

3.3　故障检测策略

3.3.1　故障检测 Chen 算法

第一种算法为 Chen 算法，该算法依赖于简单的多数节点计数来确定故障。在该算法中传感器节点的计算能力有限，轻量级计算优于密集型计算。每个传感器节点 $S_i \in S$ 可以存在四种状态：良好（GD）、故障（FT）、可能好（LG）、可能故障（LF）。该算法的实现复杂度较低，诊断正确率高。

算法 1：用于 WSN 故障检测的 Chen 算法

输入：带测量值的传感器 S_i

输出：良好的故障传感器检测

步骤 1：对每个传感器节点 S_i，计算位向量 $\boldsymbol{C}_i\{S_j\}$，其中 1 表示 S_i 和 S_j 是一致的。

设 $S_{ij}(t) = |S_i(t) - S_j(t)|$

若 $S_{ij}(t) > \theta_1$ 并且 $|S_{ij}(t) - S_{ij}(t+1)| > \theta_2$，则 $\boldsymbol{C}_i\{S_j\} = 1$

步骤 2：计算每个传感器的趋势。

如果 $\sum \boldsymbol{C}_i\{S_j\} > \frac{N_S}{2}T_i$ = 可能好（LG），否则可能故障（LF），其中 N_s 是相邻的传感器的节点数；

步骤 3：确定传感器节点是否良好。

如果 $N_C - \overline{N_C} > \frac{N_S}{2}T_i$ = 良好（GD），其中 N_C 和 $\overline{N_C}$ 分别表示前后一致和不一致的邻居节点数量；

步骤 4：如果一个节点不能确定，找到好的或有容错的邻域（集合 N）。

对于每个传感器：

如果 $S_i \in \{\mathrm{LG}, \mathrm{LF}\}$，那么对于每个 $N_j \in N$：

若（$T_j = \mathrm{GD}$ 且 $C_i\{N_j\} = 1$）或（$T_j = \mathrm{FT}$ 且 $C_i\{N_j\} = 0$），则 $T_i = \mathrm{GD}$；

若（$T_j = \mathrm{FT}$ 且 $C_i\{N_j\} = 1$）或（$T_j = \mathrm{GD}$ 且 $C_i\{N_j\} = 0$）；则 $T_i = \mathrm{FT}$。

重复上述步骤，直到所有传感器节点都处于良好的（GD）或故障（FT）状态。

表 3-1 列出了 Chen 算法中使用的符号。在 WSN 中，相邻的传感器节点是在相互感知和数据传输范围内的传感器节点。每个传感器节点将其感测值发送到邻近传感器节点。传感器 S_i 生成的测试结果 C_{ij} 基于变量 d_{ij}、$\Delta d_{ij}^{\Delta t_l}$、阈值 θ_1 和 θ_2 的相邻传感器节点的 S_j 的测量值。如果 $C_{ij} = 0$，传感器 S_i 和 S_j 都是好的或都有故障。如果 $C_{ij} = 1$，则传感器节点有不同的良好或故障状态。每个传感器节点将其估计状态趋势值发送到所有传感器节点的相邻传感器节点。相邻传感器的测试值确定传感器的趋势值为 LG 或 LF，有相同结果的 LG 传感器的数量决定了传感器是 GD 或 FT。准确地说，如果 S_i 确认为良

好，则$\forall S_j \in N(S_i)$和$T_j = LG$，$\sum (1 - C_{ij}) - \sum C_{ij} = \sum (1 - 2C_{ij})$必须大于或等于$[\,|N(S_i/2)|\,]$。在传感器节点问题邻居节点数小于$k/4$的情况下，该算法在第一轮中将良好的传感器$S_i$诊断为GD。算法1中描述了Chen算法的重要步骤。

表3-1　DFD算法中使用的符号

符号	描述
S	DFD算法中所有涉及的传感器的集合
$N(S_i)$	传感器节点S_i的邻域集
x_i	S_i的测量
d_{ij}^t	S_i和S_j在t时刻的测量差异（即：$d_{ij}^t = x_i^t - x_j^t$）
Δt_l	测量时差$t_{l+1} - t_l$
$\Delta d_{ij}^{\Delta t\,l}$	从时间t_l到t_{l+1}的S_i和S_j之间的测量差异（即：$\Delta d_{ij}^{\Delta t\,l} = d_{ij}^{t\,l+1} - d_{ij}^{t\,l}$）
C_{ij}	S_i和S_j之间的测试，$C_{ij} \in \{0,1\}$，$C_{ij} = C_{ji}$
$\theta_1 \& \theta_2$	两个预定义的阈值
T_i	传感器的趋势值：$T_i \in \{LG, LF, GD, FT\}$

3.3.2　故障检测Ding算法

第二种算法为Ding算法，该算法是一种具有低计算开销的WSN故障检测算法。结果表明，该算法在传感器故障概率高达20%的情况下，能够精度较高地识别出故障传感器。

算法2：用于WSN故障检测的Ding算法

输入：带测量值的传感器S_i

输出：故障传感器的集合F

步骤1：识别传感器节点S_i的相邻传感器节点，对于每个传感器节点S_i执行步骤2~4。

步骤2：用公式（3.1）计算每个传感器节点S_i的d_i。

步骤3：利用式（3.4）计算每个传感器节点S_i的y_i。

步骤4：如果$|y| \geqslant \theta$，分配S_i到F中，否则认为S_i是一个正常的传感器。

该算法将传感器节点S_i的读数与传感器节点的k个邻居S_{i1}，S_{i2}，…，S_{ik}的测量值$x_1^{(i)}$，$x_2^{(i)}$，…，$x_k^{(i)}$进行了比较。所做的比较是通过比较x_i和$\{x_1^{(i)}, x_2^{(i)}, \cdots, x_k^{(i)}\}$的中值$med_i$，即

$$d_i = x_i - med_i \tag{3.1}$$

如果总共有n个传感器，则该算法计算$d_i\ \forall n$（即$D = \{d_1, d_2, \cdots, d_i, \cdots, d_n\}$）。Ding等人已经给出了$D$的均值$\hat{\mu}$：

$$\hat{\mu} = \frac{1}{n}\sum_{i=1}^{n} d_i \tag{3.2}$$

D的标准差$\hat{\sigma}$为：

$$\hat{\sigma} = \sqrt{\frac{1}{n-1}\sum_{i=1}^{n}(d_i - \hat{\mu})^2} \tag{3.3}$$

标准化数据集 D 得到 $Y=\{y_1, y_2, \cdots, y_i, \cdots, y_n\}$：

$$\begin{aligned} y_1 &= \frac{d_1-\hat{\mu}}{\hat{\sigma}} \\ y_2 &= \frac{d_2-\hat{\mu}}{\hat{\sigma}} \\ &\vdots \\ y_i &= \frac{d_i-\hat{\mu}}{\hat{\sigma}} \\ &\vdots \\ y_n &= \frac{d_n-\hat{\mu}}{\hat{\sigma}} \end{aligned} \tag{3.4}$$

如果 $|y_i| \geqslant \theta$，则 Ding 算法将 S_i 检测为故障，其中 $\theta > 1$ 是预定义的阈值。在数学上，如果 $|y_i| \geqslant \theta$，则 $S_i \in f$，其中 f 表示为故障传感器集合。

3.3.3　基于贝叶斯分类器的故障检测算法

1. 贝叶斯分类器

为了利用概率分类器检测故障传感器节点，采用贝叶斯网络进行检测。贝叶斯网络表示概率分布的有向无环图（DAG）。在这样的图中，每个随机变量 X_i 由一个节点表示。两个节点之间的有向边缘表示子节点的概率影响（依赖程度）。因此，网络的结构表示网络中的每个节点 X_i 都有条件地独立于其父级的非后代这样的假设。为了描述满足这些假设的概率分布，网络中的每个节点 X_i 与条件概率表（CPTi）相关联，该条件概率表指定了在给定的任何可能的情况下 X_i 上分配给其父级的分布值。

贝叶斯分类器仅仅是应用于分类任务的贝叶斯网络，它包含类变量的节点 C 和每个特征节点 X_i。给定一个特定的实例 x（将值 x_1，x_2，…，x_n 赋给特征变量），贝叶斯网络允许计算每个 c_k 的可能概率 $P(C=c_k|X=x)$。这是通过贝叶斯定理得到的：

$$P(C=c|X=x) = \frac{P(C=c)P(X=x|C=c)}{P(X=x)} \tag{3.5}$$

式（3.5）中的临界量是 $P(X=x|C=c_k)$，在不进行独立性假设的情况下进行计算通常是不切实际的。这种假设给定的类变量 C 以最古老和最具限制性的形式体现在朴素贝叶斯分类器中，该分类器假定每个特征 X_i 有条件地独立于其他特征。从形式上讲，就是

$$P(X=x|C=c) = \prod_i P(X_i=x_i|C=c) \tag{3.6}$$

最近，研究者在数据中学习更具表现力的贝叶斯网络以及专门用于分类任务的学习网络方法方面已经做了大量的工作。这些后来提出的方法允许特征变量之间存在有限的

依赖形式，以便放宽对朴素贝叶斯分类器的限制性假设。图 3 -1 对比了朴素贝叶斯分类器的结构与更具表现力的分类器的结构。

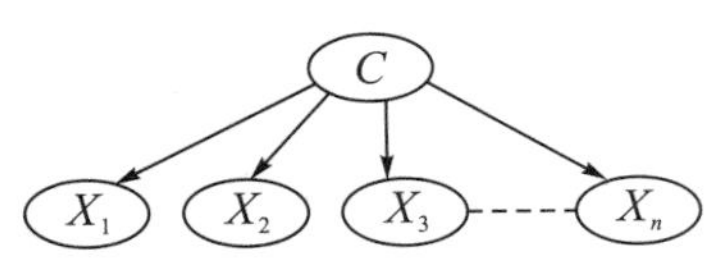

（a）朴素贝叶斯分类器网络

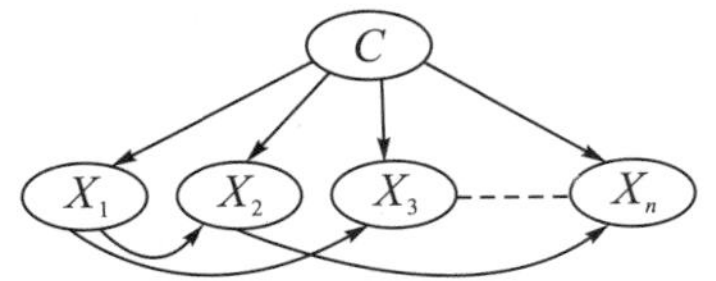

（b）允许特征间有限依赖的复杂贝叶斯分类器网络

图 3 -1　贝叶斯分类器网络

2. 故障检测方案（FDS）

FDS 是一种基于贝叶斯的算法，每个传感器节点检查自己的感知数据，计算联合概率（PJ）并通过对该感知数据进行判决并传输到其 CH。在这个层次上，信道将根据属于同一个集群的所有传感器节点之间存在的 PJ 的相似性做出最终的决定。

系统假设：无线传感器网络通常由散布在感兴趣区域的大量传感器节点（数百、数千或更多）组成，用于监测特定的物理现象。第一个假设是，所有被感知到的数据都从源节点转发到中心节点（接收器）进行数据处理。第二个假设是，接收器和所有传感器节点都是固定的，且电量有限，本地处理可以降低总体通信成本。第三个假设是，在能量、通信和处理能力方面，所有传感器节点都是同质的，它们被分配一个唯一的标识符（ID）。

设计要求：研究的重点是无线传感器网络中的在线和分布式故障检测。所提出的方法有基于传感器节点级别和簇头级别两个层次。

（1）传感器节点级别。

在这个层次上，每个传感器节点计算其条件概率表 CPT（表 3 -2）和联合概率 PJ，传感器节点将 PJ 传输到其 CH。

方案中的贝叶斯网络如图 3 -2 所示。两个变量被认为是传感器节点 N_i 的父级，剩余能级 EL_i^t 和传感数据 SD_i^t。

表 3 -2　FDS 的 CPT

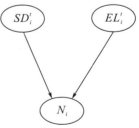

变量	$P^t(N_i)$
EL^t	Val1
SD^t	Val2

图 3 -2　FDS 贝叶斯网络

可以使用贝叶斯规则计算每个传感器节点的条件概率

$$P_i^t(N_i \mid EL_i^t) = \frac{P(EL_i^t / N_i) P(N_i)}{P(EL_i^t)} \tag{3.7}$$

$$P_i^t(N_i|SD_i^t)=\frac{P(SD_i^t/N_i)P(N_i)}{P(SD_i^t)} \tag{3.8}$$

式（3.7）表示时间 t 的剩余能级 EL_i^t 上传感器节点 N_i 的条件概率，式（3.8）表示时间 t 的传感数据 SD_i^t 上传感器节点 N_i 的条件概率。表 3 - 2 表示传感器节点 N_i 的概率。

联合概率分布 $PJ(x_1,\ x_2,\ \cdots,\ x_n)$ 的计算封装了所有变量或参数。它是通过使用链规则来定义的，链规则是以下公式的结果：

$$PJ(x_1,\ x_2,\ \cdots,\ x_n)=\pi_{i=1}^{n}P(x_i|par_{x_i}) \tag{3.9}$$

其中，x_i 表示网络上定义的变量，par_{x_i} 表示传感器节点的父节点。

根据图 3 - 2 所示的贝叶斯网络方程（3.9），得出如下式子：

$$PJ_i^t(N_i|EL_i^tSD_i^t)=P_i^t(N_i|EL_i^t)\cdot P_i^t(N_i|SD_i^t)\cdot P_i^t(EL_i^t)\cdot P_i^t(SD_i^t) \tag{3.10}$$

PJ_i^t 代表时间 t 时传感器节点 N_i 的联合概率分布，不应超过某一阈值 θ_1。如果满足此条件，则相应的传感器节点（N_i）可能有故障（PF），否则可能正常（PN）。这一局部判决与相应的 PJ_i^t 一起提交给 CH。

为了计算 PJ_i^{t+1}，可依据贝叶斯推理概念，即后验分布（这是考虑到观测数据后的参数分布）。贝叶斯推理是由先验概率和似然函数两个前因产生的后验概率，由待观测数据的概率模型导出。贝叶斯推理根据贝叶斯定理计算后验概率：

$$P\ (H|E)\ =\frac{P(E|H)\cdot P(H)}{P(E)} \tag{3.11}$$

式（3.11）中，H 代表可能受数据影响的假设；E 是与未用于计算先验概率的数据所对应的证据（新信息）；$P(H|E)$ 是先验概率，是 H 给定 E 的概率；$P(E|H)$，给定 H 概率，观察 E 的概率，也被称为似然，它表明了具有给定假设的证据的概率；$P(E)$ 有时被称为原始似然。

用两个观测值能级（EL_i^{t+1}）和传感数据（SD_i^{t+1}）来代替 E。在 $t+1$ 时刻，H 参数设置为 N_i，即对应的传感器节点。得到以下方程：

$$P_i^{t+1}(N_i|EL_i^{t+1})=\frac{P\ (EL_i^{t+1}|N_i)P(N_i)}{P\ (EL_i^{t+1})} \tag{3.12}$$

$$P_i^{t+1}(N_i|SD_i^{t+1})=\frac{P\ (SD_i^{t+1}|N_i)\ P(N_i)}{P(SD_i^{t+1})} \tag{3.13}$$

其中，EL_i^{t+1} 是指传感器节点 N_i 在 $t+1$ 时的能级，SD_i^{t+1} 是指传感器节点 N_i 在 $t+1$ 时的传感数据。

计算 $P^{t+1}(N_i|EL_i^{t+1})$ 和 $P^{t+1}(N_i|SD_i^{t+1})$ 后，传感器节点继续计算其 PJ^{t+1} 并用使用相同阈值的 $PJ_i{}^t$ 对其进行评估。此时，传感器节点发送决策并将 PJ^{t+1} 传输给 CH。

（2）簇头级别。

第一阶段在每个传感器节点上局部执行，而第二阶段仅在 CH 中执行。因此，第二阶段的目标是学习如何处理决策结果和 PJ_i^t 以及上一级别提供的决策，并达成全局决策。此级别有两个步骤：接收 PJ 和决策步骤，全局决策步骤。

①接收 PJ 和决策步骤。

本步骤的主要内容是接收所有 PJ 和传感器节点发送的决策。创建和更新概率联合表（PJT）也在这个步骤中执行。

接收器通过在传感器节点方向上的一组查询来启动网络。传感操作完成后，所有传感器节点执行第一级定义的主检测算法。所有 PJ 和决策都发送到 CH（见图 3 -3）。

在接收到 PJ 和决策后，在 PJT 中创建一个新条目，其中包含传感器节点 ID、PJ_i^t、PJ^{t+1}和决策。如果 PJT 中已经存在 ID，那么将 PJ_i^t 替换为 PJ^{t+1}（如果存在），更新的 PJ^{t+1}成为 PJ 的新值并给出新的决策。

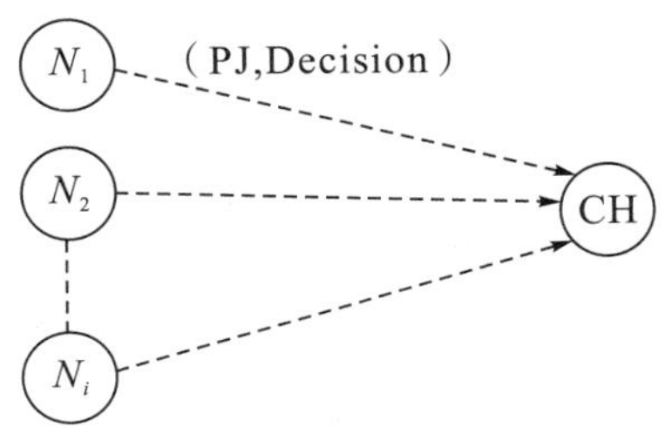

图 3 -3　PJ 的接收和决策

注意，在第一次传感操作过程中，PJT 是空的。那么，PJ_i^t 和 PJ^{t+1}不存在。最后，CH 拥有 PJT，其中包含了所有 PJ，并将决策传输给 CH。

②全局决策步骤。

CH 仅作为 PF 考虑具有主要决策的传感器节点。PN 的其他决策保存在 PJT 中，用于下一次传感操作。

在这一阶段，引入了第二个准则以改进此方案，从而做出准确的决策。标准由 PJ_i^t 和 PJ^{t+1}之间的差异给出，用 $d^{t-(t+1)}$ 表示。此差异不应超过某个阈值 θ_2。如果满足此条件，则传感器节点状态为故障；否则，状态为正常。所有检测到的故障传感器节点都被列入黑名单中以便进一步处理。

3.3.4　时间区域边界检测

设计 WSN 的关键任务之一是监视、检测和报告网络域中感兴趣的有用事件。传感器节点利用其传感设备从环境中收集数据，然后通过网络初步处理原始数据，以便在将其传输到融合中心之前提取有意义的信息，最终决定是否发生相关事件。事件检测算法的关键属性是计算开销（在计算处理和内存使用方面）和依赖于场景的适用性。事件检测算法的总体目标是最小化通信开销。

在事件检测应用中，节点负责确定感兴趣的特定事件是否发生在它们的感测范围内。理论上，事件区域中的所有传感器节点都应该将感测到的信息报告给基站或汇聚节点。实际上，由于噪声干扰或硬件故障，传感器读数存在不可靠的情况，并且可能产生一些由错误的传感器读数导致的错误的局部决策。传感器可以提供虚警，错过警报的情况是指示事件发生时没有事件的决定，误报警和错过警报都会降低检测质量。提高事件检测能力的一种方法是使用容错事件检测方案。

容错事件检测算法可以分为两类。一类是故障节点测量识别情况。目标是通过直接比较来自传感器节点的测量并做出决策来识别故障节点。另一类是决策融合的情况。它通过将相反的结论与大多数节点区分来确定它是否是一个错误的节点。已经进行了广泛的实验来比较几种经典算法。结果表明，当传感器的故障率达到临界值时，事件检测的质量会迅速下降。

要有效地检测事件还面临许多挑战。首先，由于节点的读数不可靠，在故障节点的情况下开发用于可靠地检测感兴趣事件的方案是具有挑战性的。其次，事件检测的质量迅速下降促使优化容错事件检测方案。同时，另一个挑战性问题是如何设计一个能够表征不同场景的空间相关性的模型。

1. 系统模型与问题陈述

本节概述了一些故障节点的网络模型、容错事件检测问题以及事件检测质量与故障传感器比率之间的关系。

（1）网络模型。

网络模型中的每个节点都是一个传感器，通过将传感器节点读数与固定阈值进行比较来检测事件是否存在。事件的存在对应于高传感器读数，而低读数表示事件的不存在。在存在事件的情况下传感器读数的平均值是 m_e，而在事件不存在的情况下，则是 m_n，为一个由 $\Phi=(m_n+m_e)/2$ 给出的固定的阈值。当节点判断为误报或漏报时，就会发生故障。

定义以下三个二进制变量，其类似于无线传感器网络中用于容错事件区域检测的分布式贝叶斯算法中的变量：

①$T_n(t)$ 表示节点 n 在 t 处的实际状态。

②$S_n(t)$ 表示节点 n 在 t 处的传感器判定，传感器故障时可能不正确。

③$R_n(t)$ 表示通过 t 处的节点 n 的事件检测算法估计的实际值。

图 3 - 4 显示了在一定的区域发生的一些单一模式事件。“▶”表示 Re 移植事件时，“○”表示不报告事件，“●”表示丢失的警报传感器，“□”表示虚警传感器。

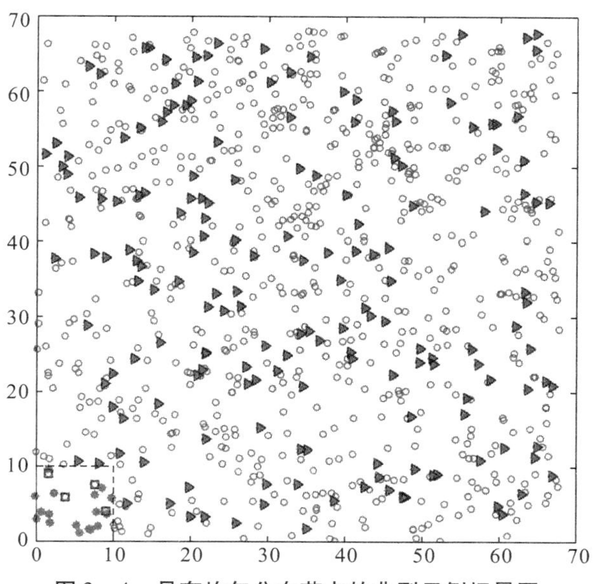

图 3 - 4　具有均匀分布节点的典型示例场景图

因此，节点侦测方案有四种可能性：

①传感器正确报告正常读数：$S_n(t)=0$，$T_n(t)=0$。

②传感器多次报告正常读数（漏报）：$S_n(t)=0$，$T_n(t)=1$。

③传感器正确报告异常/事件读数：$S_n(t)=1$，$T_n(t)=1$。

④传感器异常报告异常读数（误报）：$S_n(t)=1$，$T_n(t)=0$。

假设传感器故障概率 $p=P(S_n(t)\neq T_n(t))$ 是不相关和对称的，节点处的检测错误概率由 $p_n=P(S_n(t)=j\mid T_n(t)\neq j)$ 给出，并且节点处的估计器检测错误的概率由 $p_e=P(R_n(t)=j\mid T_n(t)\neq j)$ 给出。这里，$j=0$ 或 1 表示事件检测中的两种情况。

（2）容错事件检测问题。

容错事件检测问题是如何以最小化检测错误概率估计 $R_n(t)$，尤其是对于事件区域中的节点。由于网络拓扑中的高密度节点部署，空间相近传感器观测值高度相关，其相关度随着节点间分离的减小而增加。

利用邻居节点的局部决策（所谓的容错邻域的固定范围 $r-n$ 内的节点）估计 $R_n(t)$，将容错邻域 FTN 定义为节点在其容错决策中考虑的节点集。对于容错范围，邻域由 $FTN_n=k\in\{d(n,k)<r\}$ 给出，其中 $d(n,k)$ 是节点之间的欧几里得距离。FTN 不包含位于其中心的节点本身。目标是找到一个能进行故障识别分析的函数，该函数将传感器状态的值 $S_n(t)$ 作为输入，将 $R_n(t)$ 作为输出，最大限度地减少错误的可能性。

随着故障传感器的增加，事件区域中检测到事件的节点所占的比率逐渐降低。从理论上讲，通过容错算法可以提高检测率。虽然通过容错策略显著减少了故障节点的数量，但事件区域中故障节点的数量并未明显改变。这意味着事件检测性能没有显著提高。以 Guo 提出的最优阈值决策方案（OTDS）为例，图 3-5 显示了当 $p=0.2$ 时示例模拟运行的结果。图 3-6 显示了使用 OTDS 后的结果。与图 3-5 相反，图 3-6 中事件区域中的故障节点数量不会迅速减少。

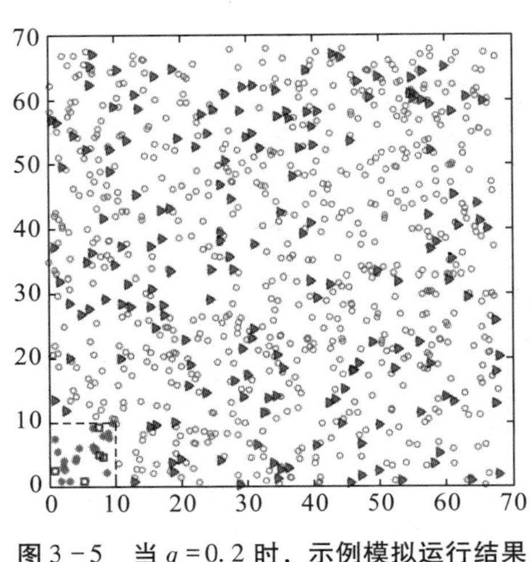

图 3-5　当 $q=0.2$ 时，示例模拟运行结果

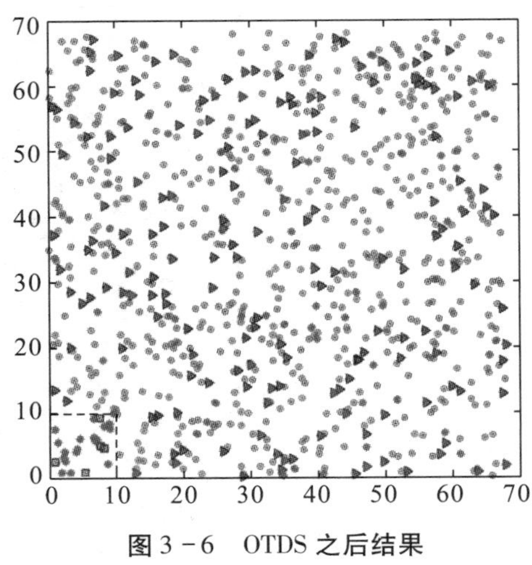

图 3-6　OTDS 之后结果

分别对不同的容错算法进行了仿真实验，以评估事件检测质量与传感器故障率之间的关系。研究发现当传感器的故障概率达到临界值时，事件检测的质量出现迅速下降的现象。以

OTDS 为例来重述这一现象，通过在不同的传感器故障概率下平均运行超过 1000 次获得结果，如图 3－7 所示。可以看出，当传感器故障检测概率从 5% 变为 20% 时，事件检测概率仅降低不到 5%；在故障检测概率达到 20% 时，事件检测概率迅速下降。所提出的模型通过采用基于时空相关的容错事件检测方案（STFTED）来解决事件区域中的这些问题。

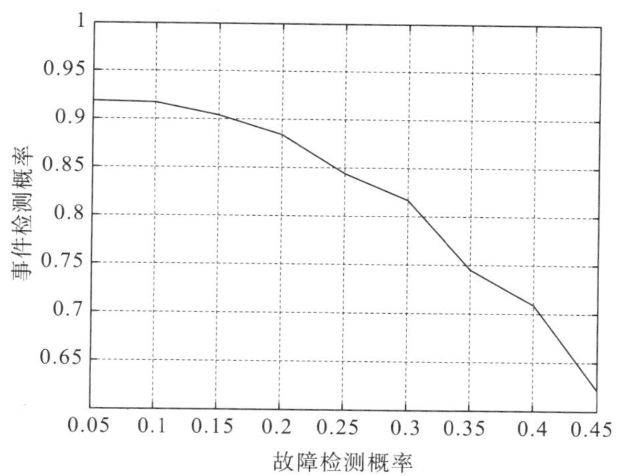

图 3－7　事件检测概率与故障检测概率之间的关系

2. 基于时空相关的容错事件检测（STFTED）

本节提出了一种基于时空相关的容错事件检测方案（STFTED），该方案由解决上述问题的两阶段决策融合构成。利用基于位置的加权投票方案（LWVS）在传感器节点内进行第一阶段决策融合。LWVS 基于邻居节点和两个决策仲裁的地理分布而建立。第二阶段在高级别中执行，并且结合贝叶斯融合算法以在由传感器节点做出的各个检测决策之间做出决定。该方法的基本思想如图 3－8 所示。

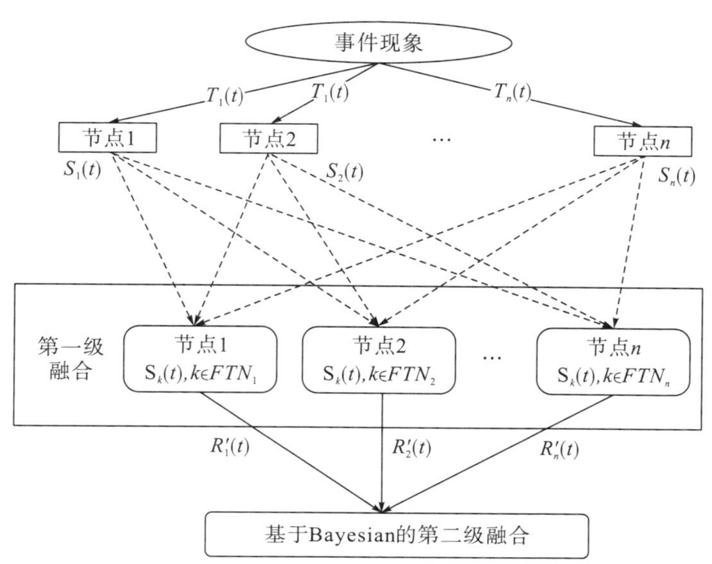

图 3－8　事件区域检测的两个阶段

时空相关性是无线传感器网络的重要特征之一。假设来自节点的数据样本在时间上是独立的，则应该有大量密集的传感器节点部署以实现令人满意的覆盖效果。Pearl 的论文研究了几个关键要素，以利用相关性来实现高效通信协议。采用被估计为决策源的节点，随着节点和邻域节点之间的距离的增加，失真也在增加。假设两个节点都在，当这些节点之间的距离增加时，决策源的失真减小。例如，图 3 -9 中给出了典型的场景，即节点 1 位于感测场的中心，虚线表示 FTN_1。(1，5) 的值最小，这意味着节点 1 和 5 之间的空间相关性高于 FTN_1 中其他节点的空间相关性。节点 4 和 7 报告的决策比节点 2 和 3 报告的决策更可靠，原因是报告决策“1”的所有节点都在节点 1 的一侧。在活动区域的边界，节点 1 可以在事件区域之外，并且不应该检测到任何事件。另外，如果来自不同侧的节点报告“1”的决策，则很可能在节点 1 处也存在事件。在事件区域的情况下尤其如此。

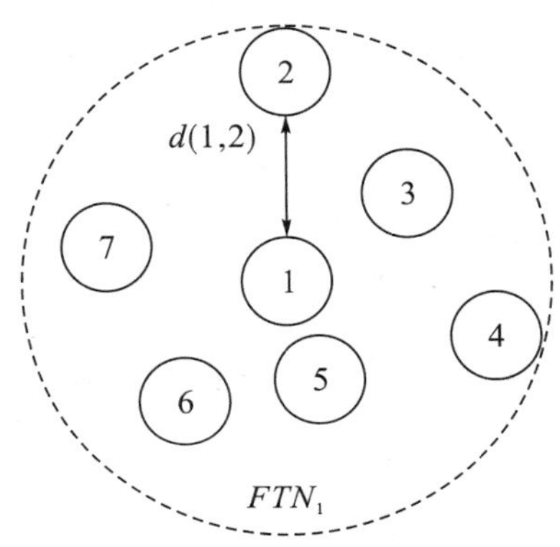

图 3 -9　节点空间相关性判定

考虑节点之间的相关性，定义了基于组节点位置的加权模型。该模型是它们所属的决策组的地理分布的函数。有两个决策组 $G_0(n)=\{i\in FTN_n,\ n:\ S_i(t)=0\}$ 和 $G_1(n)=\{i\in FTN_n,\ n:\ S_i(t)=1\}$ 被设置为决策组 $G_j(n)$ 的加权因子，其中 $j\in\{0,\ 1\}$。加权因子定义为

$$g_j=1-\frac{d(n,\ i_j)}{r},\quad i_j\in FTN_n \tag{3.14}$$

式中，n 是 $G_j(n)$ 中节点的地理中心。

采用相似性检验比来开发选择 $R_n(t)=j,\ j=\{0,\ 1\}$ 的最佳估计函数。在实验中，事件的存在与否是相同的。函数 $G_0(n)$ 和 $G_1(n)$ 定义如下：

$$G_j(n)=\sum g_j(i)\ln\left(\frac{1-p_i}{p_i}\right)(\forall i\in FTN_n) \tag{3.15}$$

在基于节点位置的加权投票方案（LWVS）中使用该权重，该方案将提供相应的 $R_n(t)$ 估计。

注意，LVWS 的估计量由以下给出：

(1) 如果 $G_0(n)\geqslant G_1(n)$，选择 $R_n(t)=0$。

(2) 否则当 $i_j\in FTN_n$，选择 $R_n(t)=1$，概率比由下面公式给出

$$\gamma = \frac{\prod_{S_i(t)=0}((1-p_i)/p_i)^{g_0(i)}}{\prod_{S_i(t)=1}((1-p_i)/p_i)^{g_1(i)}} = \prod_i \left(\frac{1-p_i}{p_i}\right)^{(1-S_i(t))g_0(i)} \left(\frac{p_i}{1-p_i}\right)^{S_i(t)g_1(i)} \tag{3.16}$$

因为$((1-p_i)/p_i)^{g_j(i)} = e^{G_j(i)}$，$\gamma$ 可以写成下面的形式

$$\gamma = \prod_i \left(\frac{1}{e^{G_j(i)}}\right)^{S_i(t)} (e^{G_j(i)}) = \prod_i (e^{G_j(i)})^{1-2S_i(t)} = e^{\sum_i G_j(i)(1-2S_i(t))} \tag{3.17}$$

当 $\gamma > 1$ 时

$$\sum_i G_j(i)(1-2S_i(t)) = \sum_{i \mid s_i(t)=0} G_0(i) - \sum_{i \mid s_i(t)=1} G_1(i) \tag{3.18}$$

这相当于对 $T_n(t)=0$ 的假设进行了加权投票。

3. 基于贝叶斯的容错事件检测

在低水平局部阶段，LWVS 给出的节点估计量 $R_n(t)$ 可能不等于实际值 $T_n(t)$，这意味着 LWVS 的估计值可能是不可靠的。应该在高水平全局阶段找到一种方法，根据 FTN 提供的证据信息确定 $R_n(t)$ 的值。$R_n(t)$ 的两个元素 0 和 1 代表对节点估计事件的有和无两种状态，而所有节点的真实值是未知的，检测错误的先验概率是已知的。这里，贝叶斯定理被用来确定每个实例属于一个特定类的概率。在贝叶斯统计中，在不确定的情况下，概率可以赋值给 0 到 1 之间的假设。然后根据贝叶斯公式给出了 $T_n(t)$ 的假设。例如，节点的分布如图 3－9 所示，$R_n(t)$ 的值如图 3－10 所示。

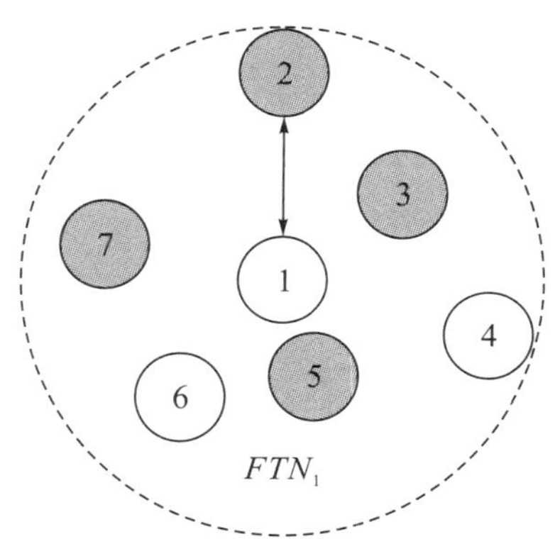

图 3－10　由深色节点描绘节点的估计量

节点 2、3、7、5 的估计值为“1”，用深色节点表示，表示该组 $E(1, 4)$。设节点 1 的实际状态 $T_n(t)$ 为“1”，节点 1 检测错误的先验概率为 p。节点 1 的总概率公式是 $P(R_1(t)=1)=(1-p)\times 4+p\times 2$。那么，假设 $R_n(t)$ 的值等于“1”的概率是

$$P(R_1(t)=1 \mid E(1, 4)) = \frac{(1-p)\times 4}{P(R(t)=1)} \tag{3.19}$$

假设有节点的 $R_n(t)$ 为“1”，将检测错误的（对称）概率设为先验概率。根据总概率定律，当节点表示事件存在时，节点的总概率公式为

$$(1-p)k_n + p(N_n - k_n) \tag{3.20}$$

节点 $R_n(t)=1$ 的贝叶斯公式

$$P_{11k}=P(R_n(t)=1\mid E(1, k_n))=\frac{(1-p)k_n}{(1-p)k_n+p(N_n-k_n)} \tag{3.21}$$

其中 $E(1, k_n)$ 表示 LWVS 后的节点个数，其值 $R_n(t)$ 为 1。遵循投票的主要观点后，当阈值 $k_n \geqslant 0.5(N_n-1)$，将错误解码后的平均数最小化，此时阈值为

$$\theta_n=\frac{(1-p)(N_n-1)}{2p+(N_n-1)} \tag{3.22}$$

注意，稳定事件检测方案的估计量如下：

(1) 如果 $P_{11k} \geqslant \theta$，则 $R_n(t)=1$；

(2) 否则，选择 $R_n(t)=0$，其中 $i \in FTN_n$。

基于以上对容错事件检测的分析，提出了一种基于时空相关的容错事件检测方案来改进容错事件检测精度。

3.4 故障诊断概述

对于任务时间较短的应用和持续数月至数年的应用，传感器节点有望在无人值守和敌对环境中自主运行。因此与传统的无线网络相比，无线传感器网络中的故障很可能会频繁而出乎意料地发生。故障的范围可能从简单的崩溃故障（其中节点完全变为非活动状态）到故障节点任意或恶意地运行。故障是由于组件故障而导致的硬件或程序的不正确状态。由于传感器网络中的故障是不可避免的，因此确定网络中的哪些节点正在工作以及哪些节点有故障至关重要。如图 3－11，故障可能发生在节点的六个独立组件的每个级别，这反过来又会导致节点故障。

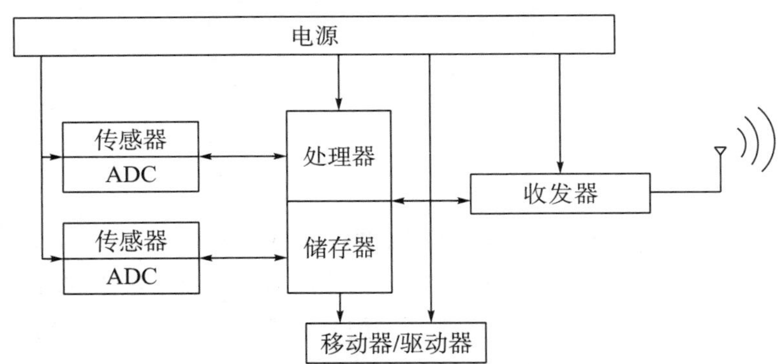

图 3－11　典型传感器节点

如果发生故障，则可能对生命和环境带来影响或经济损失。来自传感器的错误输出可能导致错误的信息或不良的警报。例如，传感器网络中有故障的传感器节点（嵌在铁路桥梁的梁或柱周围，用于监控建筑施工的状态）可能不会对任何结构上的弱点或恶化发出预警。此外，必须拦截由故障传感器节点生成的错误数据，以防止其进入网络。

3.4.1 数据聚合和传输故障

传感器网络中的数据聚合和传输在本质上是不可预知的。失败的关键来源于校准误差、有故障的硬件、恶劣的环境、低电量和链路故障。

虽然在部署时已进行校准，但传感器可能会影响整个网络的寿命，这反过来又降低了传感器测量的准确性。Ni 等讨论了三种不同类型的校准误差，即偏移故障（传感器测量值与地面实际偏移量恒定）、增益故障（测量数据的变化率与延长时间段内的预期不匹配）和漂移故障（性能可能偏离原始校准公式）。电池电压下降会导致校准问题并导致传感器漂移，具有校准错误的传感器被视为永久性故障。

传感器节点可能由于硬件问题（例如连接不良、传感器故障或其他嵌入式组件故障）而发生故障。有硬件故障的传感器节点通常会报告异常高或低的传感器读数。硬件故障的主要原因之一是天气或环境条件。与温度和湿度传感器的水接触导致电源端子之间的路径短路，会导致异常高或低的传感器读数。电气故障可能不是硬件故障的唯一原因。例如，用于土壤部署的离子选择性电极传感器或暴露于高辐射区域的传感器通常也容易发生故障。这种类型的故障可能连续或间歇地出现。

噪声在传感器环境中是常见的，也是不可预期的，会引起传感器读数产生随机误差。传感器读数受到多种噪声源的影响，如外部源（电磁干扰、大气干扰等）、硬件噪声（白噪声、低电量等）。高环境噪声影响传感组件。传感器节点可能捕获和传达错误的读数。这些不正确的读数可能发生在可行的环境范围之外。异常高的噪音可能是由于硬件故障或电池电量不足。这种类型的故障是间歇性出现的，在自然界中通常是短暂的。

相对于传感器运行所需的最小工作功率，电池中剩余的能量是衡量传感器健康状况的重要指标。电池电量低可以从不同的角度影响传感器读数，造成不可靠或错误的数据。Ramanathan 等人实验表明，旧电池会导致数据严重退化。实验结果表明，当与低电压电池一起使用时，噪声窗口内样品的标准差增加了三倍以上。低电池的故障本质上仍存在，被视为永久性故障。

与无线局域网不同，无线传感器网络中源地址和目的地址之间的路径通常包含多个无线链路（跳）。传感器节点之间的无线链路易受无线信道衰落的影响，这会导致信道错误或链路故障。

3.4.2 故障诊断需求分析

在不受控制的、苛刻的或恶劣的环境中，大规模部署低成本传感器节点是无线传感器网络的固有特性。由于无线传感器网络降低了基站的判断精度，导致其正常工作时数据出现故障。此外，传感器通常被用来计算控制行为，传感器故障可能会导致灾难性事件。例如，美国国家航空航天局被迫中止航天飞机“发现号”的发射是因为航天飞机外部传感器网络中的一个传感器故障（通过人类检查发现故障）。因此，近十年来无线传感器网络的故障诊断已经引起了无线传感器网络研究界的广泛关注。

在像无线传感器网络这样资源受限的网络中，故障诊断作为一种工具，可以提高数据的可靠性、网络的有效带宽利用率。特别是，它有助于延长网络寿命并重新配置网络以实现更好的数据传输。例如，如果有故障的传感器节点被允许参与网络活动，则由它生成的错误数据将被路由到信宿节点或基站。所有中间的传感器节点都将在转发此错误信息时消耗能量。高故障率的存在会导致网络生存期和网络带宽被严重消耗。对于多媒体传感器网络，这变得更加糟糕。这是因为图像数据需要的传输带宽比当前可用传感器支持的带宽高出一个数量级。图像处理算法需要复杂的硬件，使能源消耗在计算与通信过程中耗散。在基于分簇的路由中，如果成员传感器节点不知道簇头传感器节点的故障，则它们会发送无意义的数据，从而浪费能量。此外，由于网络的恢复和重新聚类，不正确的决定可能会导致不必要的能源消耗。WSN 中的故障诊断通过提供包含所有可能故障传感器节点的列表来解决这些问题。例如纠正错误的读数，将故障传感器节点替换为正常节点，或将故障传感器节点与具有足够冗余的网络隔离。在这里，举例说明故障诊断在几个实际应用中的效果。

军事应用，其中无线传感器网络可以成为军事指挥、控制的一个组成部分，用于通信、计算、情报、监视、侦察和瞄准（C4ISRT）系统。Akyildiz（2007）等人认为，一些传感器节点的敌对行为对军事行动的影响不如对传统传感器网络的影响大。但是，如果故障次数超过了容许水平，系统可能会崩溃。采用故障诊断方法，这种故障的早期警报将提高战场监视、生物和化学攻击检测和侦察能力，并避免危及生命的事件发生。

环境监测，其中传感器节点可以战略性地、随机地、密集地部署在恶劣和无人值守的环境中。传感器节点能够感知和检测环境，在灾害发生前对其进行预测。用于海啸探测和响应的传感器网络体系结构就是这样一个例子，其中相当多的传感器节点负责收集沿海地区的水下压力读数。如果网络中的故障没有得到正确的解决，网络可能会被分区，导致该系统可能不知道报警情况。当故障率超过允许的容忍级别时，故障诊断协议将警告系统管理员。

健康和医疗监测，利用分布在病人身体多个部位的小传感器来监测其健康状况。例如，由基姆等人提出的人体传感器网络（BSNS）采用惯性传感器，即加速度计和陀螺仪等，可监测老年人独处时的日常生活活动，也可以帮助治疗帕金森氏症和阿尔茨海默氏症等疾病。这些传感器大多是微型机电系统，容易出现导致错误输出的故障，这些错误的输出可能导致对被监测者日常生活活动的误解。

工业监控，机器配备温度、压力或振动传感器，以监督其操作。例如，在制造过程中，当检测到关键变量的变化时，触发警报。故障监测传感器可能不允许系统触发警报，这可能导致完全故障，进而给行业带来经济负担。

农业监测，其中重力给水系统可使用压力变送器进行监测。在这个系统中，水箱水位可以被监控，水泵可以使用无线 I/O 设备进行控制，用水可以被测量并通过无线传输回中央控制中心进行计费。由故障监测传感器产生的错误输出将导致错误的监测和计费。

目标跟踪，是指嵌入在运动目标中实时跟踪目标。例如，车辆自组织网络

（VANET）是由配备有中短程传感节点的车辆创建的。这些应用程序利用了车辆之间交换的传感器数据，例如紧急制动。当刹车被踩下或踩下地板时，会向后面的车辆发送通知。事故信息可以传递给反向行驶的车辆和可能发生事故的车辆。此类救生应用中未检测到的故障可能会导致危及生命的事件发生。

3.4.3 故障诊断方法

1. 定义和术语

当传感器节点行为偏离其规范要求时，就会发生传感器节点的故障。错误是系统状态的一部分，容易导致后续故障。

检测故障传感器节点并诊断其在传感器网络中的位置的监控系统称为故障诊断系统。即使在故障早期阶段也必须及时诊断，以防止任何严重后果。故障诊断系统通常包括以下任务：①故障检测：作出一个二元决定——传感器节点是否偏离其正常行为。②故障诊断：定位在网络中的所有故障传感器节点，使每个传感器节点将有一个全局视图的网络。③故障识别：估计故障的严重程度和类型。

故障检测对于任何实际系统都是至关重要的。如果不需要对网络节点进行重新配置，则故障识别可能不是至关重要的。因此，故障诊断往往被认为包括故障检测和隔离。以下术语用于故障诊断：①正确性。如果没有被错误诊断为故障的无故障传感器节点，则该诊断被认为是正确的。②完备性。如果正确识别出所有的传感器故障节点，则表示诊断完成。③一致性。在每轮诊断中，所有传感器节点同意相同的故障传感器节点集。④延迟性。从出现故障到隔离故障传感器节点所用的时间。⑤通信复杂度。在 WSN 中交换诊断消息的总数以确保正确和完整的诊断。⑥可诊断性。如果所有故障传感器节点都能被明确识别出故障传感器节点的数量不超过 t，则称为 t - 可诊断网络。⑦检测精度。它被定义为检测到的故障传感器节点的数目与网络中的故障传感器节点的实际数目的比率。⑧误报率。它是诊断为故障的无故障传感器节点数与实际无故障传感器节点数的比率。表 3 - 3 列出了使用的符号。

表 3 - 3　相关符号含义

符号	含义
$b_i(T)$	读取在时刻 T 的向量 v_i
$C_{i,j}$	测试表现
CH_i	簇头
CF_{ij}	v_i 和 v_j 之间的置信系数
δ	应用特定常数
$d_{i,j}$	v_i 和 v_j 之间的测量差，即 $x_i - x_j$

续表3－3

符号	含义
$E_{i,j}$	连接 v_i 和 v_j 的通信信道
FT	错误
GT_i	v_i 的标准值
G	表示网络的一个图
GD	无故障
K	传感器网络的连通性
LG	可能正确
LT	可能错误
λ_i	v_i 的权值
m	消息
n	传感器节点数
$N(v_i)$	一跳邻居集 v_i
p	传感器故障概率
$\tilde{p}$	测试前传感器节点故障的概率
r	故障传感器节点具有无故障信道的概率
$Result_{v_i,q}$	第 q 个测试任务通过 v_i 生成的结果
t	传感器网络的可诊断性
T_{out}	定时器
$Test_q$	第 q 个测试任务
θ，θ_1，θ_2	预定阈值
Tnd_i	v_i 的趋势值（可能值为 LG 和 LT）
v_i	传感器节点
x_i	节点 v_i 处的传感器读数

2．故障的分类

建立有关故障诊断的形式化描述的有用方法是根据故障节点的故障类型对其进行分类。故障可以根据持续时间、潜在原因或故障部件的行为进行分类。根据故障传感器节点的行为，故障可以分为硬故障和软故障。遭受硬故障的传感器节点无法与网络的其余部分通信。受软故障影响的传感器节点继续以改变了的行为运作。基于持续时间，故障可分为永久的、间歇的或暂时的。永久性故障是软件或硬件故障，在完全运行时总是会产生错误。临时故障可分为外部故障（瞬态）和内部故障（间歇性）。前者是软故障所造成的事件，来自传感器节点的环境，并不意味着传感器节点有故障。这些故障很难被追踪到，通常很难迅速处理其不利影响。有一种瞬时故障是间歇性故障，由于其本身的性质，通常在首次出现后表现出较高的发生率，并最终趋于永久性。当软件或硬件出现故障时，间歇性故障源于系统内部。Barborak 等人（1993）提出了一种不同的故障分类方式。故障分为崩溃、遗漏、定时、错误计算、故障停止、认证的拜占庭和拜占庭。图 3－12 说明了故障类型的分类和分组。

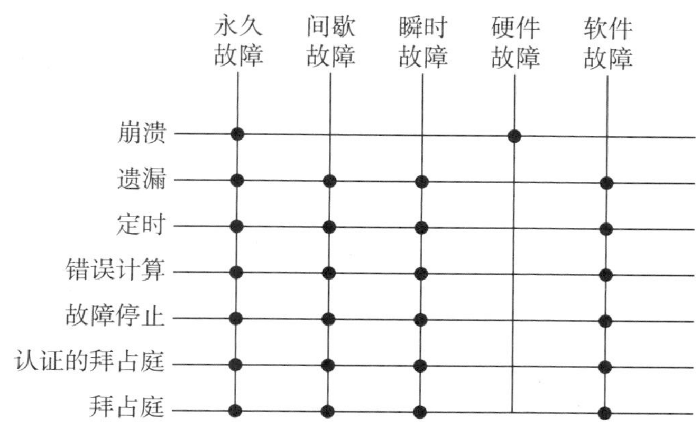

图 3－12　故障类型的分类和分组

崩溃故障：发生故障至少有以下原因之一：①电池完全耗尽；②收发器故障；③节点被完全损坏。崩溃故障的传感器节点失去其内部状态，不能参与网络活动。这个错误是由自然现象造成的，没有人为参与。

遗漏故障：传感器节点不及时响应信宿节点，未能按时发送所需消息，或未能将接收到的消息转发给其邻居节点，表现出遗漏故障。这可能是由具有恶意目的的人引入的错误，也可能是自然错误。

定时故障：定时故障导致传感器节点响应预期值，但要么太快，要么太晚。一个过载的传感器节点（例如簇头）产生正确的值，具有过大的延迟，因此会发生定时故障。此故障只能发生在对计算施加时间限制的 WSN 中。这可能是自然或人为的过失。

错误计算故障：这是指即使传感器节点的传感元件感知到真实数据，但传感器节点未能成功发送真实测量值所发生的故障，就像遗漏和时间错误，这可能是自然或人为的错误。

故障停止故障：当传感器节点由于电池耗尽而停止工作并向其一跳邻居发出此故障警报时，就会发生故障停止故障。这可能是自然或人为的错误。

认证的拜占庭故障：经过身份认证的拜占庭故障会以任意方式无法察觉地更改经过身份认证的消息，导致组件失败。该故障是由传感器网络所采用的消息签名和认证机制的有效性所限制的。密码技术、非密码技术和密钥管理协议用于消息的身份认证。低效的身份认证技术的实施将导致这类故障出现。例如，恶意目的的入侵者可以任意方式更改信息，从而影响消息的身份认证；接收器接收未经身份认证的消息。

拜占庭故障：以前的故障类指定了在不同域中如何将传感器节点视为发生故障。传感器节点在所有域中都有可能以某种方式失败，而之前的某个类不包括这种情况。特别是有故障的传感器节点可能会损坏其本地状态并发送任意消息，包括旨在降低系统的特定特性。一个失败的传感器节点出现这样的输出将被认为是拜占庭故障。许多安全攻击，如审查、免费加载、错误路由和数据损坏等都可认为是拜占庭故障。

3.4.4 故障诊断影响因素

影响无线传感器网络诊断协议设计的因素，如传感器网络的工作环境和传感器网络的性质等，使得设计一种高效的故障诊断技术更具挑战性。基于以下原因，使得有线互联网络设计的传统故障诊断技术可能不适合无线传感器网络。

资源限制。有限的处理器带宽、内存较小和有限的能源是传感器网络中有争议的约束。传统的针对有线互联网络的故障诊断方案很少关注这些问题。消息交换是故障诊断的唯一手段，网络所消耗的能量与诊断网络所产生的流量成正比。诊断方案必须是轻量级的，并可忽略不计额外的网络通信成本。因此，建议将诊断消息作为网络的常规任务的输出发送。无线传感器网络故障诊断面临的一个挑战是相对较少的内存如何在保持存储和计算任务的同时最小化能量损耗。

随机部署。传感器节点可以被大量抛出，也可以在传感器场中逐个放置也可通过。在水下和火山数据采集中，传感器节点的稀疏部署与陆地传感器节点的密集部署相反。如果将无故障传感器节点应用于稀疏网络或在具有稀疏特性的区域中进行随机部署，则在基于阈值的诊断方案中可能会错误地诊断为故障。

动态网络拓扑。在传感器网络中，通常假设各个传感器节点是静态的。然而，传感器网络的最新一些应用（例如在医疗护理和灾难响应中）利用了移动传感器节点，其中不同节点通常具有不同的移动模式。由于移动传感器节点可以不同的速度自由移动，因此网络拓扑结构是随机变化的。此外，传感器节点密度可以显示较大的时空变化。由于网络连接性是一个大问题，因此在这样的动态网络中传播诊断信息非常具有挑战性。在这种情况下，诊断故障的能力降低，这意味着移动性会大大降低诊断协议返回的诊断质量。

衰减和信号损失。WSN 中的多跳通信遭受信道衰落的困扰。在诸如水下 WSN 的应用中，通过声波的传输来建立通信。在此类应用中，带宽受限、传播延迟长和信号衰落等问题使 WSN 的故障诊断更具挑战性。

3.4.5 故障诊断分类框架

目前出现了许多专门为无线传感器网络设计的故障检测和诊断技术，但这些文献都没有为无线传感器网络中的故障检测和诊断提供分类框架。本节提供了一种基于技术的分类框架，用于对 WSN 故障诊断技术进行分类。

如图 3-13 所示，WSN 的故障检测技术可以大致分为集中式和分布式方法。在集中式方法中，通常假定监督仲裁器（接收节点或基站）可用于分析诊断消息并分发诊断信息。这种方法会造成网络寿命上的瓶颈。基于这些原因，分布式诊断已被引入和研究。在分布式的方法中，每个传感器节点执行故障检测算法并生成故障局部视图。故障局部视图是传感器节点关于其单跳邻居节点的故障状态的视图。然后，将该局部视图分发到网络中，以便每个无故障的传感器节点都能正确诊断网络中所有传感器节点的状态。此方法属于分布式方法，因为它减少了通信开销并增强了可扩展性。

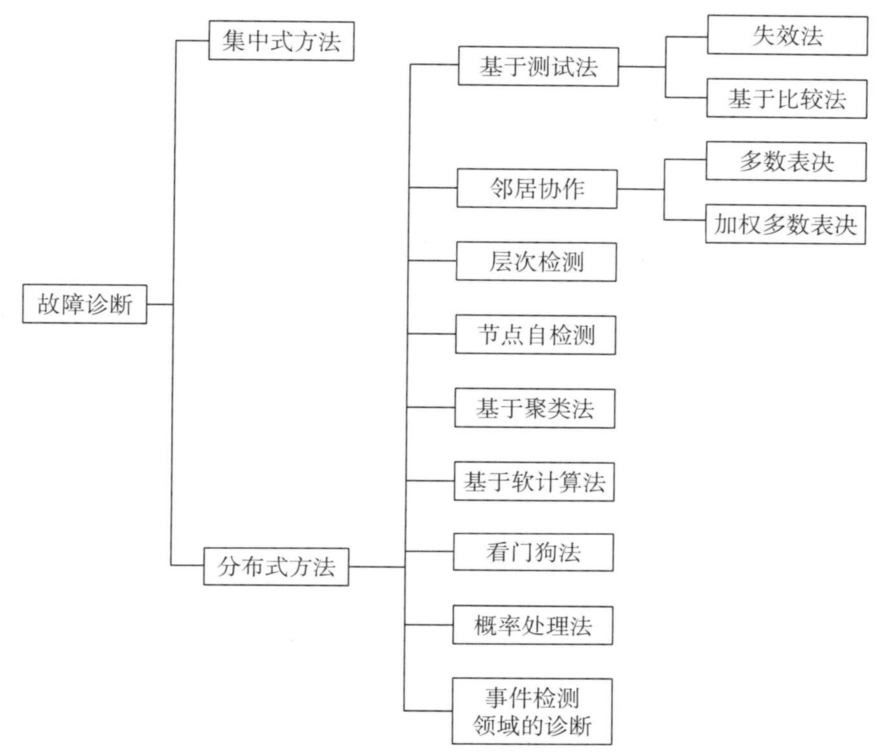

图 3－13　故障检测技术的分类框架

测试和消息传递是分布式故障检测的方法。下面讨论几个重要的性质。

（1）相关性：传感器数据在时间和空间上都是相关的。传感器读数在时间上相关是因为在一个时刻观察到的读数与在先前时刻观察到的读数有关。同样，传感器读数具有空间相关性，因为从地理上彼此接近的传感器节点的读数预期是相同的。通过探究传感器读数之间时间与空间的相关性，可以检测出 WSN 中的故障。基于邻居协调的方法可探索这些相关性以检测故障。探索这种相关性的诊断算法取决于网络拓扑。这些算法的诊断效率是正比于网络的平均节点度的。

（2）测试的性质：交换测试消息是检测传感器网络中故障节点的好方法。

大多数的故障诊断研究假设在网络中至少由一个传感器节点进行测试。基于比较的故障诊断方法仍然不能确保完整的测试。已经提出了概率方法来应对这种情况，即一个传感器节点在一个给定时间的失效概率不等于另一个传感器节点的失效概率。在故障模型中考虑到这一点，诊断将变得更加实用和高效。

测试可以由每个传感器节点通过硬件或软件检查程序如看门狗定时器或错误检测代码进行（自检）。因此，可以使用最少的网络资源检测故障。在这种方法中，可以利用传感器节点 v_i 所有的空闲时间来使用预定义的测试或其一跳邻居 v_j 提供的测试来测试自身节点。

（3）通信成本：在许多诊断方法中，通信和能量开销很高，在每个节点的局部决策的传播会造成更多这样的开销。基于聚类和分层的方法可以解决这个问题。在基于聚类的方法中，部署区域被分成若干个簇。每个群集以管理节点或簇头为首。头节点测试它的簇成员并构建一个簇级局部视图或每个簇成员使用邻居协调或基于测试的方法来构建其局部视图，并将其传递到各自的簇头。簇头的层次结构可用于传播簇级局部视图。在分层方法中，分层结构中的父节点测试其后代中的故障。

（4）传感器节点和网络的特点：除了时间、空间和时空相关性之外，传感器读数特性（如节点动力学和节点度）之间的相关性还可以用来预测传感器网络中的故障。利用这些特性和软计算方法，节点可以估计其真实读数，节点间的连接可以检测到故障信息。

（5）数据报告：根据无线传感器网络的应用，汇聚节点的数据报告技术可以是数据驱动的、查询驱动的、事件驱动的。在数据驱动的技术中，传感器节点定期报告传感器接收节点的读数。在查询驱动技术中，传感器节点响应接收节点周期性地发出查询。与数据驱动和查询驱动技术不同，在基于事件的技术中，传感器节点会及时向汇聚节点报告感兴趣的事件。由于事件本身还导致附近的传感器节点感测到异常数据，因此可能会错误地将事件解释为故障，因为异常高的读数可能同时对应这两种情况。

基于上述方面，分布式的方法可分为邻居协调、层次自检、节点自检、看门狗、基于测试、基于聚类、基于软计算和基于概率的方法。邻居协作的方法可以进一步分为多数表决和加权多数表决法。此外，基于测试的故障诊断方法可以进一步分为失效和比较的方法。

3.5 故障诊断策略

3.5.1 集中式方法

在集中式方法中，在地理上或逻辑上集中的具有高计算能力、更大的内存容量和不间断能源的传感器节点负责整个网络的故障检测和诊断。中央节点定期将诊断查询发送到网络中，以获取网络中各个传感器节点的状态。在分析诊断响应消息之后，它将对有关故障或可疑传感器节点做出决策。

Staddon（2002）等人提出了一种使基站能够学习网络拓扑的集中式方法。一旦基站知道节点的拓扑结构，就可以使用一种简单的基于自适应路由更新消息的分治策略有效地跟踪出故障的节点，此方法解决了崩溃故障。Koushanfar（2003）等人引入了一种基于模型的在线测试技术，该技术可以处理错误的计算故障。通过这种方式，可以收集诊断信息并将其发送到基站以进行在线故障检测。Ruiz（2004）等人提出了一种使用WSN管理架构的故障检测方案，称为MANNA。该方案创建了位于WSN外部的管理器。每个传感器节点都会检查其能量级别，并在状态发生变化时向管理器发送一条消息。管理器发送 GET 操作以检索传感器节点状态。对于未报告的传感器节点，管理器查找能量图以检查其剩余能量。Ramanathan 等人提出了一种集中式故障检测方案——Sympathy。其使用消息泛滥的方法来汇总常规系统指标，例如传感器节点的下一跳和邻居。它分析这些指标并检测尚未向接收器或基站传递足够数据的传感器节点，并推断出这些故障的原因。Sympathy 考虑了崩溃、遗漏和不正确的计算故障。

Lee 等人提出了无线信息网络管理系统（WinMS）。中央管理器使用收集的拓扑图和能量图信息来检测崩溃故障和链接质量。中央管理器通过分析传感器网络模型中的异常来检测并定位故障。Perrig（2002）等人提出了一种安全协议 SPINS。SPINS 通过路由发现和更新阶段来检测故障或行为不正常的传感器节点。从消息复杂性的角度来看，由于传感器节点需要发送其他消息，因此 SPINS 的开销较大。

Kuo-Feng 等提出了一种以数据为中心的方法，一个源节点通过不同的路径转发两份数据副本到达汇聚节点。如果这两个接收到的副本不相同，则源传感器节点经由第三个独立的不相交路径重新传输另一个副本。汇聚节点通过检查这些数据包的内容来识别故障路径和传感器节点。汇聚节点通过正确和错误的路径分别向源节点发送 CLEAR 和 SET 消息。每次数据包通过可疑传感器节点时，消息中嵌入的计数器都会增加。当计数器达到预定义的阈值设置时，节点被视为故障。

Krunic（2007）等人提出 NodeMD 能够识别软件运行时的故障，能够完全禁用远程传感器节点。它可以远程诊断故障的根本原因，从而大大降低了通过现场访问重新部署传感器节点的成本。除了崩溃、不正确的计算等故障外，这种方法还能识别堆栈溢出、活锁和死锁。

Krunic（2007）等人提出一种被动诊断方法 PAD。在这种方法中，建议使用概率推理模型。PAD 主要由四个部分组成：包标记模块、标记解析模块、概率推理模型和推理引擎。包标记模块驻留在每个传感器节点中并周期性地标记经过的例程应用包。在接收端，标记解析模块提取并分析接收的数据包携带的标记。标记解析模块还生成一些初步的诊断信息，如某些链路上的丢包、路由动态等。推理模型基于解析模块的输出构建网络元素之间的依赖关系图，推理机通过使用推理模型、观察到的正负症状等输入生成故障报告。PAD 可以处理崩溃、遗漏和错误计算等故障。

集中式方法在某些方面是高效和准确的，但它们不被提倡用于大规模网络。原因在于基站或汇聚节点从每个传感器节点累积信息并以集中方式识别它们是非常昂贵的。此外，这会导致网络中某些区域的能量迅速消耗，尤其是靠近基站的传感器节点。这也会导致另一个问题，即距离数据接收器最近的传感器往往会过早死亡，使网络区域不受监控并导致网络重新分区。由于无线传感器网络中的多跳通信，检测时延预计会更大，在任务时间较短的应用中可能无法适应。在无线传感器网络中，由于集中式方法的实现会对性能造成瓶颈，降低可用性，并削弱可扩展性，因此局部化和分布式的通用方法是首选方法。出于这些原因，本节故障检测的技术核心特别关注局部化和分布式方法。

3.5.2 分布式方法

不同的实际应用可能要求以低延迟、低信息开销和高吞吐量的实时模式进行故障诊断，因此，诊断方法的提出应旨在解决这些问题和突破上述集中式方法的限制，而分布式方法可以解决这些问题和限制，由工作传感器节点执行自身的网络独立诊断。在这些方法中，每个传感器节点独立地决定网络的状态。这里，传感器节点通过本地监视行为在某些级别做出决策。传感器节点可以做出的决策越多，传递给中央节点的信息（即消息的数量）就越少。因此，这些方法可以节省能量，从而延长网络寿命。这使得诊断框架可以轻松扩展到更大更密集的传感器网络。本节主要侧重于分布式诊断方法所涉及的问题，包括各种方法，如基于测试的方法、邻居协调方法、分层方法、节点自我检测方法、基于聚类的方法、基于软计算的方法、监督方法和基于概率的方法。本节最后研究了事件检测域中的故障诊断。

1．基于测试的方法

在基于测试的方法中，任务被分配给传感器节点，测试结果是识别故障传感器节点的基础。根据测试类型，该方法进一步分为基于失效的方法和基于比较的方法。

（1）基于失效的方法：Preparata、Metze 和 Chien（1967）用著名的 PMC 模型介绍了有线互联网络的系统级诊断。模型中的处理单元测试其他处理单元，并将结果用于查找系统的状态。然而，如果测试处理元件有故障，则测试结果可能不可靠。为了诊断一个处理单元系统的 t 个处理单元，n 必须大于或等于 $2t+1$，并且一个处理单元必须由至少 t 个其他处理单元进行测试。

Chessa（2002）和 Santi 提出了一种故障诊断算法，即 WSNDiag。在该方法中，响应于外部操作员的明确请求，称为启动器的唯一无故障传感器节点启动检测过程。在这种方法中，两种类型的消息在执行过程中作交换：I'm alive（IMA）消息和诊断消息。IMA 消息 $m=(v_i, v_j)$ 用来检测故障传感器节点。在 IMA 消息传播过程中，构造了一棵覆盖所有无故障传感器节点的树。在这里，v_j 是传感器节点的标识符，v_i 从该传感器节点接收第一 IMA 消息。在超时时间 T_{out} 后，没有答复 IMA 消息的传感器节点被诊断为有故障。一旦传感器节点 v_i 有它的局部诊断视图（即它单跳邻居的状态），它在生成树中等待其子级的局部视图。一旦接收到这些局部视图，传感器节点将更新其视图，然后有选择地发送更新后的视图到生成树的父级。一旦发起方从生成树中的所有子级接收到局部视图，它就会通过组合这些局部视图来生成全局视图。WSNDiag 检测 K－连通传感器网络中的崩溃、遗漏和错误计算故障。

Kung 等人利用 PMC 模型来识别 WSN 中的故障传感器节点，提出了一个独特子结构的故障检测。它是拓扑结构更新了的一些子结构的无线传感器网络。在这种方法中，只有相邻的传感器能够相互进行测试。如果存在以 v_i 为根的完整顺序的延伸星并且故障传感器的总数不超过 t，则该方法正确地识别传感器 v_i 的故障状态。

Weber 等人研究确定了无线传感器网络中传感器的测试策略问题，以确保系统达到所需的可诊断性水平。他们提出了在存在 t 个故障传感器节点的区域中的传感器节点之间的相互测试策略，使得表示 WSN 区域的系统图是可诊断的。因此，这种方法取决于网络拓扑。由于诊断图的可诊断性取决于图是否定义了单位之间的相互测试，因此讨论了两种策略，即没有相互测试的测试策略和具有相互测试的测试策略。在这两种情况下，都考虑包围所有故障传感器节点的方形区域 R。假设传感器节点的传输范围最多适合该区域的大小。在前一种策略中，为了定义测试集，将区域 R 划分为四个相等大小的象限。每个象限都有两个相邻的象限。采用逆时针顺序，并将象限称为前身和后继。存在于同一象限中的传感器节点不执行相互测试。在该方法中，象限中的传感器节点请求后继象限中的其他传感器节点对其进行测试。因此，可以请求传感器节点对先前象限中的传感器执行多个测试。在后一种策略中，传感器必须测试其所有邻居，并假设区域 R 中的传感器数量足够大以达到所需的可诊断性。此方法可检测不正确的计算故障。

Weber 等人提出了一种诊断方法，即无交互测试的节能测试分配（EETA）。该方法具有启发式特征，即选择一组传感器参与测试以满足 PMC 模型中提出的条件。这种方法解决了不正确的计算故障。

讨论：在基于失效的方法中，节点必须经过至少 t 个一跳邻居的测试才能实现 t - 可诊断性。这反过来又增加了消息开销并影响网络生存期。在大多数方法中，检测到的故障节点数上限为 t，但并非所有情况下都是如此。这些方法中使用的测试策略不考虑传感器的测量，并且无法检查传感器节点中传感器元件的状态。这些方法所显示的检测延迟都很高。大多数基于失效的方法都无法测试传感器节点的敏感元件的状态。这些方法具有检测精度高达 100%、误报率接近于零等优点。然而，在无线信道容易发生故障的情况下，这样的优势是不可能实现的。这是因为测试消息可能无法到达测验节点，而且错误的决策更可能发生。

（2）基于比较的方法：将任务分配给成对的传感器节点，并比较这些任务的结果。传感器节点之间的协议和分歧是识别故障传感器节点的基础。基于比较的诊断被认为是诊断故障单元最现实的方法。Malek 提出了第一个基于比较的有线互联网络诊断模型。其模型假定在有 n 个处理单元的系统中，可以比较从某些或每对处理单元所产生的输出，如果不匹配则表明一个或两个单元都有故障。

Chessa 等提出了两种实现诊断模型的对比，它在固定拓扑和时变拓扑的假设下检测 Ad Hoc 网络中的故障。在这个方法中，一个无故障的单元 v_i（测试单元）通过测试邻居测试请求消息 $m=(v_i,\ q,\ Test_q)$ 来测试其邻居，其中 $Test_q$ 是测试任务。在同一时间，它产生预期结果 $Result_{vi,q}$。在接收节点 $v_j \in N(v_i)$ 产生 $Test_q$ 的结果 $Result_{vj,q}$，并在时间 T' 发送响应消息 $m'=(v_i,\ q,\ Result_{vj,q})$，且 $T<T'<T+T_{out}$。选择时间 T_{out} 使得所有未迁移出其发送范围的无故障一跳邻居保证在 T_{out} 之前响应测试请求。在接收到响应消息时，v_i 将其自己的测试结果与接收的测试结果进行比较，并且基于表 3-4 的比较规则检测节点。接下来，将 $Result_{vj,q}$ 与预期结果 $Result_{vi,q}$ 进行比较，并生成比较结果。如果结果为 0，则节点 v_j 被检测为无故障。如果 $v_l \neq v_i$，$v_l \in N(v_i)$［图 3-14（a）］和单元 v_l 已经接收到来自 v_i 的测试结果 m，则它可以将 $Result_{vj,q}$ 与 $Result_{vl,q}$ 进行比较。

如果比较结果为0，则节点 v_j 被检测为无故障。如果 $v_l \neq v_i$ 且 $v_l \notin N(v_i)$，则将测试响应与针对相同任务接收的测试响应进行比较［图3－14（b）］（如果有的话）。如果存在某些 $v_z \in N(v_i)$ 使得结果 $Result_{v_z,q} = Result_{v_j,q}$，则两个节点都被检测为无故障。如果 $Result_{v_z,q} \neq Result_{v_j,q}$ 和 v_z 已被诊断为无故障，则节点 v_j 被诊断为故障。在该方法中，在时间 $T + T_{out}$ 之外未响应测试请求的节点被检测为硬故障。这种方法可处理崩溃、遗漏和错误的计算故障。

表3－4　广义不对称模型的可能比较结果

比较器	对比下的移动节点	对比结果
无故障	两个都无故障	0（通过）
无故障	其中一个有故障	1（未通过）
无故障	两个都有故障	1（未通过）
有故障	以上几种情况都有	0或1

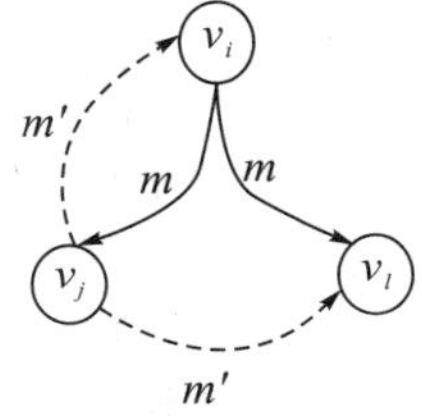

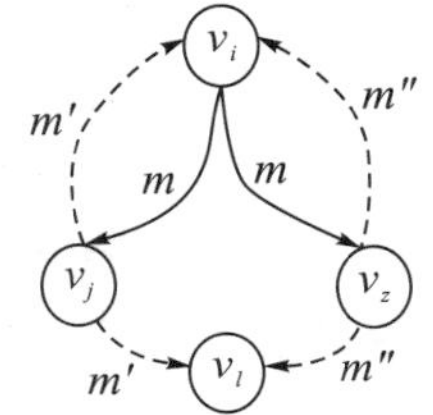

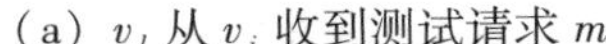
（a）v_l 从 v_i 收到测试请求 m

（b）v_l 接收到关于测试请求 m 的测试响应 m' 和 m''

图3－14　测试请求和测试响应

Elhadef 等人提出的诊断技术——Adaptive-DSDP、Mobile－DSDP 和 Dynamic-DSDP 是基于 Chessa 和 Santi 的模型和 WSNDiag。这些方法可以最多诊断 $k-1$ 个节点，这里 k 为网络的连通性。与 Chessa 和 Santi 的模型不同，自适应 DSDP 在响应测试请求时不包括测试任务。与 Chessa 和 Santi 模型中的不同测试任务相反，它在每个节点中执行类似的测试任务。为了测试其邻居，节点周期性地或在检测到异常行为时发送测试任务。一旦任何其他节点接收到测试任务或响应消息，它就会通过生成自己的测试消息来启动自己的测试阶段。一旦一个节点收集其所有一跳邻居的响应，它就通过比较它们对于相同测试任务的输出来确定其局部诊断视图。

自适应 DSDP 使用生成树来传播从叶子节点开始传播的局部视图，而 Chessa 和 Santi 的模型则使用基于泛洪的传播策略。移动 DSDP 遵循 Chessa 和 Santi 的模型，在响应消息中包含测试任务。理性的做法是，即使节点 v_i 不能再到达其旧邻居 v_j（测试者），其新邻居中的任何其他节点都将能够诊断其状态，因为它已经为该任务提供了测试任务及其输出。与 Chessa 和 Santi 的模式类似，它使用基于泛洪的广播来传播局部诊断。在这种方法中，使用了两个定时器。第一个定时器设置为 T_{out}，用于检测稳定的一跳邻居。另外一个计时器即 $T_{DiagnosisSession}$ 用于检测由于移动性而未被诊断的那些节点。自适应 DSDP 和移动 DSDP 每个节点都应该响应它接收到的任何测试请求。自适应 DSDP、移动 DSDP 和动态 DSDP 可检测崩溃、遗漏和计算故障。

Elhadef 和 Boucherche 提出了一种适用于 Ad Hoc 网络的自适应故障检测器。这种方法可以估计心跳消息的到达时间。如果节点 v_i 可以估计来自另一节点的心跳消息的到达时间，例如 v_j，那么如果 v_j 的心跳消息在估计的时间之前没有到达，则 v_i 可以开始怀疑 v_j 是有故障的。Zhiyang 等人提出了一种检测技术，此技术向其邻居发送一个 TestReq 消息并启动两个计时器。与自适应 DSDP 和动态 DSDP 一样，接收 TestReq 消息的节点首先向其邻居发送自己的 TestReq 消息并启动两个计时器。接下来它广播测试结果（TestRes）。一旦自诊断会话开始以来经过的时间为 Timer1 时，节点将自己的测试结果与邻居的测试结果进行比较。如果两个以上的邻居同意它的结果，它将自身定为无故障并发送消息 IAmOk1 给它的邻居。节点未能通过此阈值测试，其结果可以与已经收到 IAmOk1 消息的邻居（如果有的话）进行比较。如果它们是相等的，则检测为无故障，并向其邻居发送 IAmOk2 消息。由于每个节点的决策取决于其一跳邻居中存在的无故障节点的数量，因此其性能取决于网络拓扑。这种方法可研究崩溃和故障停止故障。

讨论：虽然已经提出了大量的基于比较的故障诊断技术，从消息和时间复杂度来看，其中大多数表现优于基于失效的方法，它存在足够的范围以减少信息和时间复杂度。在无线信道更容易发生故障的情况下，基于比较的方法与基于失效的方法受到类似的影响。与基于失效的方法一样，这些方法大多不考虑传感器的测量值来进行故障检测，并且无法检查传感器节点中传感元件的状态。在未来的研究中，一个适当的测试任务应设计能够测试所有的传感器节点的功能模块。

2. 邻居协调方法

在邻居协调方法中，节点根据其一跳邻居的传感器读数或事件的物理距离、可信度及其测量值等权重来决定是否忽略自己的传感器读数。基于这些属性，邻域协调方法进一步分为多数投票和加权多数投票。在邻居协调方法中，传感器节点与其邻居（通常是一跳邻居）协调，在与中心节点协商之前检测出故障的传感器节点。因此，这种设计减少了通信信息，从而节省了传感器节点的能量。

（1）多数表决方法：这种方法利用了当正常测量值在空间上相关时，故障测量值是不相关的这一事实。这意味着，来自故障传感器的读数在地理上是独立的，而来自邻近传感器的读数在空间上是相关的。例如，让 v_i 是 v_j 的比邻，x_i 和 x_j 分别是 v_i 和 v_j 的传感器读数。当 $|x_i - x_j| < \delta$ 时，传感器读数 x_i 类似于 x_j，其中 δ 是应用依赖的。如图 3 - 15 所示，在螺栓松动监测中，传感器节点及其相邻节点的电压应相似。在同样温度的情况下，传感器节点和它的邻居预计有类似的温度读数，此时 δ 很小。在事件检测应用程序中，每个传感器节点的局部二元判决发送给它的邻居。因此，在这些应用中 δ 设置为 0。这种方法的基本原理是将传感器节点 v_i 的测量值与 $v_j \in N(v_i)$ 进行比较，并找到 $C_{ij} \in \{0, 1\}$。如图 3 - 15 所示，如果 $|x_i - x_j| < \delta$，$C_{i,j} = 0$；否则，$C_{i,j} = 1$。该方法通过将 0 的数量与预定阈值进行比较来估计 v_i 的故障状态。

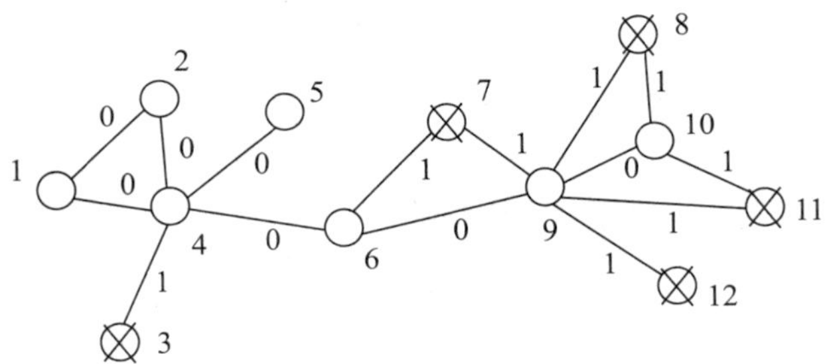

图 3-15 比较结果图示交叉的传感器节点有故障

Chen 提出一种局部故障检测算法，即 DFD，以识别故障传感器。它使修改的多数表决来局部比较，其中每个传感器节点基于其自己的传感器读数（例如温度）与单跳邻居的传感器读数之间的比较来做出决定。算法 DFD 由四轮测试组成。在第一轮中，测试结果 $Res_{ij} \in \{0, 1\}$ 由传感器 v_i 基于其相邻 v_j 的测量使用两个变量即 $m_{ij}^{T_l}$ 和 $\Delta m_{ij}^{\Delta T_l}$ 以及两个预定阈值 θ_1 和 θ_2 来生成。从时间 T_l 到 T_{l+1} 的 v_i 和 v_j 之间的测量差被定义为

$$\Delta m_{ij}^{\Delta T_l} = m_{ij}^{T_{l+1}} - m_{ij}^{T_l} = (x_i^{T_{l+1}} - x_j^{T_{l+1}}) - (x_i^{T_l} - x_j^{T_l}) \tag{3.23}$$

其中 $x_i^{T_l}$ 是在时间 T_l 读取 v_i。在 DFD 算法中，对于任何节点 $v_j \in N(v_i)$，节点 v_i 首先将 Res_{ij} 设置为 0，接下来计算 $m_{ij}^{T_l}$。如果 $|m_{ij}^{T_l}| > \theta_1$，则计算 $\Delta m_{ij}^{\Delta T_l}$。如果 $|\Delta m_{ij}^{\Delta T_l}| > \theta_2$，则将比较测试结果 Res_{ij} 设置为 1。如果 Res_{ij} 为 0，则很可能 v_i 和 v_j 都是好的或两者都有问题。否则，如果 Res_{ij} 为 1，则 v_i 和 v_j 最有可能处于不同状态。在该方法中，对于任何传感器节点 v_i，获得其与邻居集 $N(v_i)$ 中的每个传感器节点的测试结果。如果超过 $\lceil |N(v_i)|/2 \rceil$，传感器节点在 $N(v_i)$ 中比较测试结果为 1，则传感器节点 v_i 的初始检测状态（即趋势值 Tnd_i）可能有故障（LT），否则，它可能是正常的（LG），即

$$Tnd_i = \begin{cases} LT, & \text{if} \sum_{v_j \in N(v_i)} Res_{ij} \geqslant \lceil |N(v_i)|/2 \rceil \\ LG, & \text{otherwise} \end{cases} \tag{3.24}$$

其中 $|N(v_i)|$ 表示 v_i 的一跳邻居的数量。每个传感器节点将其趋势值发送给其所有邻居。当获得网络中所有节点的初始检测状态时，在 DFD 算法的第二轮测试中，从 v_i 的测试结果为 1 的 LG 节点数中减去 v_i 测试结果为 0 的 LG 节点数。如果结果大于或等于 $\lceil |N(v_i)|/2 \rceil$，则 v_i 被检测为无故障，即 $\forall v_j \in N(v_i)$ 且 $Tnd_i = LG$，$\sum(1 - Res_{ij}) - \sum Res_{ij} = \sum(1 - 2Res_{ij})$ 必须大于或等于 $\lceil |N(v_i)|/2 \rceil$ 时，将 v_i 检测为无故障。这可以定义为

$$v_i = \begin{cases} GD, & \text{if} \sum_{v_j \in N(v_i), Tnd_j = LG} (1 - 2Res_{ij}) \geqslant \lceil |N(v_i)|/2 \rceil \\ UD, & \text{otherwise} \end{cases} \tag{3.25}$$

未能通过等式（3.25）的阈值测试的传感器节点 v_i 被标记为未确定（UD）并且进行第三轮测试。在最佳情况下，所有未确定的节点重复检查登录时间（如果确定其中一个邻居没有故障，则在平均情况下为 $\sqrt{n}$，在最坏情况下为 n 次）。如果存在这样的传

感器节点并且 $Res_{ij}=0$(或 1)，则 v_i 被检测为无故障（或故障）。

如果仍然不清楚，则在第四轮测试中，由传感器自身的趋势值决定其状态。例如，如果 v_j，$v_k \in N(v_i)$ 的状态被确定为无故障（即 $Tnd_j = Tnd_k = GD$），则 v_i 被标记为未确定，并且 $Res_{ji} \neq Res_{ki}$；如果 $Tnd_i = LG$(或 FT)，则 v_i 将被检测为无故障（或故障）。该方法能够检测错误的计算故障。

Jiang 引入了改进的分布式故障检测方案。在该方法中，对于任何节点 $v_j \in N(v_i)$，节点 v_i 首先将 Res_{ij} 设置为 0，然后计算 $m_{ij}^{T_l}$ 并遵循等式（3.24）以确定节点的初始检测状态（即 LG 或 LT）。在这种方法中，对于任何传感器节点 v_i 和初始检测状态为 LG 的 $N(v_i)$ 中的传感器节点，如果 v_i 为 0 的测试结果的传感器节点不小于测试结果为 1 的节点，则 v_i 的状态是 GD。否则，v_i 的状态为 FT。可表示为

$$v_i = \begin{cases} GD, \ \text{if} \sum\limits_{j \in N(v_i), Tnd_j = LG} Res_{ij} < \left[\left| N(v_i)_{Tnd_i = LG} \right| / 2 \right] \\ FT, \ \text{otherwise} \end{cases} \tag{3.26}$$

如果没有初始检测状态为 LG 的 v_i 的邻居节点，并且如果 v_i 的初始检测状态 Tnd_i 是 LG，则改进的 DFD 将 v_i 的状态设置为 GD，否则设置为 FT。改进的 DFD 可检测到错误的计算故障。

Lee 和 Choi 研究了 WSN 故障检测问题，其中时间冗余用于容忍传感和通信中的瞬态故障，采用滑动窗口来消除时间冗余中涉及的延迟。它定义了一个新概率 p，它是排除硬故障节点后传感器节点出现故障的概率。这被定义为 $p = \dfrac{\tilde{p}r}{1 - \tilde{p} + \tilde{p}r}$，其中 $\tilde{p}$ 表示在应用故障检测之前传感器节点发生故障的概率，r 表示故障传感器节点具有无故障通信单元的概率。标签 x_{ij} 与 $(v_i, v_j) \in E$ 相关联，如果 $|x_i - x_j| < \delta$，则设置为 0，否则 $x_{ij} = 1$。这里 E 是通信边缘的集合。为了应对瞬态故障，以规则的间隔获得 $x_{ij}q$ 次，其中 q 是较小的正整数。检测算法使用两个阈值，例如 θ_1 和 θ_2。如果 $\sum\limits_{k=1}^{q} x_{ij}^{k} \leqslant (q - \theta_2)$，则状态变量 C_{ij} 被设置为 0。C_{ij} 中的 0 的数量由 $|C_i|$ 表示。如果 $|C_i| \geqslant \theta_1$，v_i 的故障状态设置为 0（无故障）并且广播该决定。对于相对较高的故障率，DA 和 FAR 均随 θ_1 增加。对于低 p，建议使用相对较低的 θ_1 来使 DA 和 FAR 分别非常接近 1 和 0。该方法考虑了传感和通信中的永久和瞬态故障。此方法可处理崩溃和错误的计算故障。

Choi 等人提出了一种紧随的自适应故障检测方案，建议时间冗余以容忍瞬态故障。在这种方法中，动态更新诸如有效节点度 d_t 和判定阈值 θ 的诊断参数。这里，通过从在部署时观察到的初始传感器节点度中识别出的故障邻居的数量来确定 d_t。阈值定义为 $\theta = \max\left(\delta, \dfrac{d_t}{2}\right)$，其中 δ 是较小的正整数。在这种方法中，未能通过阈值测试的传感器节点等待，直到找到无故障的邻居。此过程可能需要多次迭代才能完成搜索。例如，将在第一次迭代（$l=1$）中对图 3-15 中的节点 9 进行正确的判定。类似地，将在第二次迭代（$l=2$）中采用节点 10 的正确决定。虽然此过程可确保正确检测，但需要交换更多消息，并且还会增加检测延迟。为了使算法实用，提出了 $l=0$ 和 1 的情况。这种

方法可以检测崩溃和错误的计算故障。

Hsin 等人建议采用两阶段邻居协调方案。在第一阶段，传感器节点等待其邻居更新关于故障节点的信息。在第二阶段，它与邻居协商以做出更准确的决定。在该方法中，维持两个定时器用于监视传感器节点 v_i，分别为 C1 和 C2。如果传感器节点 $v_j \in N(v_i)$ 在 C1(v_i) 到期之前没有从 v_i 接收到任何分组，则 v_j 激活第二定时器 C2(v_i)。在第二计时器时段期间，v_j 将查询关于 v_i 状态的共同邻居并相应地做出决定。这种方法适用于崩溃和定时故障检测。

Miao 等提出了一个在线轻量级故障检测方案，即不可知论诊断（AD）。此方法从每个传感器节点收集 22 种类型的度量，这些度量分为四类：①定时指标（如无线电时间计数器），表示收音机上的累计收音时间。②流量指标（如传输计数器），记录传感器发送的数据包的累计数目。③任务指标（如任务执行计数器），执行任务的累计数。④其他指标（如父更改计数器），用于计算父更改的数量。AD 使用描述传感器节点状态的相关图来分析每个传感器的度量之间的相关性，通过定期挖掘更新的相关图，检测异常相关。具体地，除了预定义的故障（即具有已知的类型和症状）之外，还考虑由拜占庭故障引起的无声故障。

Tsang Yi 等人提出了一种分布式容错传感器故障存在下的决策融合。协同传感器故障 LT 检测（CSFD）方案建议消除不可靠的局部决策。该方法中，局部传感器依次发送到融合中心。该方案在预先设计的融合规则的基础上，建立了融合误差概率的上界。该上界假定了相同的局部决策规则和无故障环境，提出了一种基于误差边界的故障传感器节点搜索准则。一旦融合中心识别出故障的传感器节点，所有相应的局部决策都将从计算似然比中移除，而似然比是用来做出最终决策的。这种方法适用于崩溃和错误的计算故障。

讨论：多数投票技术从检测精度和误报率两个方面都有可能提高检测性能。这些技术的性能受低平均节点度的影响最严重，即这些技术依赖于拓扑结构。然而，研究人员认为由于无线传感器网络的平均节点度较高，这种假设可能并不总是正确的。在平均节点度较低的情况下，无法获得非常好的性能的主要原因是无故障传感器节点不太可能通过阈值测试。当故障率相对较高时，即当传感器节点部署在高度恶劣的环境，建议部署更多的传感器节点或增加传输范围保持平均节点度高。然而，由于增加通信范围将增加所需的传输功率，这将反过来增加能量开销。此外，增加节点密度可能不符合成本效益。一个更好的多数投票方案应该通过寻找一个最佳阈值来制定，这样它将在稀疏网络或稀疏区域网络中表现得更好。此外，这些技术在像体感网络这样的异构网络中可能没有更好的性能。在如 Chen J.（2006）、Jiang P.（2009）、Lee M.（2008）、Choi J.（2009）的技术中，当单个诊断会话构成多个测试回合时，检测延迟和消息复杂度将更大。未来的研究和发展应继续关注这些问题。

（2）加权投票法：与简单多数投票不同，加权投票方法使用诸如事件的物理距离、可信度等作为权重。这些权重用于决定传感器节点的状态。

Xiao 等人提出了一种网络内投票方案，通过考虑传感器节点之间读数的相关性和传感器节点的可信度来确定 WSN 中的错误传感器读数。为了获得传感器读数的成对相关性，该方法在传感器网络的顶部构建逻辑相关网络。相关网络由一组顶点和边表示。每个顶点表示传感器节点，两个传感器节点之间的边表示它们的相关性。如果两个邻近的传感器节点的读数没有任何相似性，则这些传感器节点没有连接边缘。因此，只有通过相关边连接的传感器节点才能参与投票。每个传感器节点与用于投票的传感器等级相关联。传感器等级代表传感器节点的可信度。在这种方法中，如果传感器具有大量有相关读数的邻居节点，则其投票值更多，并且具有大量可信赖邻居的传感器节点也是值得信赖的。该信任投票算法由两个阶段组成，即自诊断阶段和邻居诊断阶段。在自诊断中，传感器 v_i 在先前时间 T_p 维持当前读取向量 $\boldsymbol{b}_i(T)$ 和最后正确读取向量 $\boldsymbol{b}_i(T_p)$。如果这两个读数向量不相似，则 $\boldsymbol{b}_i(T)$ 被视为异常读取向量，并且 v_i 进入邻居诊断阶段以确定异常读取行为是否有缺陷。该方法可检测计算错误。

Guo 等人提出了一种检测方案——FIND，用于检测具有数据故障的传感器节点。它根据传感器节点的测量值以及它们与事件的物理距离对传感器节点进行排名。已经通过实验证明，当距离远离事件时，传感器测量单调变化。如果传感器数据等级之间存在显著的不匹配现象，则检测到传感器节点有故障，并且其读数违反距离单调性。FIND 遵循三个阶段：第一阶段是地图划分，其中部署区域被划分为基于网络拓扑的多个子区域（面），每个面由距离序列唯一标识，面内传感器节点的 ID 按照传感器节点距同一面的任意点的距离的顺序排序。第二阶段是检测序列映射，通过对所有传感器节点的感测结果进行排序来获得检测到的序列，通过将该检测到的序列与对应于最可能发生事件的面的距离序列之一进行映射来获得估计序列。第三阶段是故障检测阶段，通过分析检测到的序列与估计序列之间的不一致性来获得故障传感器节点的列表。这种方法适用于遗漏和错误的计算故障。

Gao 等人通过采用一个加权中值的故障检测行动方案（WMFDS）对无线传感器网络进行故障检测。这种方法侧重于软故障。WMFDS 定义一个决策函数 $f(x_i, \hat{x}_i)$ 来检测故障的网络：

$$f(x_i, \hat{x}_i) = \begin{cases} 1, & \text{if } \left|\dfrac{x_i - \hat{x}_i}{x_i}\right| > \xi \\ 0, & \text{otherwise} \end{cases} \tag{3.27}$$

其中 x_i 是传感器 v_i 的传感器测量值，$\hat{x}_i$ 是其 M 个单跳邻域测量值的加权中值。这里测量值是 x_j，它们的相应权重是 $\lambda_j(j=1, \cdots, M)$。这些权重代表它们相应的置信度。假设 x_j 按递增顺序排列，则加权中位数表示为

$$\hat{x}_i = MED\{\lambda_j \diamond x_j \mid {}_{j=1}^{M}\} \tag{3.28}$$

MED 是中位数操作，输出中间的分布。运算符◇表征复制操作，使得 x_j 重复 λ_j 次。例如，如果 $\lambda_j=3$，则 $\lambda_j \diamond x_j = x_j, x_j, x_j$。在这种方法中，所有传感器的初始置信度（$\lambda_{max}$）在部署时或更换后是固定的。在网络寿命期间，如果 $f(x_i, \hat{x}_i)=1$，则置信度减小，即 $\lambda_i=\lambda_i-1$。当 $\lambda_i=0$ 时，v_i 被检测为有故障。这种方法假设所有软件都已经具有容错能力。节点能够在它们出现故障时接收、发送和处理，即软故障。

Gao 等人提出了一种检测传感器测量中的故障算法。此方法使用称为污点的状态变

量。每次发现传感器节点 v_i 有故障时，污点计数（λ_i）递增。基于其邻居的最大污点数（$\lambda_i^{\max}$）计算 v_i 的权重，其中 $\lambda_i^{\max} = \max\{\lambda_j | v_j \in N(v_i)\}$。$v_i$ 到 v_j 的权重表示为 $\omega_{i \to j} = \lambda_i^{\max} - \lambda_j + 1$。基于加权投票数 Δ_i 做出决定，其中 $\Delta_i = \sum_{j=1}^{|N(v_i)|} \omega_{i \to j} c_{ij}$。如果 $\Delta_i > 0.5(\sum_{j=1}^{|N(v_i)|} \omega_{i \to j})$，则检测到传感器节点无故障。Sai 等人考虑的传感器故障模型类似于 Gao（2007）描述的。这种方法紧随 Jianliang（2007）其后，但是，加权平均值的表述方式不同。这种方法考虑了固定故障、增益故障、偏移故障和随机噪声故障，这些故障被视为崩溃和错误的计算故障。

Behnke 等提出了一种名为 ELDEN 的局部检测方案。该方法使用四分位间距（*IQR*）来检测故障。*IQR* 是排序的单跳邻居测量集的第一四分位数和第三四分位数之间的差。该方法的第一步是获得单跳邻居的传感器测量值。在第二步中，每个传感器节点 v_i 在 $N(v_i)$ 的帮助下计算中值 MED_i 和 IQR_i。在第三步中，归一化差计算为 $y_i = \frac{d_i}{IRQ_i}$，其中 $d_i = x_i - MED_i$。在最后一步中，通过阈值测试检测传感器节点状态，如果 $|y_i| > \theta$，则节点 v_i 有故障。该方法可检测错误的计算故障。

讨论：加权投票法继承了多数表决方式的优势。然而，这些方法的计算复杂性更大，与多数投票方法类似，加权多数投票方法在稀疏网络或稀疏区域网络中表现出较差的性能，即拓扑依赖性。大多数加权多数投票方法都采用基于阈值的决策。未来的研究和开发应继续集中于研究不同的网络参数，如节点密度、接收信号强度、传播延迟等。

3. Hierarchal 检测

分层检测的基本思想是首先构建一个以汇聚节点或基站为根的生成树，该生成树跨越网络中的所有无故障节点，然后决定树的每个级别的故障。生成树用于传播在网络中的每个节点处做出的决定，使得网络中的每个节点正确地诊断网络中的所有节点的故障状态。

Sheth 等人提出了一种分散式故障诊断系统，其中传感器节点分步骤执行局部诊断算法，以识别故障原因。这个诊断框架可辨析多重根源以降低数据吞吐量。在这种方法中，诊断信息通常来自较低的通信层（例如 MAC 层和网络层）。当检测到数据速率异常下降时，诊断算法仅在 WSN 路由树中故障链路的直接父节点启动。通过观察由子传感器节点接收和发送的数据之间的不匹配来诊断非对称链路。为了检测隐藏终端，一跳基站选择的传感器节点的邻居首先同步并开始记录时间戳。周期性地，主传感器节点从每个相邻传感器节点依次请求时间戳阵列，这是检测的基础。此方法允许检测选定引线的整个无线电范围内的隐藏终端。这种方法可用于处理崩溃、遗漏和错误的计算故障。

Rost 和 Balakrishnan 提出了一种检测算法，即 Memento。在这种方法中，传感器节点网络协同监控实现分布式传感器节点故障检测。任何传感器节点的故障都由其附近的许多其他传感器节点监视，并且与拓扑有关。Memento 需要两个组件来进行故障检测，例如心跳和故障检测器。每个传感器节点周期性地发送心跳消息。在不同的传感器节点上运行的故障检测器在接收到该传感器节点的最后一次心跳后的截止时间前将该传感器节点检测为故障。如果它认为传感器节点 v_i 存活，则将其活跃位图（存活地）的第 i 位设置为1，否则，将 v_i 的存活地设置为0。例如，1101110 的位模式表示传感器节点 3 和 7 被认为是有故障的。子传感器节点将其位模式发送到其父传感器节点。父对子传感器节点的结果及其自身结果执行聚合（按位 OR）运算，并将其转发到树根节点。然后，接收器可以将无故障传感器节点列表与部署名单进行比较，以确定哪个传感器节点已经发生故障。该方案可处理停止故障。

Xianghua 等人提出了一种基于树的拓扑结构诊断技术。这种方法的诊断过程由基站或接收器节点触发。这种方法考虑三种类型故障即校准系统误差、随机噪声误差和完全故障错误。它使用的检测原理是在树的特定级别上测试传感器。当发现无故障传感器时，其测试结果可用于诊断子树中的其他传感器节点。在这种方法中，基站随机选择其中一个子项进行诊断。当至少有一个传感器节点从其子集被确定为无故障时，该算法继续执行。这种方法假定所有的系统软件和应用软件有故障，它检测崩溃和错误的计算故障。

Gheorghe 等人提出了一种自适应信任管理协议（ATMP）。该协议使用协作信任管理，并在网络上具有分层视图。该协议在建立、学习和交换三个阶段进行操作。在建立阶段，将生成一棵生成树；在学习阶段，基于故障检测技术修改局部惩罚值；在交换阶段，传感器节点交换信誉值，重新计算信誉值并确定信任度。为了执行错误检测，叶片传感器节点发送传感器测量值。生成树中的每个其他传感器节点在预定的时间内等待接收来自子传感器节点的传感器测量值。等待结束后，根据每个数据源的位置将传感器节点分组。每个节点群集由成员节点生成的测量值列表表示，并且每个节点列表以升序方式排序。对于每个值列表，均应计算中值。出于错误检测的目的，中值对异常值较不敏感，因此比平均值更好地衡量了集中趋势。对于每个列表，将这些值与中值进行比较。如果考虑值与中值之间的差大于恒定偏差 σ，则该值将被认为是错误的。这种方法可处理错误的计算故障。

讨论：这种方法特别简单。然而，它的检测延迟相对较高。这是因为诊断支持过程由汇聚节点或叶节点开始。此外，它类似集中的方法，在某些区域会导致网络能源的快速消耗，特别是针对靠近接收器的传感器节点，可能导致热点问题。这些问题应该妥善处理，未来的研究应该考虑更接近汇聚节点的传感器节点的诊断延迟和能量开销。

4. 节点自检测方法

在这种方法中，传感器节点结构能够自动检测自身的状态。这是通过在传感器节点体系结构中引入额外的硬件来实现的。

Harte 等人提出了一种自我检测体系结构，使用硬件和软件接口监测传感器节点组件中的故障。硬件接口由安装在柔性印刷电路板上的多个微型加速度计组成。这些加速度计充当传感器节点周围的传感层，以检测传感器节点的方向和影响。同时为应对加速计损坏，还引入了一些冗余设计。为了采集传感器节点的读数，该设计采用了 TinyOS 操作系统的软件组件（如 ADCC、TimerC）。这种方法适用于崩溃故障。

Mahapatro（2012）和 Khilar 提出了一种同时利用传感器节点协调和传感器节点自我检测的混合方法。图像传感器节点结构由 CMOS 图像传感器、图像处理模块、共享存储器、电源单元和收发模块等模块组成。该结构适用于 CMOS 图像传感器的故障检测和图像处理的前向纠错电路模块。CMOS 相机的容错体系结构结合了有源像素传感器单元中的硬件冗余和软件校正技术，以容忍感知事件时的故障。然而，这种容错体系结构可以容忍高达数个像素的故障率。这种结构使用 Reed - Solomon 码来识别和纠正传输中的错误。当奇偶校验输出确认编码器的状态时，建议使用自检 RS 编码器。该方法通过邻域协调来检测图像处理模块的图像采集和压缩电路的状态。这种方法可检测崩溃、遗漏和错误的计算故障。

Koushanfar（2002）等提出了在 WSN 中传感器节点的自检测方法，该方法通过观察传感器的二进制输出与预先定义的故障模型进行比较。当硬件能够测量当前蓄电池电压时，可以估计由蓄电池耗尽引起的故障。检测算法可以通过分析电池放电曲线和电流放电率来估计电池失效时间。

讨论：节点自检测方法需要额外的硬件，这反过来又增加了硬件复杂度、重量和能量要求。因此，未来的研究应通过设计一种具有硬件复杂度受限的自检测传感器节点体系结构来解决这些问题。

5. 基于聚类的方法

基于聚类的方法创建一个虚拟通信骨干网，将传感器节点分组，并将整个网络分成不同的组（如簇），故障检测在每个组中正常分布和执行。通常，集群的领导节点（如集群头部）使用集中或分布式方法在其组中执行故障检测。

Gupta 等人提出一种任何错误行为都不会影响健康组件的故障静默模型。其容错聚类方案研究了簇头的故障检测。该方法采用了一种通过集群间通信进行周期性状态更新的方法。传感器节点与被测数据一起，将其能量状态提供给簇头。一旦获得所属成员传感器节点的感测数据和能量状态，簇头就构建一个包含簇内传感器节点和簇头自身状态信息的状态。再在状态更新槽中，交换簇头的状态。该方法采用乘性递增线性递减（MILD）机制来调度状态交换。这确保了当系统稳定时开销更少，当系统脆弱时可从故障中快速恢复。在检测阶段结束时，如果没有从 CH_j 接收到更新，则簇头 CH_i 认为 CH_j 是有故障的。由于两个传感器节点之间链路故障而可能错过更新，因此在做出任何决定之前，CH_i 会参考所有簇头得出一致意见。这种方法可理崩溃和遗漏故障。

Jaikaeo 等人提出了传感器信息网络架构（SINA）。其方法包括对层次聚类、基于属性的命名，以及查询和任务的支持机制。管理器节点用 SQTL 语言编程发出一个脚本到所有簇头以诊断传感器节点。在接收到该脚本时，簇头触发它们的相关联的成员以获取温度读数。然后簇头将每个读数与所有相关联的成员的平均读数之间的差与预定阈值进行比较。未通过阈值测试的成员传感器节点被视为故障传感器节点。在这种方法中，当大量传感器节点同时响应脚本时，在信宿或基站的区域产生瓶颈（响应内爆），因此提出了三个策略来摆脱这个问题：①密集无线传感器网络的采样，其中接收器以概率 p 发送诊断查询，并且每个传感器节点以概率 p 决定是否报告。②自编排操作，其对来自稀疏传感器网络的所有传感器节点的响应进行调度。③扩散计算，其中读数随着响应朝向汇点移动而聚集。扩散计算在接收的响应数量和所产生的开销方面优于其他两个。这种方法适用于崩溃故障。

Tai 等人提出了心跳式故障检测服务。这种方法利用 AdHoc 网络的固有消息冗余，与基于集群的通信架构相结合，通过交换心跳消息、摘要消息和健康状态更新消息三种类型的消息来实现故障诊断。在第一轮，即心跳交换阶段，集群中的每个节点发送心跳消息给它的簇头。该消息包含发送方的节点 ID 和一位标记指示符。同时，簇头广播这样的心跳消息。在第二轮中，簇 CH_i 中的每个节点向簇头发送摘要，枚举 CH_i 中的节点。同时，簇头向 CH_i 中的每个成员广播其自己的摘要。在第三轮中，簇头遵循故障检测规则，并通过分析这两个先前回合收集的心跳信息来识别故障传感器节点。如果簇头不接收其心跳消息和摘要消息，并且如果簇头接收的摘要中没有一个反映簇集成员对 v_i的心跳的意识，则节点 v_i 被检测为故障。

Ossama 等人提出了一种方法，其中簇头周期性地广播心跳消息以通知其成员。在没有从其簇头接收到任何心跳时，成员传感器节点检测到其簇头是有故障的。其中成员传感器节点可以在发送一定数量的消息之后从其簇头请求心跳。簇头使用路由更新来检测相邻簇头故障。这种方法适用于系统崩溃、遗漏和定时故障。

Wang 等人提出了一种基于协议的故障检测机制，用于检测集群水下传感器网络中的簇头故障。在每个集群成员处周期性地执行分布式检测处理。这要求集群中的每个集群成员维护状态向量，其中每个位对应于集群成员并且初始为零。一旦其对应的集群成员检测到簇头已失败，向量中的位就设置为 1。如果集群成员的状态向量的所有元素成为一体，则达成协议并由集群成员做出决定。这种方法适用于崩溃故障。

Venkataraman（2008）等人提出了传感器节点检测其各自集群能量的一种故障检测方法。在这种方法中，每个传感器节点具有其平衡能量的记录。每个集群中的传感器节点将它们当前的能量状态嵌入 hello 消息中，并发送到它们的第一跳成员。hello 消息由传感器节点的位置、能量和 ID 组成。当传感器节点的能量水平下降到阈值以下时，传感器节点向其父节点和子节点发送故障报告消息。阈值是在等于传输范围的距离上传输 *D* 个消息所需的能量。*D* 是在簇中选择的一跳传感器节点的最大数目。

Asim 等人（2008）提出一个基于蜂窝的方法，把单元管理器（簇头）和网关节点相互协调，以检测故障。在这种方法中，单元管理器定期向关联的成员传感器节点和网关节点发送 get 消息，并且由它们返回更新信息，更新信息包括传感器节点 ID 和能量级别。在没有从任何传感器节点接收到更新时，它向传感器节点发送即时消息并获取其状态。如果一个单元管理器没有接收到在有限时间内确认，它声明传感器节点出现故障和向网络中的其他节点传达这一决定。每个单元管理器通过网关节点发送其健康状态信息到组管理器。组管理器由许多单元管理器组成。如果网关传感器节点不从它的单元管理器收到获取消息，它就会发送一个快速提醒消息。在没有收到来自单元管理器的任何确认时，它会通知成员传感器节点有关故障的信息。

Wei 等人提出了基于集群的实时故障诊断聚合算法（CRFDA）。其中诊断任务由附属簇头分配给集群成员。簇头通过比较由其成员传感器节点发送的测试结果来做出决定。此方法可检测崩溃和错误的计算故障。

Kazi 提出了一种异步故障传感器节点检测方法（AFSD）。AFSD 修改故障计数器，使得对于活动传感器节点，计数器的值是有界的并且倾向于零。对于故障的传感器节点，该计数器的值是无界的且趋于无穷大，并且最终将超过预定阈值。传感器节点可能无法与其邻居中的一些节点通信，但它仍然与其他邻居具有连接性。为了解决这个问题，在声明传感器节点故障之前，需要在相同簇的簇头之间寻求共识。这种方法可处理崩溃和错误的计算故障。

Mahapatro 和 Khilar（2012）提出了一种在线分布式故障诊断方案，称为基于集群的分布式故障诊断（CDFD）算法。CDFD 算法识别硬故障和软故障，而与无线信道损伤无关。CDFD 算法利用空间相关的传感器测量，并与基于不等簇的路由（UCR）协议集成。CDFD 算法处理崩溃和不正确的计算故障。

讨论：簇类是诊断 WSN 中故障的一种新兴方法。这种方法使得诊断技术能够高效地通信。然而，簇头需要额外的负担，以便处理其附属成员传感器节点的本地诊断。这又导致其电池快速耗尽，并且需要频繁地重新聚集，影响网络寿命和稳定性。在大多数方法中，群集成员不执行其独立诊断，即这些方法中的大多数不是完全分布的。虽然一些作者已经解决了此热点问题，但仍然存在改进的空间。

6. 软计算方法

基于软计算的方法使用传感器节点和传感器网络的特性来检测故障传感器节点。

Zhang Ji 等人利用多传感器在空间或时间上的冗余或补充信息来检测和隔离 WSN 中的故障传感器节点。这里提出了三层结构以检测和隔离多个断层。第一层是状态识别网络，它由一些模块化径向基函数神经网络（RBFNN）组成。传感器状态的置信度分配是由具有双输入和单输出的 RBFNN 来获得的，这两个输入是由传感器 v_i 和 v_j 提供的数据，输出为 $m_{ij}(\{OK_i，OK_j\})$。这里，$m_{ij}(OK)$ 表示 v_i 和 v_j 都是无故障的，每个训练的 RBFNN 作为一个模型。第二层是不同识别框架的融合，这些识别框架通过细化操作被合并到共同的识别框架。第三层是证据融合和状态决策。此方法适用于崩溃和错误的计算故障。

Jabbari 等人提出了基于人工神经网络（ANN）的故障检测和隔离技术，用于监管交易食品公司运输系统中的传感器网络。该方法遵循两个阶段，即残差生成和残差验证阶段。对于这些阶段分别考虑两种单独的 ANN 算法。这种方法将测量数据与网络预测进行比较，并生成残差故障。对所有残差进行评估和分析，残差是用作故障检测器的信号。通常，在无故障情况下，残差被认为是零（或在过程受噪声且模型不确定的情况下，残差很小），当故障发生时，残差明显偏离零。在该阶段中，通过将测量数据与网络预测进行比较来生成测量残差。在第二阶段，它使用概率神经网络（PNN）来分析可能的故障/故障条件和故障/故障分类。这种方法适用于错误的计算故障。

Azzam 和 Rastko 介绍了一种用于 WSN 中传感器节点识别和故障检测的神经网络建模方法。循环神经网络（RRNs）具有捕获和建模非线性系统的动态特性的能力。在这种方法中，RRNs 用于对传感器节点、节点的动态性以及与其他传感器网络节点的互连进行建模。RRN 节点之间具有类似于 WSN 的互联权重，并且每个传感器节点具有其自己的动力学特性。如图 3－16 所示，动态 RRNs 包含向其自己的输入提供内部反馈的一组动态节点，这用于模拟传感器网络。该方法假设每个传感器节点存在一个传感器，其中传感器节点被视为具有类似存储器特征的小型动态系统。引入的 AdHoc RRNs 类似于传感器节点 v_i 和 v_j 之间具有置信因子（$0 < CF_{ij} < 1$）的 WSN 系统。置信因子取决于信号强度和节点之间的通信链路中的数据质量。例如，在图 3－16 的调谐节点 3 中，有价值的输入来自节点 1 和节点 5，其提供接近 1 的对应置信因子。如果节点 6 不在节点 3 的覆盖区域中，则置信因子为 0，节点 7 将不直接影响节点 3。整个建模过程分为两个阶段：学习阶段和生产阶段。在学习阶段，神经网络根据健康模型和 N 个故障模型调整权值。生产阶段将传感器节点的电流输出与神经网络的输出进行比较。这两个信号之间的差异是检测传感器健康状态的基础。Barron 等人在 Moteiv 的 TinyOS 操作系统的 Tmote Sky 平台上实现了这种方法。这种方法可处理不正确的计算故障。

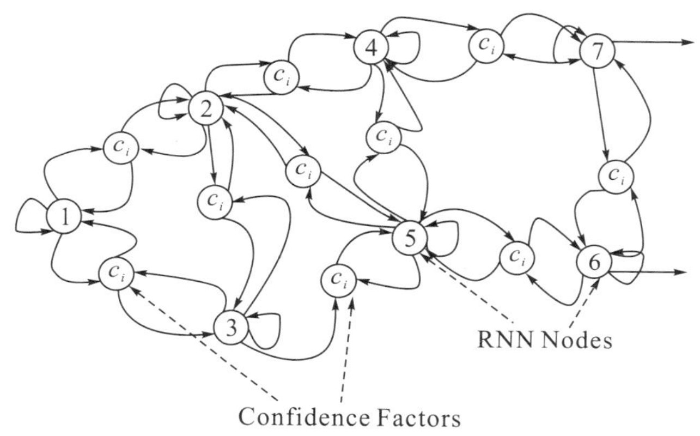

图 3－16　具有无线传感器网络拓扑的 AdHoc RNN

Oliver 提出了一种分布式循环神经网络架构，即用于分布式场景中故障检测的空间组织分布式回波状态网络（SODESN）。SODESN 允许单个复现神经网络分布在整个 WSN 上。SODESN 是基于来自其他传感器的信息来学习传感器节点的正常行为的模型。每个传感器节点基于在训练周期中来自其邻居的信息来估计其自己的真实值。使用估计的真实值和阈值，每个传感器节点可以决定其是否可以正常工作。该方法可处理计算故障。

Xi-Liang 等人提出了一种基于主成分分析（PCA）和小波分解来检测和识别传感器节点故障的方法。在这种方法中，PCA 模型是通过探索历史数据建立的。由传感器节点收集的数据被分解为主空间和残余子空间，通过分析平方预测误差（SPE）指数来检测故障传感器，通过提取小波分解的高频系数来识别故障传感器节点。这种方法适用于错误的计算故障。

讨论：在这种方法中，计算复杂度高，这可能导致更多的能量开销。大多数工作使用神经网络的变化来检测和识别传感器网络中的故障。现有技术中没有一种使用生物启发技术作为诊断传感器网络中的故障的工具。未来的研究应侧重于开发基于生物启发的故障诊断技术。

7. 看门狗方法

监视网络故障的最简单的情况是看门狗机制。看门狗的基本原理是，节点监视其一跳邻居是否转发其刚刚通过侦听发送的数据包。如果其一跳邻居在一定期限内出现故障，则该邻居被视为异常节点。当误操作率超过预定义的阈值时，将通知源节点并沿其他路由转发数据包。

Marti 等人提出了一种用于无线自组织网络的入侵检测系统。其方法侧重于通过在动态源路由（DSR）算法中引入两个覆盖层来防止入侵。所提出的系统用两个工具来检测和减轻异常路由行为。看门狗工具用来识别行为不当的节点，Pathrater 帮助路由协议用来避免节点的错误行为。当一个节点转发一个数据包时，该节点的看门狗会验证路径中的下一个节点是否也转发了该数据包。看门狗通过随意监听下一个节点的传输来做到这一点。如果下一个节点不转发数据包，则说明它行为不正常。图 3 - 17 展示了看门狗如何工作。节点 S 将数据包发送到节点 D，节点 C 不能收到节点 A 的传输，但是它可以监听节点 B 的业务。当 B 通过 C 将数据包从 S 向 D 转发时，A 偷听 B 的传输，并且可以验证 B 已经尝试将数据包传递给 C。虚线指示 A 在 B 的传输范围内，并且可以监听数据包传输。该方法将每个监听到的数据包与缓冲器中的数据包进行比较，以确定是否存在匹配。如果数据包已经在缓冲器中保留超过某个阈值时，则看门狗为不负责转发数据包的节点增加故障计数器。如果计数器超过某个阈值，则其确定节点行为异常。该方法可处理遗漏和不正确的计算故障。

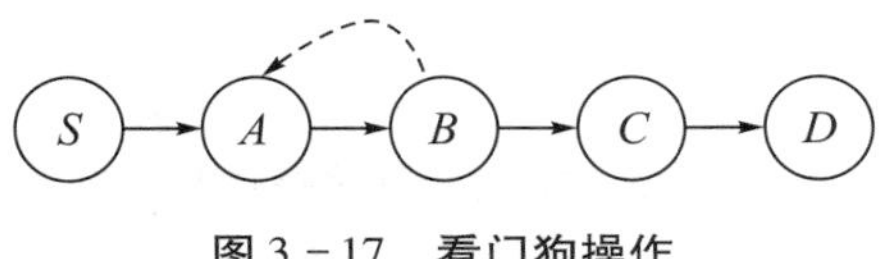

图 3 - 17　看门狗操作

Marti 的方法无法检测在许多情况下行为不当的节点。例如，具有恶意目的的节点可能错误地报告其他节点为行为异常节点。当多个节点混杂以使网络关闭时，会发生此模型无法检测到更复杂的攻击。Patcha 和 Mishra 扩展了 Marti 的方法。在这种方法中考虑了协作的恶意节点组。这种方法将网络中的节点分为可信节点和普通节点，形成网络的前几个节点是受信节点。根据节点能量，节点存储容量和节点计算能力，在给定时间段内从可信节点集合中选择看门狗节点。在每个看门狗节点中，为不是受信节点的所有邻居保持两个阈值。第一阈值被称为可疑阈值，并且对于该看门狗的每个相邻节点维持该阈值。当任何节点越过它的可疑门限值时，看门狗认为它是行为异常节点。第二阈值接收门限是相邻节点的良好行为的度量，为“接收阈值”设置一个相当高的值。节点仅在相当长的时间内表现出良好的行为之后才被认为是可信赖的。这种方法适用于遗漏和不正确的计算故障。

讨论：目前的看门狗技术只能判断其一跳邻居的行为。这些方法可以判断数据在正向和反向传输时的最后一跳。然而，在实际应用中，大多数流量都处于前向传输，反向流量非常少。此外，这些方法受到接收器冲突、有限的传输功率、不当行为和部分数据丢弃的影响，未来的研究应该关注这些问题。

8. 概率方法

基于概率的故障诊断技术利用这样的事实，即一个传感器节点将在不等于另一传感器节点的故障概率的给定时间量内失效。

Ni 和 Greg 使用一种结合贝叶斯选择的方法来判断地面实况的协议，将故障检测问题分为两个步骤。首先，使用贝叶斯检测来决定什么子集的传感器可以代表所有传感器的预期行为，并在该子集构建模型。其次，该方法基于从该子集开发的模型来判断传感器是否有故障。该方法假设传感器只需要相关且具有相似的趋势，然后在此基础上开发了一个检测系统。作者使用回归模型来分析预期行为，并结合贝叶斯更新来选择信任传感器的子集，与其他传感器进行比较。Ri - mao 等人提出了通过考虑传感器节点的概率分布和 WSN 的故障分布来选择传感器节点作为探测站的概率方法。这种方法适用于崩溃和计算故障。

讨论：虽然有线互联网络中的概率故障检测被充分研究，但在 WSN 特定故障中几乎没有运用。未来的研究应该侧重于开发概率和随机模型来检测和识别 WSN 中的故障或缺陷。

9. 事件检测域中的故障诊断

在数据驱动和查询驱动技术中，传感器节点定期向汇聚节点报告传感器读数或响应由汇聚节点定期发出的查询。与数据驱动和查询驱动技术不同，基于事件检测的技术要求传感器节点及时地向汇聚节点报告感兴趣的事件。由于事件还导致附近传感器节点感测到异常数据，因此需要几种方法进行分析是故障事件还是正常读数，因为异常高的读数可能同时对应于这两种情况。

Krishnamachari 和 Iyengar 明确考虑测量故障，并开发分布式和局部贝叶斯算法，用于检测和校正这些故障。他们提出了三种不同的检测方案，即随机化决策方案、阈值决策方案和最优阈值决策方案。这些方法是拓扑相关的，因为单个传感器节点与其邻居通信并且使用二进制来校正其自己的决定。传感器节点的实际情况由二进制变量（即 GT_i）建模。如果地面实况是传感器节点在正常区域中，则 $GT_i=0$；如果地面实况是传感器节点在事件区域中，则 $GT_i=1$。如果传感器节点 v_i 的测量值指示正常，则传感器节点 v_i 的实际输出设置为零（即 $S_i=0$），若传感器节点测量到为异常值，则设置为 1（即 $S_i=1$）。因此存在四种可能的情况：$S_i=0$，$G_i=0$（传感器正确地报告正常读数）；$S_i=0$，$G_i=1$（传感器错误地报告正常读数）；$S_i=1$，$G_i=1$（传感器正确报告异常读数）；$S_i=1$，$GT_i=0$（传感器错误地报告异常读数）。该方法通过考虑关于其自身的传感器读数 S_i 和证据 $E_i(a,k)$ 的信息来估计真实读数。定义 $E_i(a,k)$ 为使得 N 个一跳邻居中的 k 个报告与传感器节点 v_i 相同的二进制读数。

$$P_{aak}=P(R_i=a\,|\,S_i=a,\ E_i(a,k))=\frac{(1-p)k_i}{(1-p)k_i+p(N-i-k_i)} \tag{3.29}$$

通过上式决定是否在面对来自其邻居的证据 $E_i(a, k)$ 时忽略自己的传感器读数 S_i。这种方法适用于不正确的计算故障。

Luo 等人进一步扩展了这项工作，在检测任务中考虑测量误差和传感器故障两种情况。在给定的检测误差界限下，选择最小邻居以最小化通信开销。他们提出的贝叶斯和尼曼 - 皮尔逊检测方法，没有明确地尝试检测有故障的传感器，而是在存在故障传感器的情况下提高事件检测精度。

Ding 等人使用实数（如传感器读数）而不是使用 0/1（二进制）决策模型对传感器节点的事件或异常行为进行建模，用一个本地化算法来识别可疑的传感器节点，其传感器读数相对于它们的邻居具有较大差异。尽管该算法适用于大规模传感器网络，但故障率必须很小。这种方法是依赖于拓扑的，如果多于一半的邻居是有故障的，则该算法不能如预期有效地检测故障。该方法可处理错误的计算故障。

Yim 和 Choi 提出了一种自适应容错事件检测方案。这种方法使用了一个滤波器来容忍瞬时故障。事件检测的阈值根据传感器节点的故障状态进行动态调整，置信度用于管理传感器节点的状态，每次执行故障检测或事件检测时，都会更新置信级别。永久性故障传感器节点与网络隔离，并在满足置信级别上的某些要求条件后恢复。这种方法可检测不正确的计算故障。

讨论：大多数事件检测方案在故障概率相对较低的情况下都能有效工作。此外，如果故障的行为与所考虑的模型不同，则实际性能可能与估计的性能不同。大多数方法都无法区分事件边界中的故障和事件是否存在。当前事件检测研究表明，在稀疏网络或具有稀疏区域的网络中，此检测性能较差。未来的研究方向可集中在这些问题上。

10. 故障诊断技术比较

本节首先讨论当前故障诊断技术的缺点，然后提出一个比较表，以比较现有的应用在 WSN 中的故障诊断技术。

（1）无线传感器网络诊断技术的缺陷。

表 3 - 5 比较了为 WSN 专门开发的故障诊断技术的特性。现有的诊断技术有以下缺点：①在大多数现有的工作中，诊断消息不作为网络的常规任务的输出来发送。②许多邻居协调方法只考虑相邻节点的传感器数据之间的时空相关性，而忽略了传感器节点属性之间的相关性，因此降低了诊断方案的检测精度，并增加了误报率。③在诊断间歇性和瞬态故障方面几乎没有做过工作。没有工作涉及瞬态故障和间歇故障的区分机制。④大多数技术假定传感器节点是静态的，并且不考虑节点移动性。⑤这些方法中许多采用预定义的阈值来检测故障。然而，最佳阈值不容易确定。此外，假设固定阈值可能不适合于动态 WSN。⑥在基于测试的方法中，忽略感测元件的状态，这反过来又不能检查传感器节点的所有功能块。⑦现有技术仅考虑静态故障，即在诊断循环期间不允许节点的状态改变。⑧如果传感器网络中存在恶意传感器节点，则大多数方法失败。协作的恶意传感器节点可以以这样的方式隔离无故障传感器节点，使得它们错误地诊断其自身是有故障的。⑨大多数工作不考虑通信信道中的故障。

表 3－5　关键诊断技术的对比

技术	年份	网络		诊断观点		故障的持续性			故障类型		信道故障	拓扑相关	全面检查	方法
		静态	动态	局部观点	全局观点	永久	间断	瞬时	静态	动态				
Chessa and Santi	2001	✓	✓	✓	✓	✓			✓					对比
Elhadef et al.	2008	✓	✓	✓	✓	✓			✓					对比
Elhadef et al.	2006	✓	✓	✓	✓	✓			✓					对比
Chen et al.	2006	✓		✓		✓			✓			✓	✓	多数投票
Jiang	2009	✓		✓		✓			✓			✓	✓	多数投票
Chessa and Santi	2002	✓		✓	✓	✓			✓					无效
Lee et al.	2008	✓		✓		✓		✓	✓		✓	✓	✓	多数投票
Choi et al.	2009	✓		✓		✓		✓	✓			✓	✓	多数投票
Tsang-Yi et al.	2007	✓		✓		✓			✓		✓		✓	多数投票
Kim et al.	2011	✓	✓	✓	✓	✓			✓				✓	多数投票
Mahapatro and Khilar	2012	✓		✓	✓	✓			✓		✓	✓	✓	多数投票
Mahapatro and Khilar	2012	✓	✓	✓	✓	✓			✓		✓	✓	✓	多数投票
Xiao et al.	2007	✓		✓		✓			✓			✓	✓	信任投票
Guo et al.	2009	✓		✓		✓			✓			✓	✓	加权投票
Jian-Liang et al.	2007	✓		✓					✓			✓	✓	加权投票
Rost and Balakrishnan	2006	✓	✓	✓	✓	✓			✓		✓			无效
Gheorghe et al.	2010	✓		✓	✓	✓	✓		✓			✓	✓	基于中值
Mahapatro and Khilar	2011	✓		✓	✓	✓			✓			✓	✓	自测和多数投票
Harte et al.	2005	✓	✓	✓		✓			✓					自测
Guta et al.	2003	✓		✓		✓			✓				✓	无效
Jaikaeo et al.	2001	✓		✓	✓	✓			✓			✓	✓	基于中值
Tai et al.	2004	✓	✓	✓		✓			✓		✓		✓	基于心跳
Yonis et al.	2005	✓		✓		✓			✓					基于心跳
Venkataraman et al.	2008	✓		✓		✓			✓					自测和失效

续表3－5

技术	年份	网络		诊断观点		故障的持续性			故障类型		信道故障	拓扑相关	全面检查	方法
		静态	动态	局部观点	全局观点	永久	间断	瞬时	静态	动态				
Jabbari et al.	2007	✓		✓		✓			✓					ANN
Moustapha et al.	2008	✓		✓		✓			✓					ANN
Krishnamachari and Iyengar	2004	✓		✓		✓			✓			✓	✓	多数投票
Yim and Choi	2010	✓		✓		✓		✓	✓			✓	✓	加权投票

（2）重点研究领域。

有关 WSN 中故障诊断的各种关键研究问题，包括以下几点：①适应网络动态。②间歇性故障的鉴别。③确定邻居协调方法的最佳阈值。④动态故障条件下的分布式故障诊断。⑤通用在线轻量故障诊断方案，以减少诊断开销。⑥适应恶意攻击。因此 WSN 诊断技术的应开发考虑上述所有问题。

本节的贡献摘要见表 3－6。

表 3－6　贡献摘要

方法	参考	主要贡献	故障类型
集中方法	Rui 等人（2004）	－使用事件驱动的无线传感器网络管理体系结构故障检测方案。 －提供自我配置、自我诊断和自我修复。	崩溃
	Koushanf 等人（2003）	－传感器网络中故障分类的分类法。 －检测精度较少受影响。 －第一个在线的基于模型的测试技术。 －可以应用于具有任意类型的故障模型的异质传感器的任意系统。 －灵活地在精度和延迟之间权衡。	计算错误
	Ramanath 等人（2005）	－一种用于自动诊断和辅助传感器网络系统调试的工具。	崩溃、遗漏和计算错误

续表3－6

方法	参考	主要贡献	故障类型
集中方法	Staddon 等人（2002）	－网络的拓扑被有效地传送到基站以跟踪故障传感器节点的身份。 －基于自适应路由更新消息的简单分治策略。 －时间复杂度为 O（log$s$），其中 s 是静默节点的数量。 －消息复杂度为 O（$d$log$s$），其中 d 是结果为死的节点数。	崩溃
	Le 等人（2006）	－适应不断变化的网络条件。 －收集和传播管理数据的调度驱动的 MAC 协议。 －系统的资源转移，允许从网络的一个部分的时隙（资源）转移到另一部分。	崩溃
	Kuo－Feng 等人（2006）	－节点不相交的路径和自动诊断方法被用于识别故障的传感器节点。 －检测到超过 99.99% 的数据不一致，其中 87% 被恢复。 －检测精度为 0.96。	崩溃和计算错误
	Krunic 等人（2007）	－部署管理系统。 －引入一种在完全失败之前捕获失败禁用节点的调试模式。	崩溃、计算错误和故障停止
	Yunhao 等人（2007）	－诊断无线传感器网络的被动方法。	崩溃、遗漏和计算错误
测试依据（无效方法）	Kung 等人（2010）	－利用 PMC 模型。 －用于故障检测的称为扩展星的子结构。	计算错误
	Chessahe 和 Santi（2002）	－基于生成树的诊断传播。 －消息复杂度为 $3n-2$。 －时间复杂度为 $\Delta_G T_{gen}+d_{ST}t_f+T_{out}$。	崩溃、遗漏和计算错误
	Weber 等人（2010）	－确保满足所需系统可诊断性的测试策略。 －两种测试策略，即无交互测试的测试策略和交互测试的测试策略。	计算错误
	Weber 等人（2012）	－为了满足 PMC 模型的条件，一种启发式的无交互测试的节能测试分配方法选择要参与测试的传感器集。	计算错误

续表3－6

方法	参考	主要贡献	故障类型
测试依据（比较法）	Chessa 和 Santi（2001）	－首要任务是解决自组织网络中的系统级故障诊断。 －在自组织网络中固定和时变拓扑假设下的故障。 －参照广义比较模型。 －$k-1$ 可诊断，其中 k 是网络的连通性。 －消息复杂度为 $nd_{max}+n(n+1)$，其中 d_{max} 是节点度的最大数。 －时间复杂度为 $\Delta_G T_{gen}+d_{ST}t_f+T_{out}$，其中 T_{gen} 是第一诊断消息的接收和测试请求的生成之间经过的时间的上界，并且 T_f 是传播消息所需的时间的上限。Δ_G 和 d_{ST} 分别表示图 G 的直径和生成树的深度。	崩溃、遗漏和计算错误
	Elhadef 等人（2006）	－自适应 DSDP 固定拓扑网络。 －消息复杂度为 $nd_{max}+5n-6$。 －时间复杂度为 $\Delta_G T_{gen}+(2d_{ST}+n-1)T_f+2T_{out}$。 －移动 DSDP 识别时变拓扑网络中的故障。 －消息复杂度为 $n(n+k)$。 －时间复杂度为 $\Delta_G(2T_g+T_f)+T_{out}$	崩溃、遗漏和计算错误
	Elhadef 等人（2008）	－Exteends Chessa 和 Santi 模型。 －用于一致性检查的签名头。 －节点只响应 $k+1$ 个测试请求。 －消息复杂度为 $nk+3n-1$。 －时间复杂度为 $\Delta_G T_{gen}+3d_{ST}T_f+2T_{out}$。	崩溃、遗漏和计算错误
	Elhadef 和 Boukerche（2007）	－引入新节点，其是对来自节点的第 i^{th} 个心跳消息的到达时间的估计。 －使新点适应当前网络或主机负载。	崩溃和故障停止
	You 等人（2011）	－局部和全局的性能概率分析。 －诊断算法建模。	崩溃和计算错误
多数投票（邻居协调）	Chen 等人（2006）	－通用局部故障检测算法。 －诊断分三轮进行。 －如果少于四分之一的邻居故障，则良好的传感器节点将在第一轮中被诊断为 GD。 －检测精度为 0.955，故障率为 0.25，$d=10$。	计算错误
	Jiang（2009）	－Yu M.（2007）的扩展。 －检测不准确度受影响较小。 －检测精度为 0.992，故障率为 0.25，$d=10$。	计算错误

续表3－6

方法	参考	主要贡献	故障类型
多数投票（邻居协调）	Lee 和 Choi（2008）	－时间冗余用来容忍传感和通信瞬态故障。 －为了消除时间冗余方案中涉及的延迟，采用滑动窗口。	崩溃和计算错误
	Jae－Young 等人（2009）	－密切关注 Koushanfar F.（2003）。 －动态更新诸如有效传感器节点度 dt 和判定阈值 θ 的诊断参数。	计算错误
	Hsin 等人（2006）	－利用局部协调和主动探测的两相定时器方案探索。 －不增加响应延迟的低虚警概率。 －最佳参数（定时器长度）值设计指南。	崩溃和计时
	XinMiao 等人（2011）	－无声故障的解决方案。 －诊断依赖于最小的先验知识可推广到各种各样的 WSN 应用。 －从每个被分类的传感器节点收集 22 种类型的度量分为四类，即时间指标、流量指标、任务指标和其他指标，如父变化计数器。	计算错误
	Tsang－Yi 等人（2007）	－在执行似然比融合时，去除不可靠的局部决策，以做出有利于假设之一的全局决策。	崩溃和计算错误
	Mahapatro 和 Khilar 等人（2012）	－可与 UCR 协议配合使用。 －考虑了通道故障。 －导出稀疏网络或稀疏区域网络的最优诊断阈值。	崩溃和计算错误
	Mahapatro 和 Khilar 等人（2012）	－考虑了通道故障。 －在具有移动节点的网络中使用测试模式进行诊断。	崩溃和计算错误
	Kim 和 Prabhakaran（2011）	－基于非历史、历史记录的方法。 －动态或静态绑定为共享类似的传感器信号模式的传感器节点组。	崩溃
加权投票（相邻协调）	Xiao 等人（2007）	－根据相关性对传感器评级。 －传感器网络顶部的逻辑相关网络。 －控制问题可以减轻。 －每个链接的权重基于启发式方法确定。	计算错误
	Guo 等人（2009）	－没有关于感测的事件/现象的基本分布的先验知识。 －基于感知中的距离单调性的检测。	遗漏和计算错误
	Gao 等人（2007）	－表征传感器测量之间的差异的方法。 －基于决策功能的传感器的置信度的定义。	计算错误
	Gao 等人（2007）	－同时探索空间和时间信息。 －对邻居测量的不同权重。	崩溃和计算错误
	Behnke 等人（2010）	－探讨四分位距（IQR）	计算错误

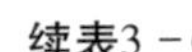

续表3－6

方法	参考	主要贡献	故障类型
分层检测	Sheth 等人（2005）	－有效区分数据吞吐量降低常见问题的三个根源的算法。 －检测所选引导者的整个无线电范围中的隐藏终端。	崩溃、遗漏和计算错误
	Rost 等人（2006）	－邻域和缓存管理。 －当子节点没有发生更改时，活动位图将兑现并重用以计算聚集的结果。	故障停止
	Xianghua 等人（2008）	－时间冗余用于诊断传感和通信中的间歇性故障。 －使用 Yu M.（2002）的检测原理。	崩溃和计算错误
	Gheorghe 等人（2010）	－专注于数据的信任。 －一种自适应信任管理协议，该协议基于三个阶段的故障检测，以周期为单位计算信誉和信任。 －信任值用于在重新连接基站之前过滤错误的数据包。	计算错误
节点自检	Harte 等人（2005）	－柔性电路使用加速度计作为传感器节点周围的感测层，它能够感知节点的物理状态。 －通过对加速度计数据的分析评估损伤概率。	崩溃
	Arunanshu 等人（2012）	－利用邻居协调和传感器节点自检测。 －图像传感器节点的架构。	崩溃、遗漏和计算错误
	Koushanfar 等人（2002）	－通过与预先定义的故障模型进行比较观察其传感器的二进制输出。	故障停止
聚类方法	Gupta 等人（2003）	－乘法增加线性下降（轻度）机制来安排状态交换。	崩溃和遗漏
	Jaikaeo 等人（2001）	－自适应概率响应。 －建议采取三种策略来消除响应内爆。	崩溃
	Tai 等人（2004）	－心跳式故障检测服务是为中间件实现而设计的。 －建议采取三种策略来消除响应内爆。	崩溃和故障停止
	Ossama 等人（2005）	－在集群间级别使用主动路由。 －簇头使用路由更新来检测相邻簇头故障。	崩溃、遗漏和定时
	Pu 等人（2007）	－基于协议的故障检测机制。 －检测集群水下传感器网络中的簇头故障。	崩溃、遗漏和定时
	Venkataraman 等人（2008）	－节点检测其各自集群中的能量故障，并开始故障恢复而不影响网络的结构。 －传感器节点选择最多 D 个传感器节点作为它们的直接跳。 －阈值是在等于传输范围的距离上传输 D 个消息所需的能量。	故障停止
	Kazi 等人（2011）	－传感器节点异步检测。 －最小化能量和控制开销，同时检测所有故障的传感器节点。 －数字计数器变量用于跟踪活动节点之间接收和发送的数据包。	崩溃和计算错误

续表3－6

方法	参考	主要贡献	故障类型
进化方法	Zhang 等人（2006）	－三层结构。 －通过 RBFNN 获得传感器状态的置信度分配。	崩溃和计算错误
	Elhadef 和 Boukerche（2007）	－用于运输系统的基于 ANN 的故障检测和隔离技术。	遗漏和计算错误
	Azzam 和 Rastko（2008）	－循环神经网络用于模拟传感器节点、节点动力学以及与其他节点的互联。	计算错误
	Oliver 等人（2009）	－检测相关的时空相关性。 －每个传感器节点上的神经单位。 －遵循回波状态网络。	计算错误
	Xi－Liang 等人（2010）	－集成 PCA 和小波分解。	计算错误
看门狗方法	Marti 等人（2000）	－用两个扩展 DSR 的算法来减轻路由异常行为的影响。	遗漏和计算错误
	Patcha 和 Mishrain（2003）	－考虑恶意的协作节点组。 －从可信节点集合中选择看门狗节点。	遗漏和计算错误
事件检测域	KrishnamachariIyengar（2004）	－用于检测故障的分布式贝叶斯算法。 －三种决策方案、即随机决策方案、阈值决策方案和最优阈值决策算法。 －对于高达 0.1 的故障率，将传感器测量故障减少多达 85%～95%。	计算错误
	Luo 等人（2006）	－传感器故障概率被正式引入最佳事件检测过程中。 －提出了贝叶斯和尼曼－皮尔逊检测方法。	计算错误
	Ding 等人（2005）	－使用实数对传感器节点的事件或异常行为进行建模。 －对于 $d=30$ 和故障率 0.2 的检测精度为 0.9。	计算错误
	Yim 和 Choi（2010）	－移动平均滤波器以容忍传感器读数中的多数瞬态故障。 －置信水平用于管理传感器节点的状态。	计算错误

3.6 故障诊断算法

3.6.1 非线性故障诊断算法——基于分布式模型的无线传感器网络非线性故障诊断

传感器故障可分为两大类：传感器失效和传感器故障。传感器失效是指传感器无法报告其数据或响应用户命令。传感器失效的原因可能是硬件组件的故障，也可能是电池驱动传感器的可用电源耗尽。

文献中提出的传感器故障检测方案可进一步分为两类：基于模型和无模型方法。基于模型的传感器故障检测方法依赖于底层系统的知识。系统模型可以通过系统的物理特性（物理层）获得，也可以从系统的历史数据（即数据驱动）中获得。当被监控的系统过于复杂，无法进行分析建模时，数据驱动方法尤其有价值。所获得的系统模型可作为传感器故障诊断的基本参考系统。例如，DA 和 Lin 以及 Kobayashi 和 Simon 都提出了一种集中式传感器故障诊断方法，该方法使用一组卡尔曼滤波器来表示系统，都假定系统与状态空间形式的系统模型是线性的。假设网络中只有一个传感器出现故障，那么就只有一个卡尔曼滤波器的行为与其他滤波器不同。因此，可以检测并隔离故障传感器。Da 和 Lin 的方法测量了传感器观测值的差异，而 Kobayashi 的方法测量状态空间模型状态向量的差异。Xu 等人提出了一种基于神经网络模型的传感器故障诊断方法。基于传感器的历史数据，采用神经网络模型来获取传感器组之间的相关性。当一个传感器（或少量传感器）出现故障时，其输出将与基于其他传感器输出的该传感器输出预测不一致。Dunia 等人和 Kerschen 等人提出了一种基于主成分分析（PCA）模型的故障检测方法，其研究假设传感器高度相关，并且它们的输出可以在比原始观测空间更紧凑的空间（被视为主要组件）中捕获。当传感器的动态观测不集中在主要部件上时，传感器被认为是潜在的故障。Dunia 等人进一步分析了不同类型的故障如何影响 PCA 残差，从而为识别故障传感器中发生的故障类型提供了工具。所有这些基于模型的方法都是集中的方法，其中基站控制整个系统模型，从传感器收集观测数据并进行故障诊断。

基于模型的 WSN 故障检测方法的一个难点是网络中数据通信会消耗大量的能量。由于每个无线传感器的可用能量有限，因此最好减少传感器节点之间的通信。因此，许多研究探索了分布式故障诊断方法，这些方法通常需要较少的数据传输。这些方法往往是无模型的方法，其中有一个简单的假设：近距离的传感器将观察类似的信号。基于这一假设，诊断算法通常很容易以分布式的方式来制定。例如，Ding 等人假设近距离传感器应具有类似的输出，其方法是让每个传感器将其输出与相邻传感器的平均输出值进行比较。如果传感器的输出比相邻传感器的输出大得多，则认为传感器有故障。Luo 等人提出了另一种无模型分布方法用于检测 WSN。在该研究中，每个传感器报告一个事件的发生。假设传感器故障是随机无关的，事件状态的最终决定由一组传感器的单个决定的多数票决定。通常给出不同结果的传感器被认为存在故障。研究还基于传感器故障的概率确定了一组传感器的最佳数量和多数投票的最佳阈值。尽管这些无模型诊断方法是分布式的，且能量需求较低，但它们也经常根据其推导中所做的假设施加限制。

非线性故障是一种乘性误差，即误差是真实信号的函数。在本研究中，遭受非线性故障（即非线性传递函数）的传感器具有正常和异常的工作区域。当真信号在正常区域内时，传感器给出正确的测量值；当真信号落在异常区域时，传感器给出失真的测量值。这是许多传感器的共同特征。例如，当输入信号接近其工作极限时，一些传感器会发生非线性失真。当输入信号接近传感器的共振频率时，压电传感器在其传递函数中也会观察到一个很大的（不需要的）增益。当传感器没有正确安装到被观察的系统上时，也会引入非线性失真。例如，如果传感器没有正确地连接到结构表面，高振幅响应可能会导致传感器和结构之间的相对运动。通过检查传感器的特性并确保其保持在正常工作区域，通常可以防止在传感器的异常区域工作。然而，传感器的特性可能会随着时间或意外事件而改变，从而导致异常区域的操作。例如，压电传感器在传感器和结构之间的结合中可能会随着时间的推移而退化。当电源电压下降时，基于放大器的传感器会受到更窄的线性工作范围的影响。此外，传感器的特性可能会受到工作环境（如温度）和部件老化的显著影响。因此，工作在正常范围的传感器仍不能保证消除非线性故障。

1. 传感器观测模型和非线性故障模型

上述工作表明，如果被监测的系统是线性的，则任何一对传感器的输出之间存在直接的线性关系。考虑一个在 z 域中的状态空间模型表示的线性系统：

$$z\boldsymbol{X}(z)=\boldsymbol{AX}(z)+\boldsymbol{BU}(z) \tag{3.30}$$

$$\boldsymbol{Y}(z)=\boldsymbol{CX}(z)+\boldsymbol{DU}(z) \tag{3.31}$$

其中 $\boldsymbol{X}(z)\in R^n$ 是系统的状态矢量，$\boldsymbol{U}(z)\in R^l$ 是输入矢量，$\boldsymbol{Y}(n)\in R^m$ 是传感器的输出矢量。此外，$\boldsymbol{A}\in\boldsymbol{R}^{n\times n}$是定义系统状态转换的状态转换矩阵，$\boldsymbol{B}\in\boldsymbol{R}^{n\times l}$是表示输入与系统状态关系的输入矩阵，$\boldsymbol{C}\in\boldsymbol{R}^{m\times n}$是输出矩阵，$\boldsymbol{D}\in\boldsymbol{R}^{m\times l}$是反馈通矩阵。

通过使用式（3.30）消除（3.31）中的 $\boldsymbol{X}(z)$，传感器 p 和 q 的传递函数 $H_{pq}(z)$ 分别表示为 $Y_p(z)$ 和 $Y_q(z)$：

$$H_{pq}(z)=\frac{Y_p(z)}{Y_q(z)}=\frac{(\boldsymbol{C}_p\,(z\boldsymbol{I}-\boldsymbol{A})^{-1}\boldsymbol{B}+\boldsymbol{D}_p)\boldsymbol{U}(z)}{(\boldsymbol{C}_q\,(z\boldsymbol{I}-\boldsymbol{A})^{-1}\boldsymbol{B}+\boldsymbol{D}_q)\boldsymbol{U}(z)} \tag{3.32}$$

其中 $\boldsymbol{C}$ 和 $\boldsymbol{D}$ 的下标 p（或 q）表示这些矩阵的 p^{th}（或 q^{th}）行。式（3.32）可以等效地写为：

$$H_{pq}(z)=\frac{\sum_{j=0}^{n}(\sum_{i=1}^{l}\boldsymbol{U}_i\alpha_{ij})z^j)}{\sum_{j=0}^{n}(\sum_{i=1}^{l}\boldsymbol{U}_i\beta_{ij})z^j)} \tag{3.33}$$

其中，系数 α_{ij} 和 β_{ij}（$i=1$，2，…，v 和 $j=1$，2，…，v）由状态空间模型矩阵（即 $\boldsymbol{A}$、$\boldsymbol{B}$、$\boldsymbol{C}$ 和 $\boldsymbol{D}$）确定。因此，任何两个传感器之间的关系取决于它们的历史观测值和系统的激励输入。如果激励输入可以聚合为单个源（即 $l=1$），则关系独立于系统输入：

$$\frac{Y_P(z)}{Y_q(z)}=\frac{\alpha_n z^n+\alpha_{n-1}z^{n-1}+\cdots+\alpha_1 z+\alpha_0}{\beta_n z^n+\beta_{n-1}z^{n-1}+\cdots+\beta_1 z+\beta_0} \tag{3.34}$$

在许多工程系统中，将系统输入建模为单一源是较为常见的。为了简化讨论，在后面的研究中一般假设为单一输入系统。但是，如果输入是已知的或可测量的，那么讨论也对多个输入系统有效。

当系统过于复杂而无法获取完整的状态空间模型参数时，一对传感器（y_p 和 y_q）之间的关系（传递函数）可以根据传感器历史输出，通过时间序列模型（例如具有外部输入 ARX 时间序列的自回归模型）来捕获：

$$\sum_{i=0}^{v_1}\alpha_i y_q(k-i)=\sum_{i=0}^{v_2}\beta_i y_p(k-i) \tag{3.35}$$

其中，v_1 和 v_2 是模型的阶数。

ARX 模型是一种低复杂度的模型，可以像过去那样轻松地在无线传感器中实现。快速迭代 ARX 模型拟合算法也是可接受的。这些方法的执行是基于 Yule-Walker 方程，它是 ARX 模型的一个 bi-Toeplitz 系统（一个由 2×2 的 Toeplitz 矩阵组成的矩阵），基于连续系统阶的 bi-Toeplitz 系统的结构可以根据下一个低阶系统的参数计算出系统的模型参数。此方法要求在无线传感器上进行 $O((m+n)^2)$ 计算和 $O(m+n)$ 存储。

非线性故障是依赖于传感器输出的乘性测量误差。非线性故障可以用真实信号和传感器输出之间的非线性传递函数来表示。工作区域分为正常和异常两个。当实际信号在正常范围内时，测量值正确反映实际信号；当传感器信号进入异常区域时，传感器传递函数改变，导致测量误差。本研究使用两个简化的非线性模型，第一个是图 3-18 的双线性模型。在正常区域内，测量值完全等于真实信号；在异常区域（正常区域的补充）内，测量与真实信号之间的函数遵循另一个具有不同斜率的线性函数。双线性模型的数学表达式是

$$y=\begin{cases}x, & r_2<x<r_1\\ \tan(\theta_1)(x-r_1)+r_1, & x\geqslant r_1\\ \tan(\theta_2)(x-r_2)+r_2, & x\leqslant r_2\end{cases} \tag{3.36}$$

其中，x 是实际信号，y 是传感器测量值，$r_1>0$，$r_2<0$ 定义了正常区域的边界。此外，斜坡 θ_1 和 θ_2 的范围为 $[0,\ \pi/2]$。双线性模型的参数为正常区域边界 r_1 和 r_2，以及异常区域线性剖面的斜率 θ。非线性模型可以有单侧或双侧异常区域。例如，如果 $r_1<\infty$ 和 $r_2=-\infty$，则有一个单侧异常区域。如图 3-18 所示，式（3.36）的测量真信号传递函数用于模拟单位振幅的正弦信号测量。双线性断层假定为一侧，$r_1=0.6$ 和 $r_2=-\infty$，同时 $\theta_1=30°$。如图 3-19 所示，故障信号在振幅小于真实信号振幅的正振幅中很明显。

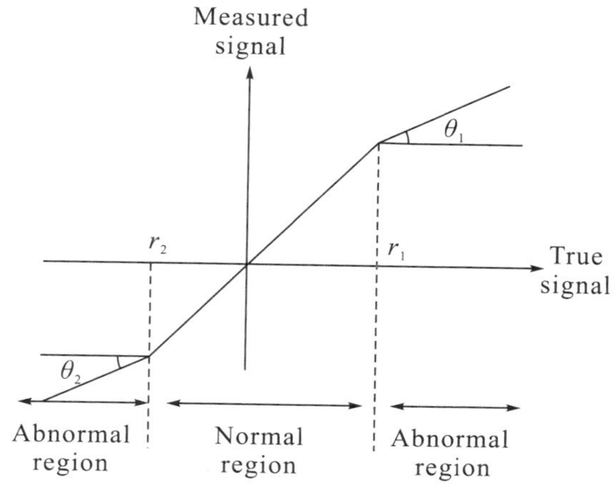

图 3－18　双线性非线性传感器故障模型

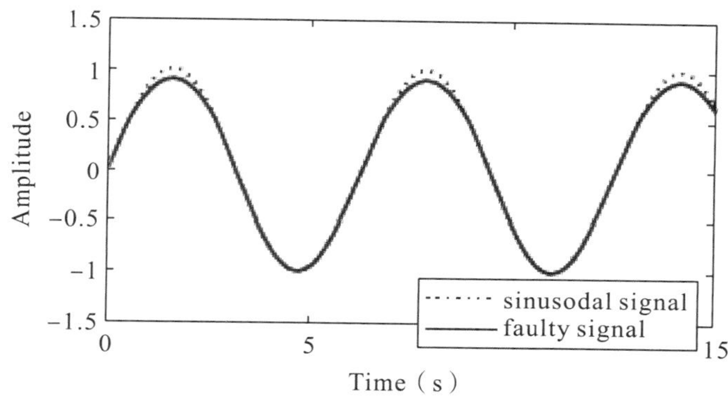

图 3－19　$r_1=0.6$、$r_2=-\infty$ 和 $\theta_1=30°$ 时单位振幅正弦信号和相应的非线性故障测量信号

第二个非线性模型使用指数函数来模拟传感器的异常区域。在正常区域内，测量值等于实际信号。在异常区域内，测量和真实信号之间的函数遵循指数分布，定义如下：

$$y=\begin{cases} r_2,\ r_2<r_1 \\ \max\left\{r_2-(\exp(\psi|r_2-r_1)-1),\ \dfrac{1}{\psi}\ln\dfrac{1}{\psi}-\dfrac{1}{\psi}+r_1+1\right\},\ r_2\geqslant r_1,\ \text{Type I} \\ \max\left\{r_2-(\exp(\psi|r_2-r_2)-1),\ \dfrac{1}{\psi}\ln\dfrac{1}{\psi}-\dfrac{1}{\psi}+r_2+1\right\},\ r_2\leqslant r_1,\ \text{Type I} \\ r_2+(\exp(\psi|r_2-r_1|)-1),\ r_2\geqslant r_1,\ \text{Type II} \\ r_2-(\exp(\psi|r_2-r_1|)-1),\ r_2\leqslant r_1,\ \text{Type II} \end{cases} \tag{3.37}$$

其中，ψ、r_1 和 r_2（$r_1>0$ 和 $r_2<0$）是模型的参数。与双线性模型相比，指数模型的函数从正常区域逐渐变为异常区域。图 3－20 显示了模型参数 ψ 变化且正常区域边界设置为 $r_1=30$ 的单侧指数函数。对于测量值小于实际信号的放大器传感器，其输出饱和问题最好采用指数非线性故障模型（Ⅰ型）进行建模。另一方面，对于测量值大于实际信号的过度增益问题（如传感器共振），Ⅱ型指数函数是最佳模型。

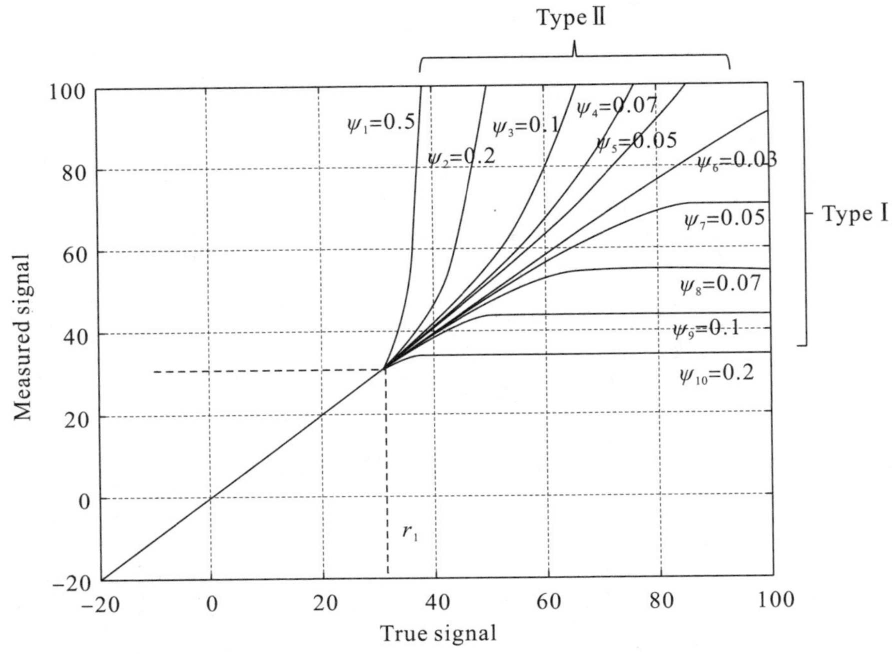

图 3－20　传感器非线性故障指数模型（单侧）

7．非线性故障检测与识别方法

考虑一个含有 n 个传感器的 WSN，其中每个传感器都有可能遭受非线性故障，但网络不知道哪些传感器是正常的。如图 3－21 所示，将 WSN 分为传感器对（例如，y_2-y_4、y_1-y_3、y_5-y_6 和 y_6-y_7）。如前一部分所述，任何一对传感器之间的关系都可以通过使用传感器输出和式（3.35）进行训练的 ARX 模型来捕获。当传感器正常工作时，可以通过快速迭代算法从历史数据中获取模型参数。图 3－22 概述了用于检测和识别一对传感器内非线性故障的检测方法。在这种方法中，没有关于传感器 1 或 2 的健康状况的先验知识（即两者都可能有故障）。第一个传感器 S_1将其输出 $\tilde{y}_1$ 传输到第二个传感器 S_2。然后，S_2使用其测量的输出 $\tilde{y}_2$，在 S_1-S_2对之间使用以前训练过的 ARX 模型来预测 S_1的输出 $\hat{y}_1$。估计信号 $\tilde{y}_1$ 和测量信号 $\hat{y}_1$ 之间的差异构成了一个交叉误差函数，代表了传感器对的信号测量精度。分析描述的错误函数以提取对故障检测和识别有用的特征点（例如 Ps_1和 Ps_2）。在最大空矩形（LER）识别过程中，可以隔离传感器对内的故障传感器，识别非线性故障模型参数。该故障诊断过程可以在每对传感器之间并行进行，因此所提出的故障诊断方法可以随着传感器网络规模的增大而扩展。下面将详细讨论故障诊断方法的每个组成部分。

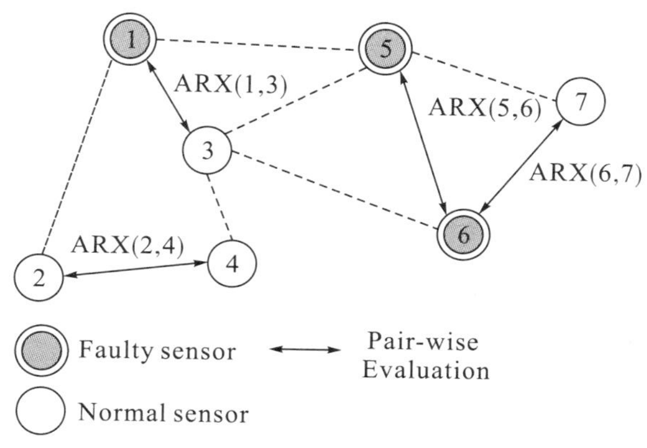

图 3－21　传感器网络中的成对故障检测

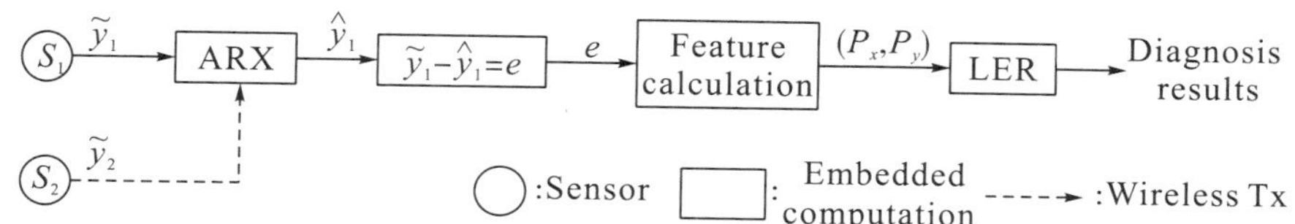

图 3－22　S_1-S_2 对中非线性故障的检测和识别

（1）交叉误差函数。

利用具有 v 系数的 ARX 模型，可以通过测量输出 $\tilde{y}_1$ 和 $\tilde{y}_2$ 计算出 S_1 在时间 k 时的输出 $\hat{y}_1$（k）：

$$\hat{y}_1(k)=\sum_{i=1}^{v}a_i\tilde{y}_1(k-1)+\sum_{j=0}^{v}b_j\tilde{y}_2(k-1) \tag{3.38}$$

其中，对于 $i=1，2，\cdots，v$ 和 $j=1，2，\cdots$，v 有 $a_i=a_i/a_0$ 和 $b_j=b_j/a_0$。

如前所述，S_1 和/或 S_2 可能有故障。设 $e_1(k)$ 为 S_1 在时间 k 时的观测误差，则 S_1 的 $\tilde{y}_1(k)$ 的值等于 $y_1(k)+e_1(k)$。定义交叉误差函数 $e_{12}(k)$ 作为观测输出和估计输出之间的差异，有

$$e_{12}(k)=\tilde{y}_1(k)-\hat{y}_1(k) \tag{3.39}$$

$$e_{12}(k)=\sum_{i=0}^{v}a_ie_1(k-i)-\sum_{i=0}^{v}b_ie_2(k-i) \tag{3.40}$$

交叉误差函数表示一对传感器之间的差异。因此，可以通过监测交叉误差函数是否超过阈值来检测一般故障。需要注意的是，交叉误差函数将两个传感器的误差信息减少为一个标量值。因此，当缺乏附加信息（例如，无故障参考传感器的定义）时，很难确定哪个传感器有故障以及属于哪种类型的故障。在下面的小节中，提出了一种能够隔离故障传感器并识别非线性故障的方法。

（2）特征点计算。

在引入非线性辨识方法之前，假设传感器输出偶尔会进入非线性故障模型的异常区域。换句话说，传感器的正常区域覆盖了信号范围的很大一部分。如果因为监测任务选择适当的传感器（具有足够大的动态范围），则此假设对大多数系统都有效。在

式（3.40）中，交叉误差函数利用了从时间 0 到时间 v［相对于式（3.36）中交叉误差函数的离散时间指数 k］的时间窗口中 S_1 和 S_2 的过去输出。每当在任何传感器的 ARX 滞后窗口内发生测量误差（即输入异常范围）时，交叉误差功能为非零。应该注意的是，两个传感器之间的错误可能会相互抵消，但这是一个非常罕见的事件，因此，当交叉误差函数为零时，几乎可以确定时间窗口内没有故障。但是，当交叉误差函数为非零时，除非交叉误差函数输出第一次偏离零（或接近零），否则不确定误差发生在何时和哪个传感器中。交叉误差函数经历其第一个非零值时，故障传感器的测量值应落在异常区域，因此，如果传感器被非线性故障损坏，其幅度应大于 r_1 或 r_2。然而，由于非线性模型的正常区域边界（r_1，r_2）仍然未知，因此不清楚哪个传感器有故障。因此，特征点 P 被定义为 $P=(Ps_1, Ps_2)$，其中 Ps_1 和 Ps_2 是交叉误差函数首次偏离零并超过预定义的阈值时两个传感器（$\tilde{y}_1$ 和 $\tilde{y}_2$）的测量值。因此，可用的特征点总数等于交叉误差函数超过阈值的次数。图 3－23 为如何提取特征点的示例。在这个例子中，S_1 是非线性故障，S_2 是正常的。图 3－23（a）和（b）分别是传感器 1 和 2（表示为 S_1 和 S_2）的真实信号。图 3－23（c）为故障传感器 1 测得的（损坏）信号 $\tilde{y}_1$，图 3－23（e）为计算出的交叉误差函数。可以看到，在这个例子中有四个特征点。

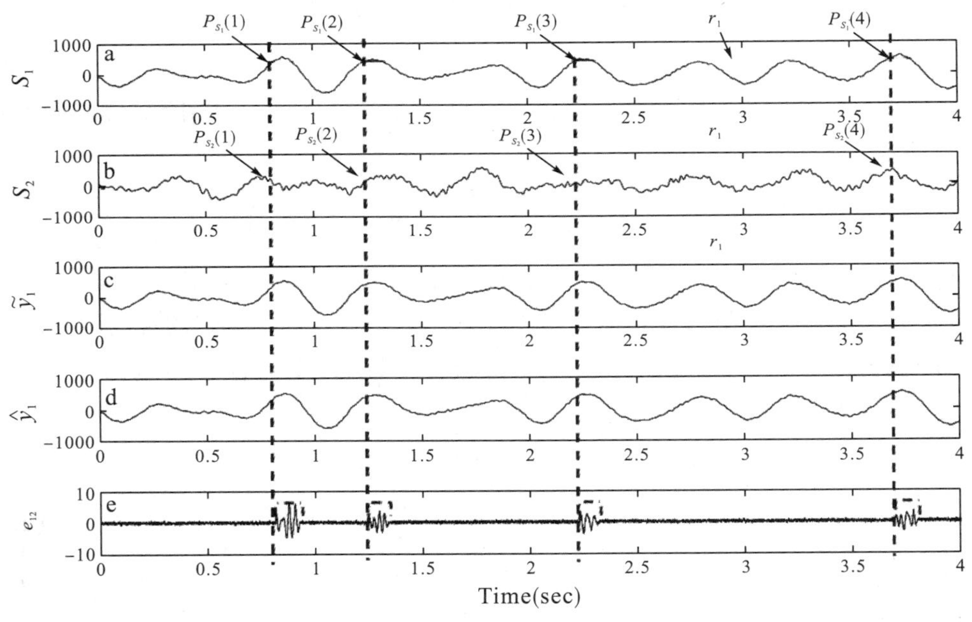

图 3－23　异常信号检测与特征点提取

（a）S_1（y_1）的真信号；（b）S_2（y_2）的真信号；（c）S_1（y_1）的测量信号；（d）预测 S_1 输出 $\tilde{y}_1$；（e）传感器对的交叉误差函数（e_{12}）

一组特征点在一段时间生成后，它们可以绘制在二维平面上，其中 x 轴对应于 S_1（Ps_1），y 轴对应于 S_2（Ps_2）。当误差由非线性故障引起时，则如图 3－24 所示。虚线表示非线性模型正常区域的边界（如果传感器出现故障）。当 S_1 被非线性故障破坏，S_2 正常时，采集到的特征点集的 x 坐标落在异常区域，而特征点的 y 坐标可以有任何值。因此，特征点只属于图 3 -24（a）中突出显示的区域。同样，图 3 -24（b）显示了当 S_1 正常且 S_2 被非线性故障损坏时特征点应落下的区域。当两个传感器都被非线性故障损坏时，所收集的数据应落在图 3 -24（c）中突出显示的区域。

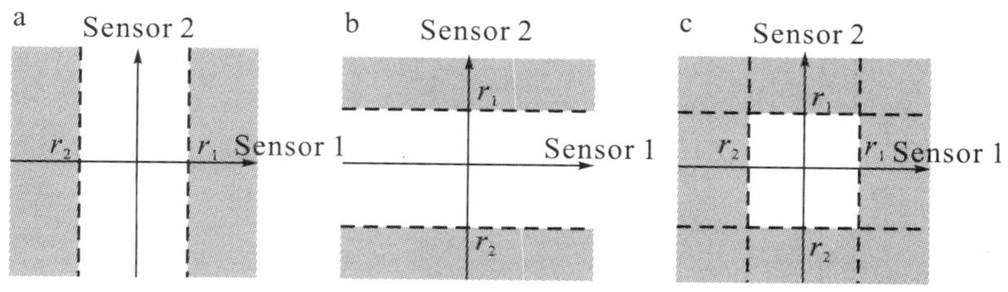

图 3 -24　显示区域

（a）S_1 有故障，S_2 正常；（b）S_1 正常，S_2 有故障；（c）S_1 和 S_2 都有故障

因此，如果被检测的传感器对可以划分为图 3 -24 中三种不同模式中的一种，即使没有参考传感器也可以隔离故障传感器。此外，由于损坏的测量值应该在正常区域之外，因此也可以从收集的数据中检测正常区域边界。事实上，这个分类问题可以被建模为具有查询点的最大的空矩形问题（LER）。给定一组点和二维空间中的边界，最大的空矩形问题是找到不包含任何给定点但包含查询点的最大矩形（边与轴平行）。此外，该矩形应位于可设置为略大于给定点的最大振幅的边界内。非线性故障隔离与识别问题相当于识别包含原点的最大空矩形。与 x 轴（y 轴）截距的最大空矩形的侧面表示传感器 1（传感器 2）中非线性故障的参数（即 r_1 和 r_2）。当一个边与边界并置时，这意味着在给定采集数据的区域上没有检测到任何故障；否则，该边的坐标表示非线性模型法向区域的范围。

（3）最大空矩形（LER）问题。

在 VLSI 布局优化和数据库管理等许多应用中，找到最大的空矩形是一个重要研究问题。鉴于其普遍存在的性质，许多算法已经被开发出来解决这个问题。然而，即使是最快的算法之一也需要运行 $O(N\varphi(N))\log^4(N)$ 次，其中 N 是给定点的数量，而 $\varphi(N)$ 是缓慢增加的逆 Ackermann 函数。当收集到的数据量较大时，对低功耗无线传感器的要求非常高。因此提出了一种更有效的算法，该算法可以找到包含原点的近似最大空矩形。算法的主要概念是首先找到一个不包含任何给定点的小矩形，然后通过分别展开边来放大矩形。

图 3 -25 为提出的最大空矩形算法如何识别非线性故障的示例。图中所示的数据是从模拟实验中提取出来的。在图 3 -25 中，圆形标记表示一组特征点 P。外矩形的实线表示最大空矩形问题的边界。虚线矩形表示算法 5 最终识别的 LER。由于矩形的顶部和底部与外部矩形边界并置，因此 S_2 上没有故障。但是，S_1 被非线性断层破坏，断层的正常区域由矩形左右两侧的 x 坐标定义。

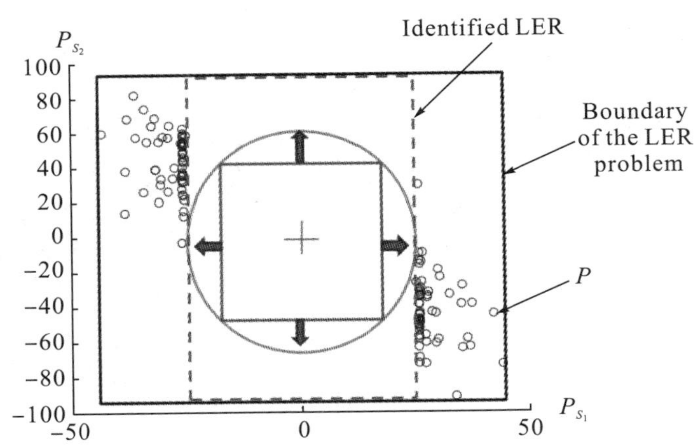

图 3-25　识别两个传感器非线性故障类型的次优 LER 检测算法实例

3.6.2　分布式自诊断算法——基于改进三西格玛（Three Sigma）编辑测试的大规模无线传感器网络分布式自诊断故障诊断算法

分布式自诊断是无线传感器网络（WSN）中的一个重要问题，其中每个传感器节点需要了解其自身的故障状态。使用均值、中值、多数表决和基于假设测试的方法进行故障查找的经典方法，由于不同故障传感器节点的不准确数据传输存在大偏差而不适用于大规模 WSN，故提出了一种基于三西格玛编辑测试的自诊断故障诊断算法，用于诊断硬故障和软故障传感器节点。对所提出的分布式自故障诊断（DSFD）算法进行了仿真，并将其性能与现有的分布式故障检测算法进行了比较。仿真结果表明，在传统方法无法检测到故障的恶劣环境下，DSFD 算法的检测精度、误报率和误报率性能要好得多。

1．简介

由于传感器节点部署在敌对和人类难以接近的环境中，因此它们会受到各种故障的影响。这些故障的传感器节点导致在其正常操作期间产生错误的结果。为了防止 WSN 受到故障传感器节点的影响，本节提出了一种自诊断算法，用于诊断硬故障和软故障传感器节点。无故障传感器节点在网络操作期间产生正确的结果。硬故障传感器节点不响应，而软故障传感器节点响应偏离原始数据的错误数据。无线传感器网络的分布式故障自诊断由于其在社会各个领域的应用而具有重要意义。

基于样本均值、方差、协方差或相关等经典估计的故障诊断技术受到故障传感器节点数据大偏差的不利影响。实际上，当许多传感器节点在特定区域内出现故障时，这些估计器会产生正确的故障状态。受此启发，改进三西格玛编辑测试方法以适应无线传感器网络中存在的故障传感器节点诊断。在所提出的方法中，诊断的性能取决于相邻节点的数据，其中每个传感器节点参与故障诊断过程以将其自身识别为故障（硬或软）或无故障。找到所有传感器节点状态的准确性取决于相邻节点的数量。

现有的方法导致在网络上有大量的信息交换，包括快速地耗尽传感器节点的能量的数据和状态交换。它确实为大规模无线传感器网络带来了巨大的开销。由于现有方法的性能较差且能量开销较高，因此有必要为大规模无线传感器网络设计和开发有效的故障诊断算法。

本小节的主要贡献如下：①提出了基于三西格玛编辑测试的故障诊断算法，用于诊断无线传感器网络中存在的故障传感器节点。②将提出的方法与传统比较模型和三西格玛编辑测试进行比较。③提出了每个传感器节点以高检测准确度、低误报率和自诊断的分布式自故障诊断（DSFD）算法。④使用标准模拟器 NS3 对 DSFD 算法进行评估，并将性能与 Panda 和 Khilar、Chen 和 Jiang 等人给出的文献中的工作进行比较。

2. 相关工作

系统级和节点级故障诊断在研究人员 Preparata 等人的工作之后，一直被称为系统级诊断。从那时起，所有系统级诊断算法都适用于多计算机和多处理器系统。Somani A. K.（1990）给出了系统级故障诊断的通用理论，在具有或不具有间歇性故障的对称和非对称无效模型下，给出了任意规模故障模式唯一可诊断的充要条件。Xu X.（2008）在论文中提出了分布式算法用于在存在大故障集的情况下诊断常规互联结构的故障处理器。该算法基于近邻通信，不需要广播。由于高能量开销，这些算法不适用于 WSN。

故障诊断算法分为三类：集中式、分布式诊断和自诊断。在集中式方法中，每个传感器节点将数据发送到中央节点，该中央节点通常是汇聚节点或基站。中心节点通过分析接收的数据来识别每个节点的故障状态，然后将故障状态传播到网络中的所有节点。

Ji S.（2010）的集中式诊断方法使用具有高计算能力和大存储的超可靠中心节点。集中式故障诊断算法有如下缺点：①为了保持部署在感兴趣区域中的 N 个传感器节点的状态信息，中央节点需要最小 $N(1+\log_2 N+C)$ bits 的存储器。在需要 C bits 来保持传感器节点的感测数据的情况下，需要 1 bits 来将故障状态保持为二进制决策（故障或良好），并且需要 $\log_2 N$bits 来保持传感器节点的标识符。②为了将数据传输到中心节点，每个传感器节点需要多跳通信，因为它们远离中心节点，这会快速耗尽网络的能量，尤其是更靠近中心节点的传感器节点。③传感器节点的实际状态可能会发生变化，而汇聚节点或基站等中心节点会实时获取整个网络的状态。④所有传感器节点（故障或无故障）将其感测数据发送到基站，因在诊断之前将其视为无故障数据。中间节点通过发送不必要的故障节点的数据而耗尽。⑤由于使用多跳通信从所有传感器节点获取数据需要花费时间，因此检测延迟很高。⑥如果中心节点出现故障，则很难找到网络中所有传感器节点的状态。

针对集中式故障诊断方法的上述缺点，有文献已经提出了无线传感器网络中的分布式故障诊断算法，其中每个传感器节点参与诊断过程，但最终故障状态仍由中心节点决定。每个传感器节点从相邻传感器节点获取给定任务的数据或输出，并通过调整中讨论的邻居协调、比较或基于任务的方法来找到其可能的故障状态。在这些方法中，每个传感器节点充当测试器以及测试节点。每个传感器节点还测试其邻居状态并收集所有测试结果。然后，通过调整中讨论的进化算法或校正子分析方法，将得到的校正子发送到中心节点，以识别故障和无故障传感器节点的列表。在识别出故障和无故障传感器节点的列表之后，中央单元将状态发送到网络中的所有参与节点。这些方法更适合于无约束的网络。

分布式自诊断方法中每个传感器节点都能够通过从邻居收集信息来检测它们自己的故障状态。如果节点识别出自身有故障，那么它就不会参与网络活动。该算法适用于传感器节点的正常工作负载，以识别其状态，从而可以增强网络性能。

1988 年 Hosseini 等人首次探索了多处理器系统的自诊断方法。之后，在无线自组织网络中开始使用自诊断来诊断故障单元。Braun D.（2006）提出了基于有限状态机模型的无线传感器网络自故障诊断算法。在该方法中，作者仅解决了由于电池电量不足或系统重启而发生的硬故障传感器节点，以及相邻节点由于干扰、高重传率而检测到节点已死或链路质量低的故障诊断问题。这种方法在网络上增加了通信开销，提高了高传输和计算成本。

故障自诊断方法不需要在网络上增加通信、内存、带宽和能量开销，因为每个传感器节点仅通过考虑其邻居数据将其自身诊断为故障或无故障节点。这种方法也不需要发起节点（源节点）来诊断整个网络，这是分布式诊断过程的必要条件。由于诊断算法的整体性能依赖于发起节点的选择，因此发起节点的选择是一项具有挑战性的任务。与此同时，在分布式诊断过程中，每个传感器节点都知道网络中存在的其他传感器节点的故障状态，这是一个耗费时间和能量的过程。因此，自诊断方法是一种用于识别资源约束 WSN 中的故障单元的很好的解决方案。

Liu（2011）提出了一种基于邻居协调的方法，其中每个传感器节点在特定时刻将其感测数据与其邻居之间进行局部比较，并将数据存储在表中。该过程重复几次（如 c 次），并且每次将比较结果存储在表中。在最后一步中，每个传感器节点通过分析存储在其存储器中的数据来计算自己的故障状态。这种分布式方法的缺点是每个传感器节点从其邻居收集数据 c 次，这需要时间 $O(d^c)$，其中 d 是 WSN 的最大程度。与信息处理相比，数据的传输和接收会消耗更多的能量，因此这种方法消耗更多的能量并缩短网络寿命。

Elhadef（2006）、Gao（2007）、Panda（2012）基于统计的方法进行了讨论。Liang 等人在提出了一种基于加权中值的故障检测算法，其中传感器测量的空间相关性用于识别软故障传感器节点。在这种方法中，每个传感器节点计算一个归一化观测数据。如果归一化数据大于阈值，则检测到节点有故障，否则将其检测为无故障。中值计算需要更多的处理时间，并且它不是检测异常值的好估算器，算法的准确性也较低。

Ji 等人提出了一种基于加权平均的故障检测方法。与 Elhadef（2006）给出的方法一样，该方法也使用传感器测量的空间相关性来识别故障传感器节点。故障传感器可以通过将自己的感测数据与其邻居数据的加权平均值进行比较，然后将其结果与阈值进行比较，从而将自身诊断为故障或无故障。如果比较结果超过阈值，则每个传感器节点声明自己有故障，否则无故障。由于 WSN 中节点的非均匀性，局部化诊断的性能受到限制。

Xu 和 Banerjee（2014）提出了基于多数投票的分布式故障诊断算法，其中每个传感器节点将自己的感测数据与邻居感测数据进行比较并返回结果。每个传感器节点都标记有一个名称，该名称基于邻域中的多数投票而可能为无故障或故障。然后，每个可能的无故障传感器都通过一些严格的标准被识别为无故障传感器。最后，借助于已知的无故障传感器或其自身的趋势值，分别确定剩余的可能无故障或可能有故障的传感器无故障或故障。在该算法中，因为要做出决定，每个传感器多次向其邻居发送其数据，所以需要更多的通信开销。

Phamgia（2001）给出了基于三西格玛编辑测试的故障诊断方法，该方法包括两步。在第一步中，每个传感器节点与邻居共享其感测数据，并使用三西格玛编辑测试计算其自身和邻居的可能故障状态。然后，每个传感器节点与邻居共享计算的可能故障状态。邻居接收到的故障状态被扩散并与阈值进行比较以了解最终的故障状态。该算法需要在网络上进行两次消息交换。

各传感器节点采用改进的三西格玛编辑测试来估计故障状态，克服了三西格玛编辑测试的某些缺点。该方法具有很强的鲁棒性和准确性，它不需要在邻居之间共享故障状态并广播以找到最终的故障状态。因此，消息交换次数减少到一次。同时，其检测精度、误报率、检测延迟、网络寿命、消息交换、能耗等性能参数优于现有算法。

在不失通用性的情况下，所提出的方法对于性能较低的中小型 WSN 来说是可行的。为了防止集中式方法中中心节点的瓶颈和分布式诊断方法中的能量开销，提出了一种适用于大规模无线传感器网络的分布式自故障诊断算法。这里假设在部署时 WSN 的零配置设置，其中汇聚节点通常不可访问以重用传感器节点。汇聚节点将在诊断算法产生无故障和故障传感器节点集后，在立即部署后的特定感兴趣地形中收集数据。

3. 系统模型

系统模型由网络、故障和无线电模型组成。在网络模型中，指定了网络拓扑和节点彼此通信的方式。在故障模型中，基于故障、无故障传感器节点的行为以及由不同传感器节点生成的数据来描述不同类型的故障。除此之外，这些模型还描述了传感器节点在故障发生时的行为。最后，开发无线电模型以计算识别故障传感器节点所需的能量。

（1）假设、符号和意义。

基于以下假设，提出了故障自诊断算法。①所有传感器节点都是均匀的，具有均匀的初始能量。②每个传感器节点从其相邻传感器节点发送和接收节点 ID（IP 地址）和感测数据。③如果一个节点无法与其相邻的传感器节点进行通信，则可以假设这是一个硬故障传感器节点。④所有传感器节点本质上都是静态的，例如农业、环境监测和战场监测，地下传感器网络等地面传感器网络应用等。⑤传感器节点的能耗是不均匀的。这是因为任意的网络拓扑结构使得消息的接收和发送数量不一致。⑥所有传感器节点的传输功率是均匀的。⑦传感器节点正常工作，电池电压为 3.3V。⑧链路本质上是对称的，因此传感器节点可以基于接收的信号强度计算到另一节点的近似距离。⑨时钟同步由基础网络协议维护，假设链路无故障并由 MAC 协议层处理。⑩每个传感器节点周期性地感知来自其直接邻居的数据以诊断其自状态。两个相邻的传感器节点通过 UDP/IP 通信协议传送它们的数据。

（2）网络模型。

考虑一个传感器节点数为 N 的无线传感器网络，通常部署在 $R\times R$ 大小的区域中，其中 R 是区域的宽度。每个传感器节点 s_i（$1\leqslant i\leqslant N$），知道其位置 $P_i(xco_i,\ yco_i)$，其中 $0\leqslant xco_i\leqslant R$，$0\leqslant yco_i\leqslant R$ 并具有唯一标识符（IP 地址）。传感器网络被建模为图 $G(S,\ C)$，其中 S 表示传感器节点集，C 表示任意两个传感器节点之间的通信链路集。假设所有传感器节点的传输或通信范围 T_r 是相同的，假设 WSN 遵循磁盘模型以生成任意网络拓扑。在该模型中，传感器节点的通信范围通常被假定为具有半径 T_r 的盘，它是基于单位磁盘图的确定性连通模型。如果它们之间的欧几里得距离 d_{ij} 小于或等于式（3.41）中定义的 T_r，则称两个传感器节点 s_i 和 s_j 彼此通信。

$$C_{ij}=\begin{cases}1,\ d_{ij}\leqslant T_r\\0,\ d_{ij}>T_r\end{cases}\tag{3.41}$$

其中，$d_{ij}=\sqrt{(xc-xc)^2+(yc-yc)^2}$，位于 s_i 的磁盘内的传感器节点属于相邻的集合 Neg_i，$Neg_i\subset S$，其中假设传感器网络是强连接的。假设同步 WSN 中每个传感器节点在有限时间段内发送和接收来自相邻节点的消息。IEEE 802.15.4 为作用于通信相邻节点的 MAC 层协议。由于仅在其传输范围内的两个直接相邻节点之间进行通信，所以路由是很简单的。

图 3-26 描绘了基于磁盘模型的传感器网络的任意网络拓扑。s_1，s_2，s_3，…，s_{12} 是传感器节点的集合，c_1，c_2，c_3，…，c_6 是传感器节点之间的通信链路。传感器节点 s_1 可以与其直接邻居（s_2，s_5，s_{12}）通信，因为这些传感器节点相对于 s_1 的欧几里得距离在 T_r 内。传感器节点 s_1 可以通过其直接邻居 s_5 与 s_9 通信，这被称为多跳通信。在这里，传感器节点通过重叠的传输范围相互通信，使得部署的传感器节点能覆盖大部分矩形区域。

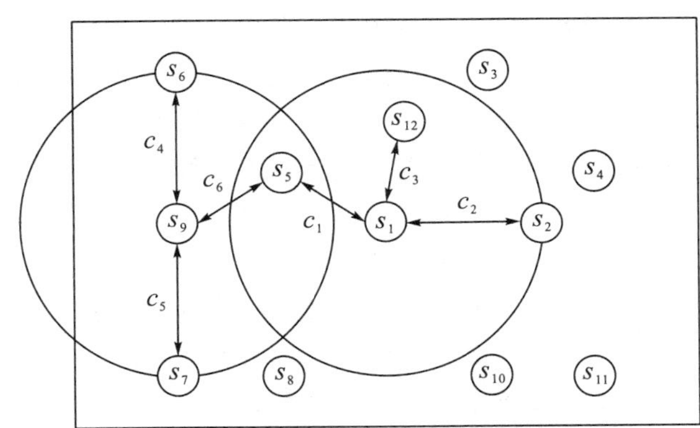

图 3-26　基于单位磁盘模型的任意网络拓扑

（3）故障模型。

当传感器节点的实际感测值偏离观测值（软故障传感器节点）或不响应请求消息（硬故障传感器节点）时，则认为传感器节点有故障。

不同传感器节点在不同时刻出现故障的方式被建模为随机分布。每个传感器节点可以将其自己的感测数据传播到其相邻的传感器节点 Neg_i，并且还可以从它们那里收集观察值。它将可能需要的数据存储在本地存储器中以进一步应用。测量数据可以是从环境感测的温度、湿度、风速等。根据不同传感器节点的正常值和观察到的感应值，数据被建模为具有特定平均值和标准偏差（SD）的正态分布。所有无故障传感器节点的测量数据都在可接受的范围内，而故障节点在不同时间提供任意值。表 3 - 7 列出了 DSFD 算法中使用的符号列表及其含义。

表 3 - 7　符号列表及其含义

符号	含义
S	在感兴趣的区域中部署传感器节点的集合
C	感兴趣的区域中任何两个传感器节点之间的一组通信链路集合
s_i	第 i 个传感器节点
N	部署传感器节点的总数目
T_r	传感器节点 s_i 的传输范围
$P_i(xco_i, yco_i)$	s_i 的位置
R	感兴趣区域的宽度
Neg_i	s_i 的邻居节点集合
$x_i(k)$	时刻 k 时 s_i 的感知数据
Nx_i	邻居感知数据
NT_i	存储于 s_i 邻居表
N_i	传感器节点 s_i 的程度
FS_i	s_i 的最终故障状态
θ	识别传感器故障状态的阈值
$\widehat{\mu}_i$	s_i 的样本平均值
$\widehat{\sigma}_i$	s_i 的样本方差
ETT_i	传感器节点 s_i 的估计传输时间
$FSNeg_{i,j}$	s_j 的最终故障状态，$s_j \in Neg_i$
FSC_i	由 s_i 计算的可能故障状态
$NFSC_j$	由 s_i 计算的 s_j 的可能故障状态
$MADN_i$	按 s_i 计算的归一化中值绝对偏差
ADM_i	按 s_i 计算的中位数的绝对偏差
md_i	按 s_i 计算的相邻节点数据 Nx_i 的中位数
N_a	传感器网络的平均程度
mad_i	按 s_i 计算的绝对偏差中值

（4）能量计算的无线电模型。

对于数据通信，每个传感器都配备有无线收发器。α_1、α_2和α_3分别是发射电子设备、放大器和接收电子设备所需的能量。发射和接收电子能量 α_1、α_3 取决于数字编码和调制等因素，而放大器能量α_2取决于传输距离和可接受的误码率。对于数据传输和接收，使用自由空间（fs）衰落信道模型，因为每个传感器节点仅需与不需要任何多径通信的相邻节点进行通信。根据发射器和接收器之间的距离，选择自由空间系数。在式（3.42）和（3.43）中给出了发送器和接收器在距离 d 上发送和接收 m 量数据所需的总能量。

$$E_T(m, d) = m(\alpha_1 + \alpha_2 d^{\alpha}) \tag{3.42}$$

$$E_R(m, d) = m\alpha_3 \tag{3.43}$$

其中自由空间系数 α 为

$$\alpha = \begin{cases} 2, & d_0 \leqslant d \\ 4, & d_0 > d \end{cases} \tag{3.44}$$

4. 分布式自故障诊断算法（DSFD）

DSFD 算法由初始化和自诊断两个阶段组成。在初始化阶段，每个传感器节点s_i将包含感测数据x_i的消息发送到其相邻节点 Neg_i。在该传输期间，它还收集来自其邻居的所有消息。在 ETT_i到期之后，每个节点s_i从所有接收消息中提取信息并维护相邻的表 NT_i。NT_i包含关于相邻节点 id 及其感测信息 NT_i的详细信息，如表 3-8 所示。在该阶段，假设所有传感器节点无故障并且知道它们的相邻节点 Neg_i。

表 3-8　相邻表详细信息

节点数	相邻节点 id	感知数据 (Nx_i)	最终状态 ($FSNeg_{ij}$)
1	4	34.7	0
2	7	67.8	1
⋮	⋮	⋮	⋮
N	92	37.8	1

在自诊断阶段，每个传感器节点首先通过观察相邻表（NT_i）中的接收数据 Nx_i来识别硬故障传感器节点。当节点s_i没有接收到相邻节点的任何数据时，它假定节点s_i是硬故障。如果传感器节点s_i从s_j接收数据，则它在接收的数据 Nx_i及其感测的数据上执行修改的三西格玛编辑测试，以识别其自身和相邻传感器节点的软故障状态。如果传感器节点s_i未检测到硬故障或软故障，则假定为无故障。

5. DSFD 算法分析

WSN 的 DSFD 算法基于前文中给出的网络和故障模型的假设，令传感器节点 s_i在第

k 时刻的数据表示为$x_i(k)$。为了找到网络中有故障的传感器节点，需要分析所有传感器节点的数据$\{x_i(k)\}_{i=1}^{N}$，传感器读数$x_i(k)$可以是实际感测数据或错误数据。该$x_i(k)$遵循正态分布 $N(A, \sigma_i^2)$，其中σ_i^2是第 i 个传感器节点处存在的错误数据的方差。因此，传感器节点s_i数据的数学模型可以写成

$$x_i(k) = A + v_i(k), \ i = 1, 2, 3, \cdots, N \tag{3.45}$$

其中 A 是由传感器节点s_i和$v_i(k)$中的每一个测量的实际数据（如温度、压力和湿度）由于环境噪声或信号中的失真导致的错误数据。这里假设错误数据在时间和空间上是独立的。该模型假设所有传感器节点测量的实际数据相同，但不同传感器的错误数据幅度不同。$x_i(k)$的概率密度函数为

$$f_x(x_i(k)) = \frac{1}{\sqrt{2\pi}} e^{\frac{-(x_i(k)-A)^2}{2\sigma_f^2}} \tag{3.46}$$

通常，对于同构网络，假设所有无故障传感器节点的方差相同，并表示为σ^2。而故障传感器节点测量数据的方差非常高（约为无故障传感器节点方差的 100 倍），并表示为σ_f^2。令N_i表示传感器节点s_i的程度，其被定义为s_i的相邻传感器节点的数量为

$$N_i = \sum_{\forall s_j \in S, i \neq j} dist(s_i, s_j) \leqslant T_r, \ j = 1, 2, 3, 4, \cdots, N \tag{3.47}$$

其中s_i，$s_j \in S$，$dist(s_i, s_j)$是s_i和s_j之间的欧几里得距离，T_r是传感器节点s_i的传输范围。

在分布式方法中，每个传感器节点从一跳邻居累积数据集 Nx_i并定义为 $Nx_i = \{x_j\}_{s_j \in Neg_j}$。为了找出故障状态，需要确定 Nx_i的均值和方差。节点s_i处的标准偏差$\hat{\mu}_i$和样本平均值$\hat{\sigma}_i$定义为

$$\hat{\mu}_i = \frac{1}{N_i} \sum_{s_j \in Neg_i} x_j \tag{3.48}$$

$$\hat{\sigma}_i = \sqrt{\frac{1}{N_i - 1} \sum_{s_j \in Neg_i} (x_j - \hat{\mu})^2} \tag{3.49}$$

在使用等式（3.48）和（3.49）估算平均值和标准偏差后，就可以分析网络中的每个传感器节点的故障状态。

在该方法中，首先验证邻居中故障传感器节点的存在。这可以通过观察估计的平均值或标准偏差（SD）来实现。基本上，均值和 SD 分别提供数据的位置和偏差。这些经典估计很大程度上受到故障传感器节点提供的错误数据的影响。在这两个经典估计值上，单个错误数据具有无限的影响（平均值和 SD 变化形式）。在无线传感器网络的特定应用中，需要考虑观测的统计数据。如果测量的平均值和 SD 超出了置信区间，则可以说存在异常值（即故障传感器节点的存在提供了异常值数据）。

为了找到传感器节点的状态，传统算法使用比较模型，其中每个传感器节点将自己的数据与其邻居的数据进行比较。如果两个故障节点之间的数据变化较小，则算法将两个故障节点检测为无故障。两者都错误则将自己视为无故障，为了避免这种可能性，Panda（2012）提出了传感器节点x_i相对于估计平均值$\hat{\mu}_i$的观测结果的统计测量。

$$d_i = |x_i - \hat{\mu}_i| \tag{3.50}$$

其中，d_i是传感器节点s_i的x_i和$\hat{\mu}_i$之间的距离。如果$d_i > \theta$（阈值），则节点本身被识别为故障，否则它是无故障的。假设观察到的数据值遵循正态分布，阈值θ可以根据错误数据的方差来定义。例如，如果$\theta = 3\sigma$，其中σ是错误数据的标准偏差，那么观察位于$\mu - 3\sigma$到$\mu + 3\sigma$之间的概率为99.73%。如果一个节点数据偏离实际数据超出范围，则此处使用的平均值偏离真实值。s_i的邻居中存在故障传感器节点也可以通过式（3.50）来识别。

（1）三西格玛测试。

可以通过获取从邻居收集的数据的估计平均值$\hat{\mu}_i$和标准偏差$\hat{\sigma}_i$来测量观察的结果。结果t_i是其偏差与估计平均值和SD之间的比率。计算方法如下

$$t_i = \frac{x_i - \hat{\mu}_i}{\hat{\sigma}_i} \tag{3.51}$$

根据三西格玛编辑规则，如果任何传感器节点s_i的$|t_i| > 3$，则认为它是可疑的并且被视为有缺陷的传感器节点。否则，传感器节点s_i被计算为无故障。单个故障节点对任何类型的WSN应用程序都有严重的不利影响。更精确的故障检测算法设计旨在最小化由于模型错误或改善不确定性导致的性能下降问题。当然，鲁棒性能是一种精确的参数估计，它利用了传感器网络的所有可用信息。

（2）改进的三西格玛测试。

传统的三西格玛编辑规则有一些缺点，该规则对少量样本无效。如果$N < 10$，那么$|t_i|$总是小于3。这表明对于较低度网络，该规则不能注意到故障的传感器节点。同样，当存在多个故障节点时，它们的影响可能以某种方式相互作用，使得一些故障传感器节点仍然被视为无故障。例如，如果两个节点数据是可疑的，并且一个节点数据与另一个节点相比较大。在这种情况下，可以将较低值的故障节点视为良好节点。这种效果称为掩蔽。

可以通过找出中值而不是平均值来测量数据的中位数。数据集的中位$x_k = \{x_1, x_2, \cdots, x_{n_k}\}$，按升序对观测值进行排序后计算

$$x_{(1)} \leqslant x_{(2)} \cdots \leqslant x_{(n_i)} \tag{3.52}$$

如果n_i是奇数，则$n_i = 2m - 1$，m表示某个整数且中位数$Md_i = Med(x_i) = x_{(m)}$。类似地，如果$n_k$是偶数并且对于某个整数$m$给出$n_k = 2m$，则中位数定义为

$$Md_i = Med(x_i) = \frac{x_{(m)} + x_{(m+1)}}{2} \tag{3.53}$$

有学者提出了基于中值的故障发现技术。虽然由于需要排序，基于中位数的计算很复杂，但它在结果中表现更好。这是因为实际数据值远离故障传感器读数。类似地，SD的另一个替代方案是中位数观察的绝对偏差（在平均值附近）的中位数，它被称为中位数绝对偏差（MAD）。这被定义为

$$\mathrm{MAD}(x_1, \cdots, x_{n_i}) = Med|x_i - Md_i| \tag{3.54}$$

为了使用类似于SD的MAD，使用归一化的中值绝对偏差（关于中值）MADN被定义为

$$\mathrm{MADN}(x_i) = \frac{Med\{\,|x_i - Md_i)\,|\}}{0.673} \tag{3.55}$$

为了避免基于 $\hat{\mu}$ 和 SD 的故障检测方法的缺点，将平均值替换为邻居数据 $Med(x_i)$ 的中值。在 SD 的位置，考虑关于中值的归一化中值绝对偏差。新的测量结果t_i^r定义为

$$t_i^r = \frac{x_i - M\,d_i}{\mathrm{MADN}(x_i)} \tag{3.56}$$

其中t_i^r是修改后的三西格玛编辑测试的绝对误差。

式（3.56）中定义的t_i^r被称为修改的三西格玛编辑规则。当故障节点数目较多时，该方法更为准确。由于传感器网络中的传感器节点数量较多，在部署过程中会出现故障，因此所提出的方法是合适的。

3.7　本章小结

本章给出了故障检测与诊断的概述、策略及其算法。其中，对于故障检测策略，不仅利用了 Chen 算法和 Ding 算法对故障进行检测，还采用了贝叶斯网络形式的概率分类器对故障进行检测。而对于故障的诊断，在概述中分析了数据聚合、传输故障、故障诊断需求、方法、影响因素和分类框架，并分别利用集中式方法和分布式方法进行故障诊断，最后分析了非线性故障诊断算法和分布式自诊断算法。

参考文献

[1] Wernerallen G, Lorincz K, Ruiz M, et al. Deploying a wireless sensor network on an active volcano [J]. IEEE Internet computing, 2006, 10 (2): 18 -25.

[2] Moustapha A I, Selmic R R. Wireless sensor network modeling using modified recurrent neural networks: Application to fault detection [J]. IEEE Transactions on instrumentation & measurement, 2008, 57 (5): 981 -988.

[3] Bredin J L, Demaine E D, Hajiaghayi M T, et al. Deploying sensor networks with guaranteed fault tolerance [J]. IEEE/ACM Transactions on networking, 2010, 18 (1): 216 -228.

[4] Avizienis A. The N-version approach to fault-tolerant software [J]. IEEE Transactions on software engineering, 1985, 11 (12): 1491 -1501.

[5] Somani A K, Vaidya N H. Understanding fault tolerance and reliability [J]. IEEE Computer, 1997, 30 (4): 45 -50.

[6] Sklaroff J R. Redundancy management technique for space shuttle computers [J]. IBM Journal of research and development, 1976, 20 (1): 20 -28.

[7] Avizienis A, Laprie J C. Dependable computing: From concepts to design diversity [J]. Proceedings of the IEEE, 2005, 74 (5): 629 -638.

[8] Jiang P. A new method for node fault detection in wireless sensor networks [J]. Sensors, 2009, 9 (2): 1282 - 1294.

[9] Jianliang G, Yongjun X U, Xiaowei L I, et al. Weighted-median based distributed fault detection for wireless sensor networks [J]. Journal of software, 2007, 18 (5).

[10] Lee M H, Choi Y H. Fault detection of wireless sensor networks [J]. Computer communications, 2008, 31 (14): 3469 - 3475.

[11] Krishnamachari B, Iyengar S S. Distributed bayesian algorithms for fault-tolerant event region detection in wireless sensor networks [J]. IEEE Transactions on computers, 2004, 53 (3): 241 - 250.

[12] Lo C, Lynch J P, Liu M, et al. Distributed reference-free fault detection method for autonomous wireless sensor networks [J]. IEEE Sensors journal, 2013, 13 (5): 2009 - 2019.

[13] Du X, Chen H. Security in wireless sensor networks [J]. IEEE Wireless communications, 2008, 15 (4): 60 - 66.

[14] Cooper G F, Herskovits E H. A Bayesian method for the induction of probabilistic networks from data [J]. Machine learning, 1992, 9 (4): 309 - 347.

[15] Sarwar A, Sharma V. Intelligent Naïve Bayes approach to diagnose diabetes Type-2 [J]. International journal of computer applications and challenges in networking, intelligence and computing technologies, 2012 (3): 14 - 16.

[16] Mukherjee S, Sharma N. Intrusion detection using naive Bayes classifier with feature reduction [J]. Procedia technology, 2012 (4): 119 - 128.

[17] Hung C C, Peng W C, Lee W C. Energy-aware set-covering approaches for approximate data collection in wireless sensor networks [J]. IEEE Transactions on knowledge and data engineering, 2011, 24 (11): 1993 - 2007.

[18] Villas L A, Boukerche A, Guidoni D L, et al. An energy-aware spatio-temporal correlation mechanism to perform efficient data collection in wireless sensor networks [J]. Computer communications, 2013, 36 (9): 1054 - 1066.

[19] He S, Chen J, Yau D K Y, et al. Energy-efficient capture of stochastic events under periodic network coverage and coordinated sleep [J]. IEEE Transactions on parallel and distributed systems, 2011, 23 (6): 1090 - 1102.

[20] Jiang L, Liu A, Hu Y, et al. Lifetime maximization through dynamic ring-based routing scheme for correlated data collecting in WSNs [J]. Computers & electrical engineering, 2015, 41 (2): 191 - 215.

[21] He S, Li X, Chen J, et al. EMD: Energy-efficient P2P message dissemination in delay-tolerant wireless sensor and actor networks [J]. IEEE Journal on selected areas in communications, 2013, 31 (9): 75 - 84.

[22] He S, Chen J, Cheng P, et al. Maintaining quality of sensing with actors in wireless

sensor networks [J]. IEEE Transactions on parallel and distributed systems, 2012, 23 (9): 1657 - 1667.

[23] Liu Y, Liu A, Chen Z. Analysis and improvement of send-and-wait automatic repeat-request protocols for wireless sensor networks [J]. Wireless personal communications, 2015, 81 (3): 923 - 959.

[24] Banerjee T, Xie B, Agrawal D P. Fault tolerant multiple event detection in a wireless sensor network [J]. Journal of parallel and distributed computing, 2008, 68 (9): 1222 - 1234.

[25] Yim S J, Choi Y H. An adaptive fault-tolerant event detection scheme for wireless sensor networks [J]. Sensors, 2010, 10 (3): 2332 - 2347.

[26] Zhu R. Efficient fault-tolerant event query algorithm in distributed wireless sensor networks [J]. International journal of distributed sensor networks, 2010, 6 (1): 593849.

[27] Guo S, Zhang H, Zhong Z, et al. Detecting faulty nodes with data errors for wireless sensor networks [J]. ACM Transactions on sensor networks (TOSN), 2014, 10 (3): 1 - 27.

[28] Clouqueur T, Saluja K K, Ramanathan P. Fault tolerance in collaborative sensor networks for target detection [J]. IEEE Transactions on computers, 2004, 53 (3): 320 - 333.

[29] Krishnamachari B, Iyengar S S. Distributed Bayesian algorithms for fault-tolerant event region detection in wireless sensor networks [J]. IEEE Transactions on computers, 2004, 53 (3): 241 - 250.

[30] Luo X, Dong M, Huang Y. On distributed fault-tolerant detection in wireless sensor networks [J]. IEEE Transactions on computers, 2005, 55 (1): 58 - 70.

[31] Ould-Ahmed-Vall E M, Ferri B H, Riley G F. Distributed fault-tolerance for event detection using heterogeneous wireless sensor networks [J]. IEEE Transactions on mobile computing, 2011, 11 (12): 1994 - 2007.

[32] Ping L, Hong L, Min W. Distributed event region fault-tolerance based on weighted distance for wireless sensor networks [J]. Journal of systems engineering and electronics, 2009, 20 (6): 1351 - 1360.

[33] Liu K, Zhuang Y, Zhou S, et al. Event detection method based on belief model for wireless sensor networks [J]. Journal of Beijing university of posts and telecommunications, 2015, 1: 61 - 66.

[34] Vuran M C, Akan Ö B, Akyildiz I F. Spatio-temporal correlation: theory and applications for wireless sensor networks [J]. Computer networks, 2004, 45 (3): 245 - 259.

[35] Ni K, Ramanathan N, Chehade M N H, et al. Sensor network data fault types [J].

ACM Transactions on sensor networks (TOSN), 2009, 5 (3): 1-29.

[36] Gao J L, Xu Y J, Li X W. Weighted-median based distributed fault detection for wireless sensor networks [J]. Ruan jian xue bao (Journal of software), 2007, 18 (5): 1208-1217.

[37] Moustapha A I, Selmic R R. Wireless sensor network modeling using modified recurrent neural networks: Application to fault detection [J]. IEEE Transactions on instrumentation and measurement, 2008, 57 (5): 981-988.

[38] Akyildiz I F, Melodia T, Chowdhury K R. A survey on wireless multimedia sensor networks [J]. Computer networks, 2007, 51 (4): 921-960.

[39] Min H, Cho Y, Heo J. Enhancing the reliability of head nodes in underwater sensor networks [J]. Sensors, 2012, 12 (2): 1194-1210.

[40] Guo S, Zhong Z, He T. FIND: Faulty node detection for wireless sensor networks [C] //Proceedings of the 7th ACM conference on embedded networked sensor systems, 2009: 253-266.

[41] Akyildiz I F, Su W, Sankarasubramaniam Y, et al. Wireless sensor networks: a survey [J]. Computer networks, 2002, 38 (4): 393-422.

[42] Casey K, Lim A, Dozier G. A sensor network architecture for tsunami detection and response [J]. International journal of distributed sensor networks, 2008, 4 (1): 27-42.

[43] Kim D J, Prabhakaran B. Motion fault detection and isolation in body sensor networks [J]. Pervasive and mobile computing, 2011, 7 (6): 727-745.

[44] Szewczyk R, Osterweil E, Polastre J, et al. Habitat monitoring with sensor networks [J]. Communications of the ACM, 2004, 47 (6): 34-40.

[45] Tan K K, Huang S, Zhang Y, et al. Distributed fault detection in industrial system based on sensor wireless network [J]. Computer standards & interfaces, 2009, 31 (3): 573-578.

[46] Pantazis N A, Nikolidakis S A, Vergados D D. Energy-efficient routing protocols in wireless sensor networks: A survey [J]. IEEE Communications surveys & tutorials, 2012, 15 (2): 551-591.

[47] Zhang Y, Meratnia N, Havinga P. Outlier detection techniques for wireless sensor networks: A survey [J]. IEEE Communications surveys & tutorials, 2010, 12 (2): 159-170.

[48] Varshney U. Vehicular mobile commerce [J]. Computer, 2004, 37 (12): 116-118.

[49] Beikmahdavi N, Akbari A, Akbari F. Survey of fault recovery in wireless sensornetworks [J]. International journal of latest trends in computing, 2011, 2 (1): 9-15.

[50] Alwan H, Agarwal A. A survey on fault tolerant routing techniques in wireless sensor networks [C] //2009 Third international conference on sensor technologies and applications IEEE, 2009: 366 - 371.

[51] Elhadef M, Boukerche A, Elkadiki H. A distributed fault identification protocol for wireless and mobile ad hoc networks [J]. Journal of parallel and distributed computing, 2008, 68 (3): 321 - 335.

[52] Barborak M, Dahbura A, Malek M. The consensus problem in fault-tolerant computing [J]. ACM Computing surveys (CSur), 1993, 25 (2): 171 - 220.

[53] Bondavalli A, Chiaradonna S, Di Giandomenico F, et al. Threshold-based mechanisms to discriminate transient from intermittent faults [J]. IEEE Transactions on computers, 2000, 49 (3): 230 - 245.

[54] Avizienis A, Laprie J C, Randell B, et al. Basic concepts and taxonomy of dependable and secure computing [J]. IEEE Transactions on dependable and secure computing, 2004, 1 (1): 11 - 33.

[55] Blough D M, Brown H W. The broadcast comparison model for on-line fault diagnosis in multicomputer systems: theory and implementation [J]. IEEE Transactions on computers, 1999, 48 (5): 470 - 493.

[56] Yang X, Megson G M, Evans D J. A comparison-based diagnosis algorithm tailored for crossed cube multiprocessor systems [J]. Microprocessors and microsystems, 2005, 29 (4): 169 - 175.

[57] Yang X, Tang Y Y. Efficient fault identification of diagnosable systems under the comparison model [J]. IEEE Transactions on computers, 2007, 56 (12): 1612 - 1618.

[58] Hsieh S Y, Chen Y S. Strongly diagnosable product networks under the comparison diagnosis model [J]. IEEE Transactions on computers, 2008, 57 (6): 721 - 732.

[59] Chang G Y. Diagnosability for Regular Networks [J]. IEEE Transactions on computers, 2010, 59 (9): 1153 - 1157.

[60] Lee M, Choi Y. Fault detection of wireless sensor networks [J]. Computer communications, 2008, 31 (14): 3469 - 3475.

[61] Jiang P. A new method for node fault detection in wireless sensor networks [J]. Sensors, 2009, 9 (2): 1282 - 1294.

[62] Krishnamachari B, Iyengar S S. Distributed Bayesian algorithms for fault-tolerant event region detection in wireless sensor networks [J]. IEEE Transactions on computers, 2004, 53 (3): 241 - 250.

[63] Yu M, Mokhtar H, Merabti M, et al. Fault management in wireless sensor networks [J]. IEEE Wireless communications, 2007, 14 (6): 13 - 19.

[64] Staddon J, Balfanz D, Durfee G. Efficient tracing of failed nodes in sensor networks

[C] //Proceedings of the 1st ACM international workshop on Wireless sensor networks and applications, 2002: 122 - 130.

[65] Ramanathan N, Chang K, Kapur R, et al. Sympathy for the sensor network debugger [C] //International conference on embedded networked sensor systems, 2005: 255 - 267.

[66] Perrig A, Szewczyk R, Tygar J D, et al. SPINS: security protocols for sensor networks [J]. Wireless networks, 2002, 8 (5): 521 - 534.

[67] Ssu K, Chou C, Jiau H C, et al. Detection and diagnosis of data inconsistency failures in wireless sensor networks [J]. Computer networks, 2006, 50 (9): 1247 - 1260.

[68] Liu Y, Liu K, Li M, et al. Passive diagnosis for wireless sensor networks [J]. IEEE ACM Transactions on networking, 2010, 18 (4): 1132 - 1144.

[69] Yu M, Mokhtar H, Merabti M, et al. Fault management in wireless sensor networks [J]. IEEE Wireless communications, 2007, 14 (6): 13 - 19.

[70] Preparata F P, Metze G, Chien R T, et al. On the Connection Assignment Problem of Diagnosable Systems [J]. IEEE Transactions on electronic computers, 1967, 16 (6): 848 - 854.

[71] Hakimi S L, Amin A T. Characterization of Connection Assignment of Diagnosable Systems [J]. IEEE Transactions on computers, 1974, 23 (1): 86 - 88.

[72] Chessa S, Santi P. Crash faults identification in wireless sensor networks [J]. Computer communications, 2002, 25 (14): 1273 - 1282.

[73] Weber A, Kutzke A R, Chessa S, et al. Energy-aware test connection assignment for the self-diagnosis of a wireless sensor network [J]. Journal of the Brazilian computer society, 2012, 18 (1): 19 - 27.

[74] Duarte E P, Ziwich R P, Albini L C, et al. A survey of comparison-based system-level diagnosis [J]. ACM Computing surveys, 2011, 43 (3): 1 - 56.

[75] Elhadef M, Boukerche A, Elkadiki H. A distributed fault identification protocol for wireless and mobile ad hoc networks [J]. Journal of parallel and distributed computing, 2008, 68 (3): 321 - 335.

[76] You Z, Zhao X, Wan H, et al. A novel fault diagnosis mechanism for wireless sensor networks [J]. Mathematical and computer modelling, 2011, 54 (1): 330 - 343.

[77] Vuran M C, Akan O R, Akyildiz I F, et al. Spatio-temporal correlation: theory and applications for wireless sensor networks [J]. Computer networks, 2004, 45 (3): 245 - 259.

[78] Jiang P. A new method for node fault detection in wireless sensor networks [J]. Sensors, 2009, 9 (2): 1282 - 1294.

[79] Lee M, Choi Y. Fault detection of wireless sensor networks [J]. Computer

communications, 2008, 31 (14): 3469 - 3475.

[80] Choi J, Yim S, Huh Y J, et al. A distributed adaptive scheme for detecting faults in wireless sensor networks [J]. Wseas transactions on communications archive, 2009, 8 (2): 269 - 278.

[81] Hsin C, Liu M. Self-monitoring of wireless sensor networks [J]. Computer communications, 2006, 29 (4): 462 - 476.

[82] Jianliang G, Yongjun X U, Xiaowei L I, et al. Weighted-median based distributed fault detection for Wireless Sensor Networks [J]. Journal of software, 2007, 18 (5).

[83] Gao J, Xu Y, Li X, et al. Online distributed fault detection of sensor measurements [J]. Tsinghua science & technology, 2007: 192 - 196.

[84] Mahapatro A, Khilar P M. Detection of node failure in wireless image sensor networks [J]. International scholarly research notices, 2012: 1 - 8.

[85] Mahapatro A, Khilar P M. Energy-efficient distributed approach for clustering-based fault detection and diagnosis in image sensor networks [J]. IET Wireless sensor systems, 2013, 3 (1): 26 - 36.

[86] Younis O, Fahmy S, Santi P, et al. An architecture for robust sensor network communications [J]. International journal of distributed sensor networks, 2005 (5): 305 - 327.

[87] Venkataraman G, Emmanuel S, Thambipillai S. Energy-efficient cluster-based scheme for failure management in sensor networks [J]. IET Communications, 2008, 2 (4): 528 - 537.

[88] Wang W, Wang B, Liu Z, et al. A cluster-based real-time fault diagnosis aggregation algorithm for wireless sensor networks [J]. Information technology journal, 2011, 10 (1): 80 - 88.

[89] Jabbari A, Jedermann R, Lang W. Application of computational intelligence for sensor fault detection and isolation [J]. World academy of science, engineering and technology, 2007, 33: 265 - 270.

[90] Moustapha A I, Selmic R R. Wireless sensor network modeling using modified recurrent neural networks: Application to fault detection [J]. IEEE Transactions on instrumentation and measurement, 2008, 57 (5): 981 - 988.

[91] Obst O. Distributed fault detection in sensor networks using a recurrent neural network [J]. Neural processing letters, 2014, 40 (3): 261 - 273.

[92] Krishnamachari B, Iyengar S S. Distributed Bayesian algorithms for fault-tolerant event region detection in wireless sensor networks [J]. IEEE Transactions on computers, 2004, 53 (3): 241 - 250.

[93] Luo X, Dong M, Huang Y, et al. On distributed fault-tolerant detection in wireless sensor networks [J]. IEEE Transactions on computers, 2006, 55 (1): 58 - 70.

[94] Yim S, Choi Y. An Adaptive Fault-Tolerant Event Detection Scheme for Wireless Sensor Networks [J]. Sensors, 2010, 10 (3): 2332 -2347.

[95] Chow E, Willsky A S. Analytical redundancy and the design of robust failure detection systems [J]. IEEE Transactions on automatic control, 1984, 29 (7): 603 -614.

[96] Dunia R, Qin S J, Edgar T F, et al. Identification of faulty sensors using principal component analysis [J]. Aiche Journal, 1996, 42 (10): 2797 -2812.

[97] Kerschen G, De Boe P, Golinval J, et al. Sensor validation using principal component analysis [J]. Smart materials and structures, 2005, 14 (1): 36 -42.

[98] Luo X, Dong M, Huang Y, et al. On distributed fault-tolerant detection in wireless sensor networks [J]. IEEE Transactions on computers, 2006, 55 (1): 58 -70.

[99] Gautschi G H . Piezoelectric sensorics: Force, strain, pressure, acceleration and acoustic emission sensors, materials and amplifiers [J]. Sensor review, 2002, 22 (4): 363 -364.

[100] Lo C, Lynch J P, Liu M, et al. Distributed reference-free fault detection method for autonomous wireless sensor networks [J]. IEEE Sensors journal, 2013, 13 (5): 2009 -2019.

[101] Lynch J P, Sundararajan A, Law K H, et al. Embedding damage detection algorithms in a wireless sensing unit for operational power efficiency [J]. Smart Materials and Structures, 2004, 13 (4): 800 -810.

[102] Monden Y, Yamada M, Arimoto S, et al. Fast algorithm for identification of an ARX model and its order determination [J]. IEEE Transactions on acoustics, speech, and signal processing, 1982, 30 (3): 390 -399.

[103] Tarjan R E. Efficiency of a good but not linear set union algorithm [J]. Journal of the ACM, 1975, 22 (2): 215 -225.

[104] Li Z, Koh B, Nagarajaiah S, et al. Detecting sensor failure via decoupled error function and inverse input-output model [J]. Journal of engineering mechanics-asce, 2007, 133 (11): 1222 -1228.

[105] Akyildiz I F, Su W, Sankarasubramaniam Y, et al. Wireless sensor networks: a survey [J]. Computer networks, 2002, 38 (4): 393 -422.

[106] Yick J, Mukherjee B, Ghosal D. Wireless sensor network survey [J]. Computer networks, 2008, 52 (12): 2292 -2330.

[107] Barooah P, Chenji H, Stoleru R, et al. Cut detection in wireless sensor networks [J]. IEEE Transactions on parallel and distributed systems, 2011, 23 (3): 483 -490.

[108] Chessa S, Santi P. Crash faults identification in wireless sensor networks [J]. Computer communications, 2002, 25 (14): 1273 -1282.

[109] Geeta D D, Nalini N, Biradar R C, et al. Fault tolerance in wireless sensor network

using hand-off and dynamic power adjustment approach [J]. Journal of network and computer applications, 2013, 36 (4): 1174 - 1185.

[110] Jiang P. A new method for node fault detection in wireless sensor networks [J]. Sensors, 2009, 9 (2): 1282 - 1294.

[111] Xu X, Geng W, Yang G, et al. LEDFD: A low energy consumption distributed fault detection algorithm for wireless sensor networks [J]. International journal of distributed sensor networks, 2014, 10 (2).

[112] Banerjee I, Chanak P, Rahaman H, et al. Effective fault detection and routing scheme for wireless sensor networks [J]. Computers & electrical engineering, 2014, 40 (2): 291 - 306.

[113] Kay S. Fundamentals of statistical signal processing: estimation theory [J]. Technometrics, 1993, 37 (4).

[114] Phamgia T, Hung T L. The mean and median absolute deviations [J]. Mathematical and computer modelling, 2001, 34 (7): 921 - 936.

[115] Luo X, Dong M, Huang Y, et al. On distributed fault-tolerant detection in wireless sensor networks [J]. IEEE Transactions on computers, 2006, 55 (1): 58 - 70.

[116] Preparata F P, Metze G, Chien R T, et al. On the connection assignment problem of diagnosable systems [J]. IEEE Transactions on electronic computers, 1967, 16 (6): 848 - 854.

[117] Phamgia T, Hung T L. The mean and median absolute deviations [J]. Mathematical and computer modelling, 2001, 34 (7): 921 - 936.

[118] Mourad E, Nayak A. Comparison-based system-level fault diagnosis: A neural network approach [J]. IEEE Transactions on parallel and distributed systems, 2012, 23 (6): 1047 - 1059.

[119] Somani A K, Agarwal V K. Distributed diagnosis algorithms for regular interconnected structures [J]. IEEE Transactions on computers, 1992, 41 (7): 899 - 906.

[120] Somani A K. Sequential fault occurrence and reconfiguration in system level diagnosis [J]. IEEE Transactions on computers, 1990, 39 (12): 1472 - 1475.

[121] Duarte E P, Weber A, Fonseca K V, et al. Distributed diagnosis of dynamic events in partitionable arbitrary topology networks [J]. IEEE Transactions on parallel and distributed systems, 2012, 23 (8): 1415 - 1426.

[122] Duarte E P, Nanya T. A hierarchical adaptive distributed system-level diagnosis algorithm [J]. IEEE Transactions on computers, 1998, 47 (1): 34 - 45.

[123] Bianchini Jr R P, Buskens R W. Implementation of online distributed system-level diagnosis theory [J]. IEEE Transactions on computers, 1992 (5): 616 - 626.

[124] Lau B C P, Ma E W M, Chow T W S. Probabilistic fault detector for wireless sensor network [J]. Expert systems with applications, 2014, 41 (8): 3703 - 3711.

[125] Hosseini S H, Kuhl J G, Reddy S M, et al. On self-fault diagnosis of the distributed systems [J]. IEEE Transactions on computers, 1988, 37 (2): 248-251.

[126] Lee M, Choi Y. Fault detection of wireless sensor networks [J]. Computer communications, 2008, 31 (14): 3469-3475.

[127] Li X Y, Wan P J, Frieder O. Coverage in wireless ad hoc sensor networks [J]. IEEE Transactions on computers, 2003, 52 (6): 753-763.

[128] Gao J L, Xu Y J, Li X W. Weighted-median based distributed fault detection for wireless sensor networks [J]. Ruan jian xue bao (Journal of Software), 2007, 18 (5): 1208-1217.

[129] Sengupta A, Dahbura A T. On self-diagnosable multiprocessor systems: diagnosis by the comparison approach [J]. IEEE Transactions on computers, 1992, 41 (11): 1386-1396.

[130] Krishnamachari B, Iyengar S. Distributed Bayesian algorithms for fault-tolerant event region detection in wireless sensor networks [J]. IEEE Transactions on computers, 2004, 53 (3): 241-250.

第4章　故障容错优化策略

4.1　网络故障容错路由——非均匀等级分簇的无线传感器网络故障容错路由算法

4.1.1　引言

本节主要根据骨干网络特性，利用群智能计算建立网络拓扑结构和网络路由传输机制，开展无线传感器网络故障容错研究，提高网络传输稳定性和可靠性。所提出的非均匀等级分簇拓扑结构的路由算法，建立在骨干网络模型基础上，分析了无线传感器网络骨干拓扑结构路由的特征与属性关联，建立数学模型和网络拓扑结构，运用改进粒子群算法 IPSO 对网络节点进行非均匀等级静态分簇，引入最优最差蚂蚁系统 BWAS 在相邻等级节点间建立多条传输链路，并根据蚂蚁信息素归一化值作为传输路径的选择概率而建立能故障容错的网络路由。本节研究的主要内容包括：①研究骨干网络结构特征以及与无线传感器网络故障容错的属性关联，建立其数学模型和网络拓扑结构。②优化改进粒子群算法 IPSO 和最优最差蚂蚁系统 BWAS，使之更适合资源受限的无线传感器网络。③运用改进粒子群算法 IPSO 进行网络静态非均匀等级分簇。④运用最优最差蚂蚁系统 BWAS 建立网络传输路由。

本节建立基于骨干网络特性的等级拓扑结构，并运用最优最差蚂蚁系统的蚂蚁信息素归一化值作为传输路径的选择概率建立故障容错路由。与之前在网络层开展可靠传输与故障容错研究不同的是，在容错方式上并非同时建立多条传输路径或为每个节点建立备份传输路径，而是根据蚁群算法信息素值，在相邻等级簇头节点间选择具有最大蚂蚁信息素归一化值的路径的节点作为下跳节点，从而建立一条最优传输路径。所建立路径上有节点失效或故障出现，故障节点的上跳节点会选择相邻等级簇头节点间具有次大蚂蚁信息素归一化值的路径上的节点作为替代下跳节点，从而建立到目的节点的备份路径以实现故障容错和数据可靠传输。新建立的传输路径并不是从源节点到目的节点，而是从故障节点的上一跳到目的节点之间。因此，改进的仿生智能算法能降低网络计算复杂度并节约能量，适用于资源受限的无线传感器网络。

4.1.2 数学模型与拓扑结构

1. 数学模型

骨干网络（Vascular Network）为类分形树状分叉网络，结构错综复杂，具有分形特征。不同段的骨干结构、物理特性和功能有较大的差异，具有不同的传输速率和传输量。骨干网络具有相对稳定、局部弹性和空间连通等特性。

骨干网络特性对构建无线传感器网络故障容错路由有着重要启示。所建立的拓扑结构是层次化的分簇结构。网络节点根据距离 Sink 节点远近进行等级划分，具有等级区别和压力差，以保证数据的有向传输。不同等级区域用不同概率分簇，形成不等的簇分布密度和规模。构建基于骨干网络的拓扑结构实现多路径连通性，运用蚁群在各路径上留下的信息素归一化值作为传输路径的选择概率以确定最优传输路径，实现路由故障容错。

数学模型特点：①压力差分网络。网络中每个节点具有压力度 P'，反映与网络中心节点距离的度量。距离中心节点较近的节点具有较高的压力度。节点间具有差分压力 $\Delta P'$，体现基于压力差分的有向数据传输流向。②有向赋权图的连通性。网络中的每一条边（i，j）都赋以不同的权值 w_{ij}，每条边都是有向的且任意两点是连通的。③节点密集度。在距离中心节点不同的区域上，节点分布的数量和密度不等。距中心节点近的区域内，节点分布数量较多，密度较大。其数学模型如下：

$$P'_i > P'_j, \text{ if } dist(i, s') < dist(j, s') \ i, j \in (1, 2, \cdots, n) \tag{4.1}$$

$$\Delta P'_{i,j} = p'_i - p'_j, \ \overrightarrow{p'_i} = \sum \overrightarrow{p'_l}, \ l \text{ 是节点 } i \text{ 的邻居节点；} \tag{4.2}$$

$$P'_i = \frac{r}{dist(i, s')} \tag{4.3}$$

$$a_{ij} = \begin{cases} w_{ij}, & (v_i, v_j) \in E \\ 0, & i = j \\ \infty, & (v_i, v_j) \notin E \end{cases} \tag{4.4}$$

其中，P'_i 为节点 i 的压力值，$\Delta P'_{i,j}$ 为节点 i 与节点 j 的压力差，$dist(i, s')$ 为节点 i 到中心点 s' 的欧氏距离，n 为网络节点数，r 为一参数值，$\overrightarrow{p'_i}$ 为压力矢量。a_{ij} 为有向赋权图邻接矩阵元素，E 为节点集中有序的元素偶对组成的集合。

2. 拓扑结构

定义 1　等级度：根据节点距离 Sink 节点远近，将网络节点划分为不同等级区域，每个等级内的节点用相同的等级度进行标定，即

$$G_i = m, \text{ if } dist(s, i) \in ((m-1) \cdot r, m \cdot r) \tag{4.5}$$

其中，G_i 表示节点 i 的等级度，m 为等级值，$dist(s, i)$ 为节点 i 到 Sink 节点的欧氏距离，r 为初始设定的距离值。

（1）非均匀等级分簇拓扑结构。

根据骨干网络理论和特征建立无线传感器网络拓扑结构。

①网络为分簇层次拓扑结构，网络节点从功能上分为普通节点（Average Nodes，AN）和簇头节点（Clustering Nodes，CN）。普通节点负责数据的采集和传输，簇头节点还应具有接收并转发数据以及路由寻址的功能，网络路由是在簇头节点上建立的。

②网络中节点根据距离 Sink 节点的远近划分为不同的等级，相同等级节点具有相同等级属性，网络路由在不同等级拓扑结构的簇头节点间建立。节点与在其发射功率覆盖范围的所有邻级节点建立传输路径。

③网络节点图为有向赋权连通图。任意两点之间的连线都是有向的，且每一条边的权值不同。数据传输和消息广播沿路径梯度方向传输。如图 4 - 1 所示，数据采集传输至 Sink 节点方向为 $G_3 \rightarrow G_2 \rightarrow G_1$，消息广播路径方向则相反，为 $G_1 \rightarrow G_2 \rightarrow G_3$。

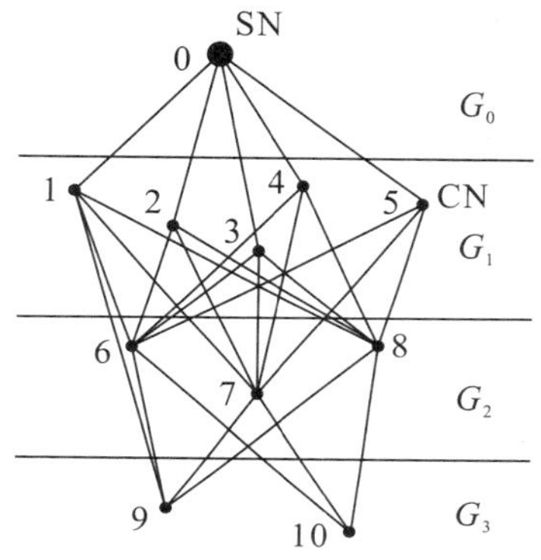

图 4 - 1　网络物理拓扑结构

④在不同的等级区域形成不同数量和规模的分簇。在等级度较小的区域会形成数量较大和规模较小的分簇，在等级度较高的区域所成簇的情况与之相反。

⑤在发射功率覆盖范围内的相邻等级簇头节点间建立多条传输路径。蚁群算法的信息素归一化值将作为建立传输路径的选择概率。具有最大信息素归一化值的路径将被选作为传输路径。

图 4 - 1 为建立的网络拓扑结构示意图，共分为 3 个等级。节点 0 为网络汇聚节点（Sink Node，SN），节点 1 ~ 10 为网络簇头节点（CN）。节点 1 ~ 5 为第一等级，负责簇内数据融合和接收并转发来自第二等级簇头节点的数据至汇聚节点。节点 6 ~ 8 为第二等级，负责簇内数据融合并转发来自第三等级簇头节点数据至第一等级节点。节点 9 和节点 10 为第三等级，只负责簇内数据融合并将数据转发至第二等级节点。例如：节点 7 为第二等级，在发射功率覆盖范围内可与第一等级的节点 1 ~ 5 和第三等级的节点 9 ~ 10 建立传输路径关系，不能与同等级的节点 6 和节点 8 建立传输路径关系。图 4 - 1 中每一条边的权值 w_{ij} 均不等。

此拓扑结构故障容错性的实现是利用改进蚁群算法的信息素归一化值作为数据传输路径的选择概率依据，选取最大概率值链路作为传输路径。例如：第二等级的节点 7 与第一等级的节点 1 ~ 5 建立传输路径，其信息素归一化值不等，$\tau_{7,3} \geqslant \tau_{7,2} \geqslant \tau_{7,4} \geqslant \tau_{7,1} \geqslant$

$\tau_{7,5}$，τ 表示蚂蚁信息素归一化值。所以节点 7 与第二等级区域的节点建立的路径是 $Path_{Node_{7,3}}$。当传输路径发生故障时，节点选择次概率值链路作为传输路径并依此类推。若链路 $Path_{Node_{7,3}}$ 发生故障，则节点 7 选择 $Path_{Node_{7,2}}$ 并依次类推。

（2）非均匀等级拓扑建立规则。

无线传感器网络拓扑结构是基于分簇结构建立的。普通节点负责数据的采集和传输，簇头节点还应具有接收并转发数据及路由寻址的功能。网络节点被等级标定，网络路由是在不同等级簇头节点间建立的。簇头节点不与同级簇头节点建立传输路径，只与邻级簇头节点建立传输路径，且与每个在其发射功率覆盖范围的邻级节点都建立可能的传输路径。传输路径中有一条被选择为实际传输路径，其余为可选择的备份传输路径。网络路由具有等级梯度性，其建立规则如表 4－1 所示。

表 4－1　非均匀等级拓扑建立规则

Suppose $G_k = G_{k+1} = \cdots = G_{k+l} = m$，$i \neq i'$，$i$，$i' \in (k,\ k+1,\ \cdots k+l)$；
$G_i = G_{i'} = m$，$i \nleftrightarrow i'$；
If $G_j = \{m-1,\ m+1\}$，$j \in (k',\ k'+1,\ \cdots k'+l')$；
If $Dist(i,\ j) > DistRF$；
$i \nleftrightarrow j$；
Else
$i \leftrightarrow j$；
End
end

其中，$Dist(i,\ j)$ 表示节点 i 与节点 j 的欧氏距离，$DistRF$ 表示节点的射频距离，G_k 表示节点 k 的等级，$\nleftrightarrow$ 表示不能建立传输路径。

（3）非均匀等级分簇概率确定。

非均匀性指在不同等级区域里采用不等的簇头选举概率进行分簇，构建规模和数量不等的簇。节点位置已知的无线传感器网络，以汇聚节点为中心，以半径 $n \cdot R(n \in 1,\ 2,\ \cdots)$ 将无线传感器网络分成不同等级区域，并将网络节点进行等级标定，不同等级区域采用不同的簇头选举概率进行静态分簇，构建大小不同的分簇。簇头节点只能建立到邻级节点的路由，不能与同级节点建立路由。每个区域以不同的概率选举簇头。靠近汇聚节点的区域为第一等级，以较大概率选取簇头，各等级依次减小并最终形成距离汇聚节点越近的区域，簇头数量较多、簇规模较小的格局，如图 4－2 所示。

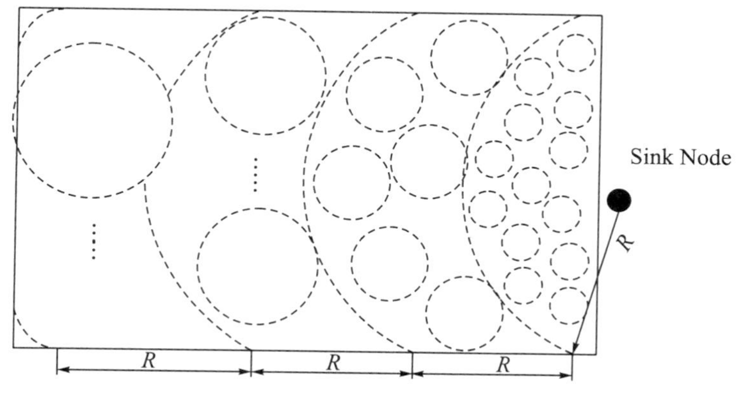

图 4－2　等级的非均匀分簇

此拓扑结构能实现无线传感器网络能量均衡，避免距离汇聚节点近的簇头节点因转发数据负荷量大而提前死亡的热点问题。如何确定每个等级区域的簇头选取概率是一个关键性问题。当网络被分成 n 个区域时，第 n 个区域半径为 nR，节点数为 N_{nR}。半径为 R 的区域簇头选取概率为 $p_n(n\in 1, 2, \cdots)$，则每个区域簇头数为 $N_{nR}p_n$，一个簇内非簇头节点总数为 $\frac{1}{p_n}-1$。现假设每个节点发送 k bit 数据，则在半径为 R 等级区域内，一个簇头节点能耗：

$$\begin{aligned} E_{R\cdot clu} &= E_{fuse}\left(\frac{1}{p_1}-1\right)k + E_{elec}(n-1)k + E_{elec}\ [k+(n-1)k]\ + \varepsilon_{amp}[k+(n-1)k]d^2 \\ &= E_{fuse}\left(\frac{1}{p_1}-1\right)k + E_{elec}(2n-1)k + \varepsilon_{amp}nkd^2 \end{aligned} \tag{4.6}$$

簇内非簇头节点能耗：

$$E_{Rave} = E_{elec}\left(\frac{1}{p_1}-1\right)k \tag{4.7}$$

一个簇的总能耗：

$$E_{Rtotal} = \sum_{1}^{N_{RP1}} (E_{Rclu} + E_{rave}) \tag{4.8}$$

要使得总能耗最小，由 $\frac{\partial E_{Rtotal}}{\partial p_1}=0$ 得 p_1。根据能耗均衡要求，由 $E_{Rtotal}=E_{2Rtotal}$ 得 p_2，并依次求得 $p_n(n\in 3, 4, \cdots)$。

4.1.3　非均匀等级分簇路由算法

1. 非均匀等级分簇策略

在活动等级区域内随机部署与传感器节点数量相等的粒子，根据概率对粒子群进行 $N_{nR}p_n$ 个初始聚类，运用改进的粒子群算法（Improved Particle Swarm Optimization, IPSO）进行群体智能寻优。修改粒子飞行规则，当粒子飞行到传感器节点位置重合时，粒子位置固定，速度变为零，停止飞行，直至所有粒子均与节点位置重合，完成分簇。

（1）算法原型。

PSO 是模拟鸟群行为规律而提出的一种基于群体智能优化的算法。通过群体中粒子个体间的合作与竞争产生的群体智能优化搜索，每代种群的解都具有学习自身最优和群体最优的特点，每个粒子用其位置和速度表示。在迭代寻优过程中，每个粒子参考自己既定飞行方向、所经历的最优方向和整个鸟群的最优方向确定自己的飞行规则，更新速度和位置为：

$$v_i^{t+1} = wv_i^t + c_1r_1(pbest_i^t - x_i^t) + c_2r_2(gbest_j^t - x_i^t) \tag{4.9}$$

$$x_i^{t+1} = x_i^t + v_i^{t+1} \tag{4.10}$$

其中，惯性权重系数 $w = w_{\max} - (w_{\max} - w_{\min})k/m$ 为随时间线性减少函数，它可使得 PSO 在开始时探索较大的区域，较快地定位最优聚类的大致位置，随着 w 逐渐减小，粒子速度减慢，开始精细地局部搜索。$w_{\max}$、$w_{\min}$分别为初始权重和最终权重，m 为最大迭代次数，k 为当前迭代次数。v_i^t 是粒子的速度，x_i^t 是粒子当前位置。r_1、r_2 是 [0，1] 之间的随机数，以保持群体的多样性。c_1、c_2 为学习因子，具有自我总结和向群体最优个体学习的能力。$pbest_i^t$ 是粒子自身所找到的最好解的位置，$gbest_j^t$ 是整个种群找到的最优解的位置。

（2）算法改进。

确定活动等级区域，随机部署与此等级区域内传感器节点数量相等的粒子，根据此区域簇头选取概率，按 k 均值聚类方法对网络进行 $N_{nR}p_n$ 个初始聚类，运用改进的带惯性权重的粒子群算法进行群体智能寻优。修改粒子飞行规则，当粒子运动到传感器节点位置重合时，粒子位置固定，速度为零，不再飞行，其余粒子继续按既定规则飞行，直到所有粒子分别与传感器节点位置重合，算法结束，分簇完成，转至下一等级区域进行分簇。

①对带惯性权重的粒子群算法公式进行修改。因在等级区域内的粒子 $G = \{x_1, x_2, \cdots, x_m\}$已被分成 k 个聚类的粒子群体 $C_i(i=1, 2\cdots, k)$，将式（4.9）修改为：

$$v_1^{t+1} = wv_i^t + c_0r_0(pbest_i^t - x_i^t) + \sum_{j=1}^{k} c_jr_j(gbest_j^t - x_i^t) \tag{4.11}$$

则对于每一代粒子，用式（4.10）和（4.11）更新其飞行速度和位置。

②修改粒子飞行规则。粒子的飞行不再是一般粒子群的飞行规则，即所有粒子的位置和速度都按照自身最优和群体最优的位置更新。在聚类收敛过程中，当粒子运动到与传感器节点位置重合时，粒子速度变为零，位置固定，其余粒子继续按照既定规则飞行，直到所有粒子均分别与传感器节点重合。此时的聚类结果便是基于粒子群聚类的无线传感器节点的最优分簇结果。

（3）算法基本步骤。

Step 1：确定簇数、簇规模与活动等级区域。

Step 2：随机产生相同节点数量的粒子个体 $M = N_{nR}$，初始化粒子群个体参数。

Step 3：确定初始聚类数 $k = N_{nR}p_n$ 的聚类 C_i 和聚类中心 c_i。

Step 4：设定优化目标函数，采用式（4.12）对粒子进行适应度评价。

$$S = \frac{1}{\sum_{i=1}^{K}\sum_{X \in C_i} dist(c_i, x)^2} \tag{4.12}$$

其中，$dist$ 是欧几里得空间里两个对象之间的欧氏距离，K 是聚类数，x 是粒子个体，c_i 是聚类 C_i 中心。

Step 5：计算粒子自身最优位置 $pbest_i^t$ 和粒子群 C_i 中最优粒子位置 $gbest_j^t$。

Step 6：判断粒子位置，当粒子个体飞行至与节点位置时，令 $v_i = 0$，$x_i = x_{sensor}$，其中 x_{sensor} 表示传感器节点位置。

Step 7：按式（4.13）和（4.14）更新各粒子群中的其余粒子的速度和位置。

$$v_i^{t+1} = wv_i^t + c_0 r_0 (pbest_i^t - x_i^t) + \sum_{j=1}^{K} c_j r_j (gbest_j^t - x_i^t) \tag{4.13}$$

$$x_i^{t+1} = x_i^t + v_i^{t+1} \tag{4.14}$$

Step 8：循环 Step 3 至 Step 7 直至最后一个粒子与节点位置重合，此等级节点分簇完毕并转为休眠状态。

Step 9：将（$n-1$）$R < dist(x_{senor}, x_{sink}) < nR$，$n \in (2, 3, \cdots, n)$ 的节点唤醒，运行 Step 2 至 Step 8 进行分簇。

2. 非均匀等级分簇路由建立

路由建立是基于最优最差蚂蚁系统（BWAS）群体智能寻优的原理实现的。BWAS 是对蚁群算法的改进，主要增强了最优路径搜索的过程指导，加快了收敛速度。蚁群算法的信息素是蚁群在搜寻最优路径过程中在各路径上留下的信息素浓度值，是反映最优路径的一个重要参数，综合考虑了路径寻优过程中节点的能量、路径距离的启发度和群智能信息计算的优势。

Step 1：初始化参数，根据式（4.15）和（4.16）为每只蚂蚁选择路径。

$$\tau_{ij}(t+n) = \rho_1 \tau_{ij}(t) + \Delta\tau_{ij}(t, t+n) \tag{4.15}$$

$$\Delta\tau_{ij}(t, t+n) = \sum_{k=1}^{m} \Delta\tau_{ij}^k(t, t+n) \tag{4.16}$$

$$\Delta\tau_{ij}^k(t, t+n) = \begin{cases} \dfrac{Q}{L_k}, & \text{如果蚂蚁 } k \text{ 在本次循环中经过路径（}i, j\text{）} \\ 0, & \text{其他} \end{cases} \tag{4.17}$$

其中，p_{ij}^k 为蚂蚁 k 的转移概率，j 为尚未访问的节点，τ_{ij} 为边（i，j）上的信息素强度，η_{ij} 为边（i，j）的能见度，反映节点 i 转移到节点 j 的启发度。式（4.15）是在蚂蚁建立了完整的路径后的更新轨迹量，并非在每一步都对其更新。

Step 2：当蚂蚁生成路径后，对其信息素值按式（4.18）进行局部更新。

$$\tau_{rs} \leftarrow (1-\rho)\tau_{rs} + \rho\Delta\tau_{rs} \tag{4.18}$$

$$\Delta\tau_{rs} = (nL_{nn})^{-1} \tag{4.19}$$

其中，ρ 为一参数，$0 < \rho < 1$，n 为节点数量，L_{nn} 为最近领域启发产生的路径长度。

Step 3：循环执行第一步和第二步直至簇头节点中的每只蚂蚁都生成一条路径，并根据簇头节点的每只蚂蚁经历路径的长度，评选出最优最差蚂蚁。

Step 4：对最优蚂蚁按式（4.20）进行全局更新。

$$\tau_{rs} \leftarrow (1-\alpha)\cdot\tau_{rs} + \alpha\Delta\tau_{rs} \tag{4.20}$$

其中：

$$\Delta\tau_{rs} = \begin{cases} (L_{gb})^{-1}, & \text{if}(r, s) \in globalbest \\ 0, & \text{otherwise} \end{cases} \tag{4.21}$$

L_{gb}为当前循环中全局最优路径，α 为信息素挥发参数，$0<\alpha<1$。

Step 5：对最差蚂蚁按式（4.22）进行全局更新。

$$\tau(r, s) = (1-\rho)\tau(r, s) - \varepsilon\frac{L_{worst}}{L_{best}} \tag{4.22}$$

其中，ε 为一参数，L_{best}与L_{worst}分别为当前循环中最优最差蚂蚁经历的路径长度。

Step 6：分别对其余簇头节点中的蚂蚁执行 Step 2 至 Step 5，直至所有簇头节点的蚂蚁建立路径，并记录各路径信息素值。

在对节点等级标定和静态非均匀分簇后，根据 BWAS 计算出各路径的信息素值并归一化，作为建立传输路径的选择概率。当簇头节点能耗达到预设能耗阈值时，主动沿原路径报告能量信息，以减少信息广播传输能耗。等待传输周期完毕，根据能量均衡原则在簇内轮换选举能量较高的节点担当簇头节点，整个网络运用 BWAS 进行新一轮的路径信息素的计算，并建立新的拓扑路由。

4.1.4 路由容错性与算法复杂度分析

1. 路由容错性分析

（1）蚁群算法的信息素是反应最优路径的一个重要参数，综合了路径寻优过程中节点的能量、路径距离的启发度和群智能信息计算的优势。信息素 τ 值越大，被选择为主传输路径的概率越大。

（2）节点与在其发射功率覆盖范围的所有邻级簇头节点都建立了路径关系，利用改进蚁群算法的信息素归一化值作为数据传输路径的选择概率依据，选取最大概率值链路作为传输路径。若此节点或链路发生故障，则选择次概率值链路作为数据传输路径。例如：第二等级的节点 7 与第一等级的节点 1 ~ 5 建立的路径 $path_{7i}(i=1, 2, \cdots, 5)$，其信息素归一化值不等 $\tau_{7i}\neq\tau_{7j}(i\neq j, ij=1, 2, \cdots, 5)$，5 条链路径被选择概率 $p_{7i}\neq p_{7j}$。所以建立的数据传输路径是 $path_{7i}\rightarrow\max(p_{7i})$，$i=1, 2, \cdots, 5$。若此链路发生故障，选择备选路径 $path_{7j}\rightarrow\max(p_{7j}, j\neq i, i, j=1, 2, \cdots, 5)$并依此类推，且数据传输至 Sink 节点方向为 $G_3\rightarrow G_2\rightarrow G_1$，信息广播的方向与此相反。

（3）建立多路由传输路径的方式与前述有所不同。路径中某节点出现故障，不需要在数据的源节点处建立或选择至 Sink 节点的备份路径，而是在故障节点的上一个节点处根据概率值选择路径，节省了重新计算整体传输路径的复杂度和开销。

（4）网络故障容错性与节点功率传输范围密切相关。节点传输功率较大，节点覆盖范围就越大，网络节点间的覆盖连通性较好，网络数据传输稳定性与可靠性就越好，但同时会消耗更多能量。非均匀等级分簇路由中的节点传输范围应设置为［R，$2R$］，其中 R 为图 4 -2 所示的半径。传输范围设置为［R，$2R$］的节点能够覆盖相邻等级区域的部分节点，并选择在传输覆盖范围内的最优节点建立传输路径。这需要设置合理的传输功率来兼顾网络容错和能量消耗等因素。

2. 算法复杂度分析

非均匀等级分簇的故障容错路由算法的计算开销主要体现在运用粒子群非均匀等级分簇和运用蚁群算法计算节点间各路径信息素值两个方面。在粒子群非均匀等级分簇中，共生成 k 个粒子群，每个粒子群中含有 $D=\dfrac{M}{K}$ 维粒子个体，计算复杂度为 $O\left(\dfrac{M^2}{k}d^4+k^2d^2\right)$。在聚类过程中，当粒子与传感器位置逐渐重合时，活动粒子数就相应减少，其计算复杂度随着粒子个体数减少呈指数规模递减，而并非粒子群算法从聚类的开始到结束都保持相同的计算复杂度。这对资源受限的无线传感器网络具有重要的意义，这也是改进粒子群算法用于无线传感器网络分簇的优势。

无线传感器网络共有节点数为 $\sum\limits_{n=1}^{N}N_{nR}$，簇头节点数为 $\sum\limits_{n=1}^{N}N_{nR}p_n$。因此运用蚁群算法在簇头节点间建立路由并求解各路径信息素值的时间复杂度为 $O\left(N\left(\sum\limits_{n=1}^{N}N_{nR}p_n\right)^3\right)$，其中 N 为算法的迭代次数，n 为每个等级区域中的传感器簇头节点数，其计算复杂度由网络节点规模、簇头选取概率和迭代次数决定。

4.1.5　结论

故障容错是无线传感器网络一项关键技术。针对节点故障会影响网络稳定性和服务质量问题，本节提出的非均匀等级分簇的无线传感器网络故障容错路由算法，根据骨干网络特性，建立数学模型和网络拓扑结构，对网络节点进行等级标定，在不同等级区域里运用改进粒子群算法（IPSO）对网络节点进行非均匀静态分簇，引入最优最差蚂蚁系统（BWAS）在相邻等级节点间建立多条链路，并根据 BWAS 算法的信息素归一化值作为路径选择概率，选择最大概率值链路作为实际数据传输路径而建立具有容错功能的路由。

网络故障容错性体现在，当路径中某节点出现故障时，不需要在数据的源节点处建立或选择至 Sink 节点的备份路径，而是在故障节点的上一个节点处根据概率值重新选择路径，节省了重新计算整条传输路径的复杂度和开销。改进粒子群算法在非均匀分簇中，其计算复杂度随着粒子个体数减少呈指数规模递减，具有良好的网络分簇优势。通过对容错性、复杂度的理论分析和数据包接收率、平均传输时延及能耗均衡等仿真分析，IPSO 与 BWAS 分别在非均匀等级分簇和路由容错方面具有较好的优势。理论分析和仿真结果表明，非均匀等级分簇路由算法具有较高数据包接收率、较低平均传输时延和能耗均衡等，避免了节点或链路故障导致数据丢失，具有良好的故障容错性和数据传输稳定性。同时能实现无线传感器网络负载均衡，避免能耗热点问题，对延长网络寿命具有重要意义。

4.2 多路径故障容错策略——基于梯度的无线传感器网络多路径可靠传输容错策略

4.2.1 引言

本节主要研究无线传感器网络网络层因节点故障或链路质量影响数据传输稳定性和可靠性的问题，提出的基于梯度的无线传感器网络多路径可靠传输容错策略，主要包括二次 k 均值非均匀分簇算法构建网络拓扑和建立基于梯度的多路径传输机制，根据负载均衡机制将经纠删编码的数据片沿多路径传输后在目的节点解码重构源数据实现可靠容错传输。

本节主要贡献：①根据 k 均值法将不同区域的簇分裂成不同数量的子簇，并进行二次 k 均值聚类优化，构建非均匀的拓扑分簇，实现能耗均衡并避免能耗热点问题；②根据质量函数计算簇头节点综合信息度量并建立等高线，在不同等高线之间沿梯度方向建立互不交叉的多条传输路径，结合纠删编码与负载均衡机制实现网络可靠容错传输；③建立负载均衡机制下的多路径传输数学模型，对网络多项性能指标进行理论分析并仿真测试。

4.2.2 多路径故障容错相关工作

1．多路径编码传输技术

多路径编码传输容错技术是将源数据编码的数据片，沿源节点与目的节点间建立的多条路径进行数据传输，在目的节点对一定数量的编码数据片解码重组成源数据包，通过冗余路由和数据编解码方式，改进网络负载均衡和传输带宽，实现故障容错并提高数据传输的可靠性。

高能效可靠多路径路由协议 NC-EERMR（Energy Efficient Reliable Multipath Routing using Network Coding）通过多跳分布式方式建立多路径路由。安全多路径可靠路由 SMRP（Sub-branch Multi-path Routing Protocol）是基于 DM 模式的多路径高效轻量的安全机制 SEIF（Secure and Efficient Intrusion-Fault tolerant protocol），通过分布式网内认证机制建立多路径选择机制，提高数据传输容错性和可信度。自适应可靠传输路由算法 SRP（Self-selecting Reliable Path routing）基于 SSR（Self-Selecting Routing）与 SHR（Self-Healing Routing），建立了具有传输容错特性的多路径。混合多路径机制 H-

SPREAD 基于混合多路径数据采集机制，采用密钥共享与节点备用路径来提高数据传输安全性和可靠性。基于网络编码的多路径可靠传输路由 NC-RMR 建立 DM 模式的多路径机制，同时为每条路径建立备份路径的 BM 多路径模式。定向扩散平面路由协议 DD（Directed Diffusion）经兴趣洪泛扩散、建立梯度和动态优化传输路径，建立能应对节点故障和拓扑变化的多路径传输模式。基于 DD 的多路径路由算法根据链路质量和时延的混合特征加强了具有高质量链路的低时延的多条传输路由。Moonseong（2008）提出了高能效可扩展的基于 DM 模式的分布式多路径路由算法，并通过负载均衡机制调整数据流。

2. 基于梯度的传输路由

基于梯度的传输路由是在一定的网络拓扑结构上，根据节点距离目的节点的距离或跳数、节点能量信息和传输时延等参数决定的梯度值，将节点划定为不同的等级并按照某种策略建立梯度方向的传输路由。目前主要集中于梯度确定和梯度路由方法等方面的研究。

能量均衡非均匀分簇梯度路由（EBCAG）根据节点距离目的节点最小跳数值定义的梯度值将网络非均匀分簇，将数据包沿梯度下降的方向传输到目的节点。基于网络编码的梯度路由 GBR（Gradient-Based Routing）包含两种竞争算法 GBR-C 和自适应 GBR-C，通过建立两个可前向传输的节点以减小数据重传和能耗。梯度广播算法 U-GRAB 的传输决策取决于节点的实用度，优先选择对于非拥挤信道且高能效的节点。实时传输梯度路由算法提出了面向工业传感器网络的具有高能效和较好实时性能的梯度路由。细粒梯度下降模型 FGS（Fine-grain Gradient Sinking）在 HGS（Hop Gradient Sinking）的模型基础上引入平均加权机制，将跳数信息转化为精细梯度信息并以梯度作为数据汇聚的参考依据建立数据传输策略。数据聚合机制 DAR（Data Aggregating Ring）根据节点跳数等级对节点进行分类，节点并非一致地将数据沿梯度方向经多跳传递到目的节点，可根据梯度间负载均衡机制对其他梯度值的节点数据以一跳方式直接转发到目的节点。Wu（2008）提出非均匀节点分布策略，网络节点被分成不同的等级环，并在不同的等级环的节点间建立最短传输路径。梯度路由协议 MR2-GRADE 根据已建路径上各节点到目的节点的跳数构造干扰范围外节点的网络梯度，并设计了基于梯度的贪婪转发算法 GRADE-GF 和受限泛洪算法 GRADE-RF。刘韬（2012）研究了基于梯度汇聚模型的无线传感器网络生存周期的上界和下界。GRadient Broadcast（GRAB）在数据转发的过程中允许多个低梯度节点同时转发数据而形成多路径路由转发的拓扑结构，但二次转发冲突可能会引起数据丢失而降低数据传输的可靠性。

4.2.3 构建多路径传输的网络拓扑

1. 网络拓扑结构

对于节点数量较多的无线传感器网络，基于分簇拓扑结构，在簇头节点间建立的多条传输路径具有较好的数据传输稳定性。本节所提出的多路径可靠传输容错机制，正是建立在基于k均值聚类算法的非均匀分簇层次拓扑结构上。节点均匀分布在矩形区域内，目的节点位于矩形区域右边，靠近目的节点区域的节点被以较大概率分簇，形成规模较小、数量较多的分簇结构；在距离目的节点较远区域的节点被以较小概率分簇，形成规模较大、数量较小的分簇结构，如图4-3所示。

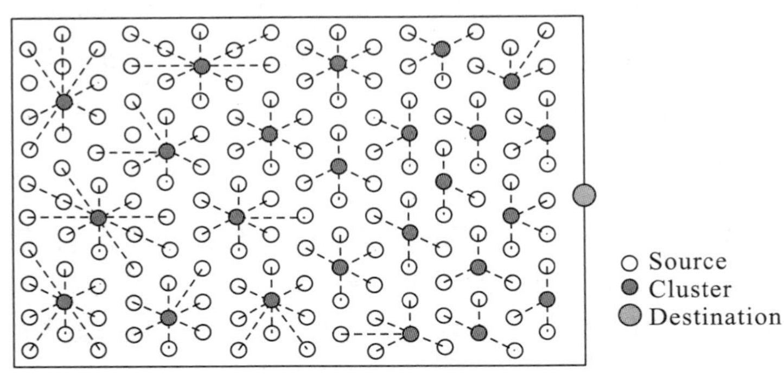

图4-3　分簇拓扑结构

2. 基于二次k均值非均匀分簇算法

随机选择k个对象作为初始聚类中心，以最小距离原则，经多次迭代调整对象所属的类。聚类结果不再发生变化，完成聚类。对于随机选择簇头，k均值的多次迭代能形成簇内紧致性较好、簇间离间度较大的优化分簇拓扑。仅在簇头节点间根据消息洪泛确定各簇头节点距离目的节点的跳数，将簇头节点分成n个区域，在n较小的区域按条件进行簇分裂，形成离目的节点近点的区域具有较多数量的簇数，并进行二次k均值聚类优化，形成如图4-3所示的规模较小、数量较多的分簇结构，避免网络能耗热点现象，能较好解决网络节点能耗的瓶颈问题。

步骤1　选择概率$p=0.2$随机选择网络中k个节点作为初始聚类中心c_1，c_2，…，c_k，p由节点规模与簇头数决定；

步骤2　将在其发射功率覆盖范围内的每个对象按最小距离原则划分到最近的一个聚类中心$c_i(1, 2, \cdots, k)$，被指定到同一个质心的点属于同一个聚类，共形成k个聚类；

步骤3　计算新聚类中心c_i'，即$V_{c_i'}=\frac{1}{N_i}\sum_{X\in C_i}X$，其中$N_i$为第$i$个聚类域$C_i$包含的个数；

步骤4　计算判断$c_i'=c_i$，不等则转至步骤2直到$c_i'=c_i$，即聚类中心不再发生变化；

步骤5　在簇头节点间进行消息洪泛，获知每个簇头节点距离目的节点的最小跳数值Hop；

步骤6　在$n=(j-1, j)\frac{Hop}{n'}$，$j=1, 2, \cdots, n'$的区域内判断每个子簇内的节点数

$m \geqslant \frac{\lfloor 1/p \rceil}{(n' - (j-1))}$。若成立，则将区域 n 内的簇头分裂成 $(n' - (j-1))$ 个子簇，n' 为等级数变量。

步骤 7　随机选择簇头节点，在第 n 区域内重复步骤 2 ~4 进行二次 k 均值分簇优化，直到 n 个区域内所有节点都进行分簇优化。

3. 基于 k 均值非均匀分簇特点

基于 k 均值非均匀分簇具有较好的特征：①算法复杂度较低，进行简单的数学迭代后可形成网络的非均匀拓扑，以避免无线传感器网络能耗热点问题；②避免了最初对网络所有节点进行消息洪泛并利用每个节点的物理地址进行等级划分，只需在初次 k 均值聚类的基础上在簇头节点间进行消息洪泛，以跳数值进行分区并在有限的区域进行 k 均值二次优化，降低了网络能耗。

4.2.4　构建基于梯度的多路径路由

1. 确定节点综合度量及等高线

（1）确定簇头节点的综合度量。

对于链路质量较差的路径，会引起较多数据的丢失或重传，导致局部节点能耗较大以及网络拥塞。链路质量的好坏直接影响数据报文转发的可靠性，剩余能量决定着节点的生存时间。因此，仅以跳数作为判断路由优劣标准已无法满足对网络服务质量的要求。根据距离目的节点的跳数、剩余能量、链路质量和传输时延等参数对网络节点进行综合评价和度量，选取较优的簇头节点建立最佳传输路径，对于提高传输可靠性等具有重要意义。

所谓节点的综合度量就是根据节点距离目的节点的跳数、剩余能量、链路质量和传输时延等参数，设置合适的权重系数计算每个簇头节点的 CM。节点的综合度量函数为：

$$CM(i) = w_1 \frac{E(i)}{E_{ini}(i)} + w_2 \frac{Hop(i)}{Hop_{\max}(i)} + w_3 \frac{delay(i)}{delay_{path}(i)} \tag{4.23}$$

其中，$w_1 + w_2 + w_3 = 1$。$E_{ini}(i)$ 表示簇头节点 i 所在簇的初始能量，$Hop_{\max}(i)$ 表示簇头节点 i 所在路径的最大跳数，$delay_{path}(i)$ 表示簇头节点 i 所在路径的传输时延。

（2）簇头节点的综合度量等高线。

定义　将网络内所有簇头节点的综合度量值 CM 分级，同级的簇头节点具有相近的综合度量值 CM，把同级簇头节点的连接线定义为综合度量等高线。

计算每个簇头节点的综合度量值 CM，将簇头节点划归为 $\left\{\frac{k-1}{n}, \frac{k}{n}\right\}CM$，$k = 1, 2, \cdots, n$ 共 n 个区域，当簇头节点的综合度量 $CM_{node} \in \left\{\frac{k-1}{n}, \frac{k}{n}\right\}CM$，则节点等级度 $G_{node} = k$。如图 4 -4 所示的簇头节点的综合度量等高线，共分成 5 条综合度量等高线。

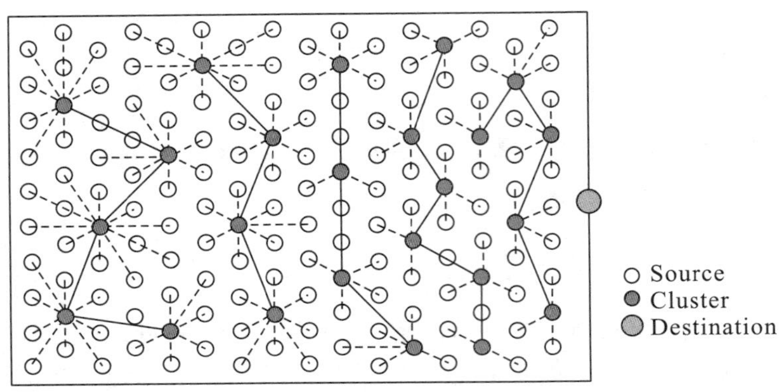

图 4-4　基于簇头节点综合度量的等高线

2. 构建基于梯度的多路径路由

(1) 基本思想。

基于梯度的多路径路由策略是为解决盲目广播、数据传输有向性和多路径快速建立等问题提出的一种按需分布式路由算法，利用方向梯度对消息广播与数据传输方向进行限定。根据节点综合度量信息，当有数据传输任务需求时便在源节点处通过分布式方式建立到目的节点的最佳 n 条全局路由。该路由策略主要包括拓扑构建、计算节点综合度量信息、多路径路由建立与路由维护阶段等。

当源节点检测到有数据需要传输时，向所属簇头节点报告，簇头节点沿梯度方向选择在其发射功率覆盖范围内的下列等高线距离最小的簇头节点建立传输路径，依次建立到目的节点的一条最优路径。源节点的簇头节点依次选择在其发射功率覆盖范围内的下列等高线上距离次小的且不属于已建立路径的簇头节点建立到目的节点的第二条路径，从而建立源节点到目的节点的多条传输路径，如图 4-5 所示。

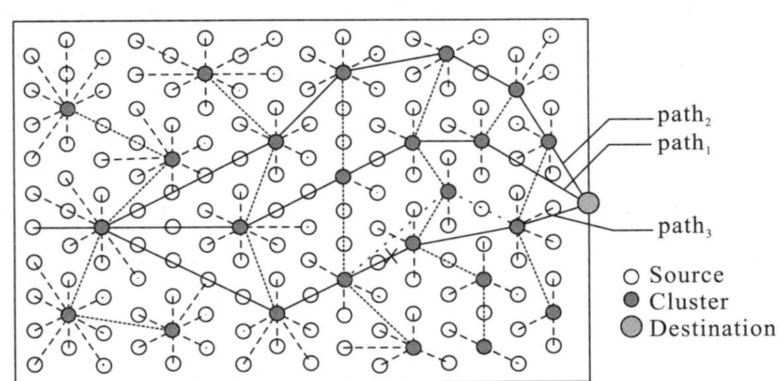

图 4-5　基于梯度的多路径路由

(2) 多路径梯度路由的建立。

步骤 1　初始化参数。当源节点确定有数据需要传输到目的节点时，报告所在簇的簇头节点。

步骤 2　建立第一条最优路径。簇头节点根据自身的综合度量值 CM 和 G，选择

$G' = G - 1$ 节点综合度量等高线上距离本簇头节点距离最近的且在其发射功率覆盖范围内的簇头节点作为下一跳传输节点，即$\{\min dist(i, j), dist(i, j) \leqslant R_i\}$，$i$，$j$ 分别表示建立路径中相邻等级簇头节点，R_i 表示上一等级簇头节点 i 的发射功率范围。并依次建立到目的节点的一条基于梯度方向的最优路径。

步骤3　建立第二条次优路径。源节点所在的簇头节点选择 $G' = G - 1$ 节点综合度量等高线上距离次小的且不属于已建立路径上的簇头节点作为下一跳传输节点，并依次建立到目的节点的基于梯度方向的次优多跳传输路径。

步骤4　建立所需要的 n 条传输路径后，目的节点将所建立的各条路径的信息（节点能量信息、传输延迟信息和数据成功传输率等）沿建立好的路径传输给源节点。源节点根据线性纠删编码和负载均衡机制，对要发送的数据包进行编码后分配到多条路径上进行传输。

步骤5　目的节点接收到编码数据片后，在时间 $t'_{network} = \min\left\{\max\left\{\frac{t(M+K)q'_i}{\Omega}\sum_{k=1}^{n_i-1}\left(\prod_{j=1}^{k-1} q_i^{j-1}\right)\right\}, t_{set}\right\}$内对接收到的一定数量的编码数据片解码重构成原始数据包。其中，t_{set}为设定的时间参数，$M+K$ 为源节点的编码数据片，t 为单位数据包 Ω 在每个节点处所需时间，q'_i 为每条链路的数据片成功传输率 q 的归一化值。

（3）多路径梯度路由的维护。

多路径传输路由建立并待数据传输完毕后，MAC 层协议控制节点进入休眠状态等待下次事件的触发。修复机制主要包括路由错误报告及路由修复两部分。路由错误报告是指当某节点检测到路由存在故障节点或无效链路时，该节点便向此无效路由的源节点发送路由错误报文，并对路由进行修复或建立新的路由。如果失效链路的上行节点决定对该路由进行修复则发起路由修复过程，该节点首先将收到的数据进行缓存，然后选在下列等高线最近的、在其发射功率覆盖范围内且非其他路径上的节点建立传输路由，并向目的节点发起路由请求报文，目的节点接收并回复后便完成了此次路由修复过程，最后将数据缓存队列中的数据报文用该路由进行转发。

多路径梯度路由具有传输容错性。在图4-5中，路径 $path_3$ 中某段传输路径（n_i，n_j）发生故障，导致路径 $path_3$ 失败。因此节点 n_i 选择综合度量等高线较近的不属于其他路径的节点 n_k 作为下一跳节点代替现有的故障节点或路径，或通过数据的编解码冗余传输，实现网络传输故障容错，提高数据传输的稳定性和可靠性。

（4）基于梯度的多路径路由特点。

①高传输可靠性与容错性。

动态分布式构建多路径梯度路由并在多条路径上对编码数据片进行传输，避免因节点故障导致链路失效和传输数据丢失。编解码传输容错机制容许多路径传输中一定数量数据片的丢失。负载均衡机制对较优路径分配较多的编码数据片进行传输，能减小数据丢包率，提高目的节点的编码数据片接收率和数据片解码重构成源数据包的成功率。

②负载均衡与高能耗性。

根据反映传输路径质量参数的信息包，将编码数据片在多条互不交叉的传输路径上按路径质量优化分配。负载均衡的多路径梯度路由，在建立节点综合度量时考虑了节点距离目的节点的跳数、节点能耗和传输时延等参数，根据综合度量等高线的梯度方向建立互不交叉的多条传输路径。簇头节点与簇成员节点在能耗达到一定阈值时轮换选取簇头。当数据沿多路径传输结束后簇头节点能耗达到一定阈值时，重新计算簇头节点的综合度量信息并建立等高线，重新建立源节点到目的节点的多条互不交叉的传输路径。结合负载均衡机制的数据传输能优化网络能耗并延长网络生命周期。

③低复杂度与低传输时延特性。

负载均衡的多路径梯度路由具有较低的计算复杂度。各节点只需存储邻居节点的综合度量信息并建立分布式多路径路由，无须存储全局节点或路径信息。计算复杂度主要体现在建立拓扑结构和多路径梯度路由两个方面。基于k均值非均匀分簇算法的计算复杂度较小，基于梯度的多路径路由主要体现在节点综合度量信息的计算上，多条互不交叉的路径根据已计算出来的信息值分布式建立。负载均衡的多路径路由传输方式必然会减小源数据的传输时延，在 $t'_{network} = \min\left\{\max\left\{\frac{t(M+K)q_i'}{\Omega}\sum_{k=1}^{n_i-1}\left(\prod_{j=1}^{k-1}q_i^{j-1}\right)\right\}, t_{set}\right\}$ 的时间内完成一次源数据的传输。

3. 多路径编码传输容错模型

（1）线性纠删编码原理。

假设网络源节点发送 bM 字节的数据包。数据包经纠删编码分解成（$M+K$）个大小为 b 字节的数据片，分别沿 n 条路径传输，每条路径根据负载均衡分配 x_i，$i=1$，2，…，n 个数据片。因源节点传输的数量为 $M+K$ 个数据片，有 $\sum_{i=1}^{n} x_i = \boldsymbol{X}^{\mathrm{T}}\boldsymbol{1} = M+K$，其中 $\boldsymbol{X}=[x_1, x_2, \cdots, x_n]^{\mathrm{T}}$，$\boldsymbol{1}$ 为全为1的矩阵。目的节点对接收到至少为 M 的编码数据片进行解码重组成源数据包。设路径 $path_i$ 接收到 z_i 个数据片，则目的节点能解码重构成源数据包的概率为：

$$p_{succ} = p\left(\sum_{i=1}^{n} z_i \geqslant M\right) \tag{4.24}$$

p_{succ} 为数据传输成功率，是网络层传输可靠性的度量。现假设 $\boldsymbol{q}=[q_1, q_2, \cdots, q_n]$ 分别为每条路径的数据片成功传输率，网络中多条传输路径相互独立，可知：

$$p_{succ} \geqslant Q(x, \boldsymbol{q}, K) \tag{4.25}$$

其中：

$$Q(x, \boldsymbol{q}, K) = \sum_{j=0}^{K} \frac{\mathrm{e}^{-\lambda(x)}[\lambda(x)]^j}{j!} \tag{4.26}$$

且

$$\lambda(x) = \sum_{i=1}^{n} \ln\left(q_i^{-x_i}\right) = -\sum_{i=1}^{n} x^{\mathrm{T}} \ln \boldsymbol{q} \tag{4.27}$$

而 $\ln\boldsymbol{q} = [\ln q_1, \ln q_2, \cdots, \ln q_n]^{\mathrm{T}}$，如图 4-6 所示的网络多路径传输模型。

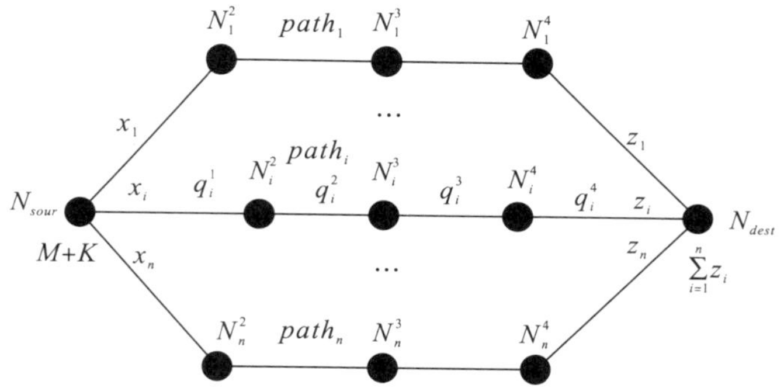

图 4-6　网络多路径传输模型

（2）数据成功传输率。

模型的数据传输成功率，即系统传输可靠性为：

$$\eta_{data} = \frac{M}{M+K} \tag{4.28}$$

对于 $path_i$，数据包到达第 j 条链路的数据成功传输率为：

$$q_i^j = \prod_{l=1}^{j} q_i^l \tag{4.29}$$

第 i 条路径从源节点到目的节点的成功传输率为：

$$q_i = \prod_{k=1}^{n_i-1} q_i^k \tag{4.30}$$

对于 $path_i$，目的节点接收的数据片量为：

$$x_i' = x_i \prod_{k=1}^{N_{node}-1} q_i^k \tag{4.31}$$

对于整个网络，在目的节点接收到的数据片总量为：

$$x = \sum_{i=1}^{n} x_i' = \sum_{i=1}^{n} \left(x_i \prod_{k=1}^{N_{node}-1} q_i^k\right) \tag{4.32}$$

其中 $\sum_{i=1}^{n} x_i = M+K$。模型中数据传输成功率，即系统传输可靠性为：

$$\eta_{data}' = \frac{x}{M+K} = \left(\sum_{i=1}^{x} \left(x_i \prod_{k=1}^{N_{node}-1} q_i^k\right)\right) / (M+K) \tag{4.33}$$

目的节点能重组成源数据包的必须有：$\eta' \geqslant \eta$。

（3）负载均衡机制。

上述阶段对数据片在每条链路上未明确分配方案，现对所有链路的成功传输率 $q_i = \prod_{k=1}^{n_i-1} q_i^k$，$i \in (1, 2, \cdots, n)$进行归一化，有：

$$q_i' = \prod_{k=1}^{n_i-1} q_i^k / \sum_{i=1}^{n} \prod_{k=1}^{n_i-1} q_i^k \tag{4.34}$$

其中 $\sum_{i=1}^{n} q_i' = 1$。$path_i$ 分配的数据片为 $q_i'(M+K)$，目的节点接收到的编码数据片

数量为：

$$x' = \sum_{i=1}^{n} q_i'(M + K)\prod_{k=1}^{n_i-1} q_i^k \tag{4.35}$$

引理1　负载均衡下目的节点接收到的编码数据片数量大于等于未实施负载均衡，即 $x' \geqslant x$。

证明：$x' = \sum_{i=1}^{n} q_i'(M+K)\prod_{k=1}^{n_i-1} q_i^k$，$x = \sum_{i=1}^{n} x_i q_i$，而 $q_i' = \prod_{k=1}^{n_i-1} q_i^k / \sum_{i=1}^{n}\prod_{k=1}^{n_i-1} q_i^k$。

（1）当 $q_1 = q_2 = q_i = \cdots = q_n$ 时，

$$x = \sum_{i=1}^{n} x_i q_i = q_i(M+K)$$

$$x' = \sum_{i=1}^{n} q_i'(M+K)\prod_{k=1}^{n_i-1} q_i^k = \sum_{i=1}^{n}(M+K)q_i^2 / \sum_{i=1}^{n} q_i = q_i(M+K)x' = x$$

（2）$(q_1, q_2, \cdots, q_n)$ 不全等，$x_1 = x_2 = x_i = \cdots = x_n$ 时，

$$x' = \sum_{i=1}^{n} q_i'(M+K)\prod_{k=1}^{n_i-1} q_i^k = \sum_{i=1}^{n}(M+K)q_i^2 / \sum_{i=1}^{n} q_i$$

$$x = \sum_{i=1}^{n} x_i q_i = \frac{(M+K)}{n}\sum_{i=1}^{n} q_i$$

$$x'/x = n\sum_{i=1}^{n} q_i^2 / \left(\sum_{i=1}^{n} q_i\right)^2 = n\sum_{i=1}^{n}\left(q_i / \sum_{i=1}^{n} q_i\right)^2 = n\sum_{i=1}^{n}(q_i')^2 \geqslant 1，因为 \sum_{i=1}^{n} q' = 1，$$

令：$f(q_1', q_2', \cdots, q_n', \lambda) = \sum_{i=1}^{n}(q_i')^2 - \lambda\left(\sum_{i=1}^{n} q' - 1\right) = 0$

当且仅当 $q_1' = q_2' = \cdots = q_n' = 1/n$，有 $\min(f(q_1', q_2', \cdots, q_n', \lambda))$，

当 $(x_1, x_2, \cdots x_n)$ 不全等时，令

$$f(q_1', q_2', \cdots, q_n', x_1, x_2, \cdots, x_n, \lambda_1, \lambda_2) = \sum_{i=1}^{n}(x_i q_i') - \lambda_1\left(\sum_{i=1}^{n} x_i - (M+K)\right) - \lambda_2\left(\sum_{i=1}^{n} q_i - 1\right) = 0$$

分别对此8个参数求偏导并联立方程求解。当 $x_1 = x_2 = \cdots = x_n = (M+K)/n$，$q_1 = q_2 = \cdots = q_n = 1/n$ 时，$(M+k)/n \leqslant f(q_1', q_2', \cdots, q_n', x_1, x_2, \cdots x_n) < (M+K)$，有 $E(x') < E(x)$。

（4）能耗模型与能效性。

假设在 $path_i$ 上传输 k 单位字节所需能耗为 e_i^k，并假设 e_i^k 与节点可用能量 E_i^k 在数据传输期间值不变，则在 $path_i$ 上单位字节的传输能耗为此路径上所有链路的单位字节传输能耗和，即

$$e_i = \sum_{k=0}^{n_i-1} e_i^k \tag{4.36}$$

其 n_i 为路径 $path_i$ 上的第 i 个节点。

网络中单位字节能耗向量为 $\boldsymbol{E}_b = [e_1, e_2, \cdots, e_n]^{\mathrm{T}}$，则在不丢包的情况下成功传

输 $M+K$ 数据片所需能耗为：$E_{total}(x, E_b)=b(M+K)x^{T}E_b$。因此 $path_i$ 上节点能耗运行完毕时能传输最大的数据量为：

$$M_i^e=\min_{1\leqslant k\leqslant n_i}\left\{\frac{E_i^k}{be_i^k}\right\} \tag{4.37}$$

而 M_i^e 为节点 k 的请求信息包，有：

$$M_i^e\leftarrow\min_{1\leqslant k\leqslant n_i}\left\{M_i^e,\ \frac{E_i^k}{be_i^k}\right\} \tag{4.38}$$

负载均衡传输机制下数据传输存在丢包的情况。对于 $path_i$ 的第 k 条链路的数据传输能耗为：

$$E_i^k=bx_i\prod_{j=1}^{k-1}e_i^kq_i^{j-1} \tag{4.39}$$

$path_i$ 路径上传输 x_i 所需要的能耗为：

$$E_{path_i}^k=b\sum_{k=1}^{n_i-1}\left(x_i\prod_{j=1}^{k-1}e_i^kq_i^{j-1}\right) \tag{4.40}$$

网络发送 $M+K$ 数据片所需要的能耗为：

$$E_{network}=b\sum_{i=1}^{n}\left(\sum_{k=1}^{n_i-1}\left(x_i\prod_{j=1}^{k-1}e_i^kq_i^{j-1}\right)\right) \tag{4.41}$$

其中 $\sum_{i=1}^{n}x_i=M+K$。实施负载均衡后 $path_i$ 的第 k 条链路的数据传输能耗为：

$$E_i^k=b(M+K)q_i'\prod_{j=1}^{k-1}e_i^kq_i^{j-1} \tag{4.42}$$

其中 $\sum_{i=1}^{n}q'=1$。$path_i$ 路径上传输 x_i 所需要的能耗为：

$$E_{path_i}^k=b(M+K)q_i'\sum_{k=1}^{n_i-1}\left(\prod_{j=1}^{k-1}e_i^kq_i^{j-1}\right) \tag{4.43}$$

负载均衡机制下网络发送 $M+K$ 数据片时所需要的能耗为：

$$E_{network}'=b(M+K)\sum_{i=1}^{n}\left(q_i'\sum_{k=1}^{n_i-1}\left(\prod_{j=1}^{k-1}e_i^kq_i^{j-1}\right)\right) \tag{4.44}$$

因此，在负载均衡机制与非负载均衡机制下网络发送 $M+K$ 数据片时，对成功接收到数据片的能耗定义为：

$$\eta_{energy}'=\frac{E_{network}'}{x'}\frac{b(M+K)\sum_{i=1}^{n}\left(q_i'\sum_{k=1}^{n_i-1}\left(\prod_{j=1}^{k-1}e_i^kq_i^{j-1}\right)\right)}{\sum_{i=1}^{n}q_i'(M+K)\prod_{k=1}^{n_i-1}q_i^k} \tag{4.45}$$

$$\eta_{energy}=\frac{E_{network}}{x}=\frac{b\sum_{i=1}^{n}\left(\sum_{k=1}^{n_i-1}\left(x_i\prod_{j=1}^{k-1}e_i^kq_i^{j-1}\right)\right)}{\sum_{i=1}^{n}\left(x_i\cdot\prod_{k=1}^{N_{node}-1}q_i^k\right)} \tag{4.46}$$

引理2　负载均衡机制下网络能耗有效性高于非负载均衡机制下网络能耗性，即 $\eta'_{energy} < \eta_{energy}$。

证明：因为 $E'_{network}$ 与 x'，$E_{network}$ 与 x 有相同的线性关系，若 $\{e_i^k, i=1, 2, \cdots, n\}$ 均相等，有 $\eta'_{energy} = \eta_{energy}$。但因传输路径的节点跳数、节点间路径长度和总的传输路径长度等不同，使得网络的多条路径的传输质量不等，每条链路上每个节点的发射功率互不相等，所以 $\{e_i^k\}$ 互不相等。

假设传输能耗模型中任一条路径上的每跳单位字节传输能耗相同，即 $\{e_i^k, k=1, 2, \cdots, n_i-1\}$ 相等，对于较优路径 $path_i$ 和次优路径 $path_{i+1}$ 分配相等的数据片量 x''。

$$\Theta = \frac{\eta_i}{\eta_{i+1}} = \frac{bx''\sum_{k=1}^{n_i-1}\left(\prod_{j=1}^{k-1} e_i^k q_i^{j-1}\right)/x''\prod_{k=1}^{n_i-1} q_i^k}{bx''\sum_{k=1}^{n_i-1}\left(\prod_{j=1}^{k-1} e_{i+1}^k q_{i+1}^{j-1}\right)/x''\prod_{k=1}^{N_{node}-1} q_i^k} < \frac{q_i e_i^k / q_i}{q_{i+1} e_{i+1}^k / q_{i+1}} < \frac{e_i^k}{e_{i+1}^k} < 1 \tag{4.47}$$

其中 $e_i^k < e_{i+1}^k$，较优路径传输相同数据片的能效性高于次优路径的能效性。在源节点传输 $M+K$ 相同数量数据片的情况下，对能效性较高的链路分配较多的数据片传输以实现负载均衡机制整体网络能效性较高，即 $\eta'_{energy} < \eta_{energy}$。

（5）传输时延性。

现将多路径传输模型的时延模型定义与单路径时延特性分析和基于负载均衡条件下的时延特性进行比较分析。假设网络中单位数据包 Ωbit 在每个节点处所需时间为 t，计算在多路径负载均衡机制下网络传输延迟。第 i 条路径数据片的传输时延为：

$$t_i = \frac{t(M+K)q_i'}{\Omega}\sum_{k=1}^{n_i-1}\left(\prod_{j=1}^{k-1} q_i^{j-1}\right) \tag{4.48}$$

因此整个网络的传输时延为：

$$t_{network} = \max\left\{\frac{t(M+K)q_i'}{\Omega}\sum_{k=1}^{n_i-1}\left(\prod_{j=1}^{k-1} q_i^{j-1}\right)\right\},\ i=1, 2, \cdots, n \tag{4.49}$$

但实施负载均衡机制下源节点发送数量为 $M+K$ 数据片时，在设定时间 t_{set} 内只要在目的节点采集到 $M' \geqslant M$ 就能解码重构源数据包。因此网络的传输时延为：

$$t'_{network} = \min\left\{\max\left\{\frac{t(M+K)q_i'}{\Omega}\sum_{k=1}^{n_i-1}\left(\prod_{j=1}^{k-1} q_i^{j-1}\right)\right\},\ t_{set}\right\} \tag{4.50}$$

在单路径传输模式下传输相同数据量的网络传输时延为：

$$t''_{network} = \frac{t(M+K)}{\Omega}\sum_{k=1}^{n_i-1}\left(\prod_{j=1}^{k-1} q^{j-1}\right) \tag{4.51}$$

毫无疑问，$t''_{network} > t_{network} \geqslant t'_{network}$。

4.2.5　结论

传输稳定性和可靠性是无线传感器网络非常重要的性能指标，节点或链路故障等会降低网络传输可靠性，增大传输时延和网络能耗。本节提出的基于梯度的无线传感器网络多路径可靠传输容错策略，主要是基于二次 k 均值法构建非均匀的分簇拓扑结构，按质量评价函数计算簇头节点综合信息度量并建立等高线，在不同等高线之间沿梯度方向建立互不交叉的多条路径，经纠删编码的数据片沿多路径负载均衡传输后解码重构源数据，实施负载均衡的线性纠删编码多路径传输。建立多路径梯度传输容错数学模型，并对网络多项性能指标进行理论分析与证明。仿真测试表明，基于梯度的多路径传输容错机制具有快速有效的分簇拓扑与分布式多路径传输机制的构建，具有较好的故障容错性，提高了网络传输可靠性和能效性。

4.3 网络编码容错策略——MPE^{2}S：基于多路径纠删编码的无线传感器网络可靠传输策略

4.3.1 引言

本节针对无线传感器网络网络层因节点故障影响传输稳定性和可靠性问题，提出了基于多路径纠删编码的无线传感器网络可靠传输策略 MPE^{2}S，主要研究内容包括：①建立具有不同等级区域网络结构，运用改进蚁群算法的信息素归一化值反映链路质量，并在相邻等级节点间建立多条互不交叉的传输路径。②研究适合于无线传感器网络特点的纠删编码方式，并结合多路径传输模式实施负载均衡，以提高节点故障容错性和传输可靠性。③根据扩展的 Gilbert 模型对能耗期望、数据传输成功率和能耗有效性等进行分析证明并仿真实现。

本节贡献在于：MPE^{2}S 首先对网络节点进行等级区域划分，根据改进蚁群算法的快速收敛性以及对网络路由建立的优势，创新地运用可衡量链路质量的最优最差蚂蚁系统的信息素归一化值，在网络相邻等级节点间建立互不交叉的多条传输路径，减小建立与优化多条传输路径的计算复杂度。改进 Reed-Solomon 编码方式，减小编解码运算量，实施多路径负载均衡的数据编解码传输。建立数学模型对网络各性能参数进行证明并仿真验证。MPE^{2}S 降低了多路径路由建立的复杂度，避免单一传输路径因节点故障导致整条链路数据传输丢失的风险，根据蚂蚁信息素归一化值实施负载均衡机制，能提高编码数据片成功传输率、源数据包准确率和能效性，以提高网络节点故障容错性和传输可靠性。

4.3.2 多路径路由传输容错机制

1. 网络节点等级标定

根据节点距离目的节点远近，将网络划分为不同等级区域，对网络节点进行等级标定。每个等级区域的节点具有相同的等级度，即

$$G_i = m,\ \text{if}\ dist(s,\ i) \in ((m-1)r,\ mr) \tag{4.52}$$

其中，G_i 表示节点 i 的等级度，m 为等级值，$dist(s,\ i)$ 为节点 i 到 Sink 节点的欧氏距离，r 为初始设定的距离值。

2．确定路径信息素值

最优最差蚂蚁系统（BWAS）是对蚁群算法的改进，引入对最优最差蚂蚁的奖惩机制，增强最优路径搜索指导，加速蚁群算法收敛速度。蚂蚁能记忆所经历路径产生的信息素值。利用 BWAS 的群智能搜索优势和快速收敛特性，搜寻并建立目的节点到源节点间的较优路径。根据蚂蚁在路径上产生的信息素归一化值，建立源节点到目的节点之间互不交叉的多条传输路径。

第一步　初始化参数，根据式（4.53）和（4.54）为每只蚂蚁选择路径。

$$p_{ij}^{k}(t)=\begin{cases}\dfrac{\tau_{ij}^{\alpha}(t)\eta_{ij}^{\beta}(t)}{\sum\limits_{s\in allowed_k}\tau_{k}^{\alpha}(t)\eta_{is}^{\beta}(t)},\ j\in allowed_k\\ 0,\ \text{otherwise}\end{cases}\tag{4.53}$$

$$\tau_{ij}(t+n)=\rho_1\tau_{ij}(t)+\Delta\tau_{ij}(t,\ t+n)\tag{4.54}$$

$$\Delta\tau_{ij}(t,\ t+n)=\sum_{k=1}^{m}\Delta\tau_{ij}^{k}(t,\ t+n)\tag{4.55}$$

$$\Delta\tau_{ij}^{k}(t,\ t+n)=\begin{cases}\dfrac{Q}{L_k},\ \text{如果蚂蚁}\ k\ \text{在本次循环中经过的路径}\ (i,\ j)\\ 0,\ \text{其他}\end{cases}\tag{4.56}$$

式（4.55）是在蚂蚁建立了完整的路径后更新轨迹量，并非在每一步都对其更新。

第二步　当蚂蚁生成路径后，对其信息素值按式（4.57）进行局部更新。

$$\tau_{rs}\leftarrow(1-\rho)\tau_{rs}+\rho\Delta\tau_{rs}\tag{4.57}$$

$$\Delta\tau_{rs}=(nL_{nn})^{-1}\tag{4.58}$$

第三步　循环执行第一步和第二步直至簇头节点中的每只蚂蚁都生成一条路径，并根据簇头节点的每只蚂蚁经历路径的长度，评选出最优最差蚂蚁。

第四步　对最优蚂蚁按式（4.59）进行全局更新。

$$\tau_{rs}\leftarrow(1-\alpha)\tau_{rs}+\alpha\Delta\tau_{rs}\tag{4.59}$$

其中：

$$\Delta\tau_{rs}=\begin{cases}(L_{gb})-1,\ \text{if}(r,\ s)\in global\ best\\ 0,\ \text{otherwise}\end{cases}\tag{4.60}$$

第五步　对最差蚂蚁按式（4.61）进行全局更新。

$$\tau(r,\ s)=(1-\rho)\tau(r,\ s)-\varepsilon\frac{L_{worst}}{L_{best}}\tag{4.61}$$

第六步　分别对其余节点中的蚂蚁执行第二步至第五步，直至所有节点的蚂蚁建立路径，并记录各路径信息素值。根据 BWAS 计算出各路径的信息素值并归一化，作为衡量链路质量的依据。

以上各参数含义见表 4－2。

表 4－2　参数含义

参数	参数含义
p_{ij}^{k}	蚂蚁 k 的转移概率
j	尚未访问的节点
τ_{ij}	边（i，j）上的信息素强度
η_{ij}	边（i，j）的能见度，反映节点 i 转移到节点 j 的启发度
$allowed_k$	蚂蚁下一步允许选择的节点集合
ρ，ε	均为参数，$0<\rho<1$
n	节点数量
L_{nn}	最近领域启发产生的路径长度
L_{best}，L_{worst}	当前循环中最优最差蚂蚁经历的路径长度
L_{gb}	当前循环中全局最优路径
α	信息素挥发参数，$0<\alpha<1$

3. 蚁群算法的实现过程

（1）在每个节点设置一定数量的信息包（蚂蚁），初始化信息包的基本参数，每个信息包携带目的节点地址、源节点地址和跳数信息等信息，根据节点禁忌表和信息包转移概率选择下跳节点。

（2）信息包前行过程中在本地节点路由表中创建一个表项，记录下信息素浓度、跳数和上下跳节点坐标等信息，并更新节点禁忌表。当中间节点收到来自邻居节点信息包时，检查是否已收到过来自相同节点的信息包；若是则回退前一节点继续寻找下跳节点，否则将跳数增 1。

（3）当有信息包从源节点到达目的节点后停止搜寻，对路由表中生成的链路的信息素进行更新，直到在每个节点上的信息包传输到目的节点。在生成的路由表里计算信息包的路径长度并记录最优最差路径值，并将最优最差路径上的信息素更新。

4. 多路径传输机制

（1）多路径建立规则。

节点不与同级节点建立传输路径，只与在其发射功率覆盖范围的邻级簇头节点建立传输路径。源节点首先选择质量最优路径的节点为下一跳数据传输的节点，建立一条到目的节点的最优传输链路。源节点选择次优链路质量的节点为下一跳节点，并依次选择链路质量最优且未位于第一条传输路径的节点为下一跳传输中继节点，建立第二条从源节点到目的节点的次优传输链路。BWAS 在每两个不同等级节点之间的链路上生成了信息素值，通过信息素值反映链路的质量。具有较大信息素质的链路具有较高的数据成功传输率和较低的传输时延。将所有路径信息素值归一化，根据木桶定律，选择链路中最小一段路径的信息素归一化值反映传输链路质量，取$\rho_{\min} \geqslant \rho'$（$\rho'$为一给定参数）建立有限条互不交叉的传输路径，如图 4－7 所示。图 4－7 中 S_1，S_2，S_3 为源节点，D_1，D_2 为目的节点，其余节点为中继节点。S_2 与 D_1 建立了 3 条路径，分别 $S_2 \to N_3^1 \to N_2^1 \to N_1^1 \to D_1$，$S_2 \to N_3^2 \to N_2^2 \to N_1^2 \to D_1$，$S_2 \to N_3^3 \to N_2^3 \to N_1^3 \to D_1$。根据路径建立规则，$S_1$ 不能与 N_3^1 和 N_2^1 建立路径，S_3 不能与 N_3^2 建立路径。

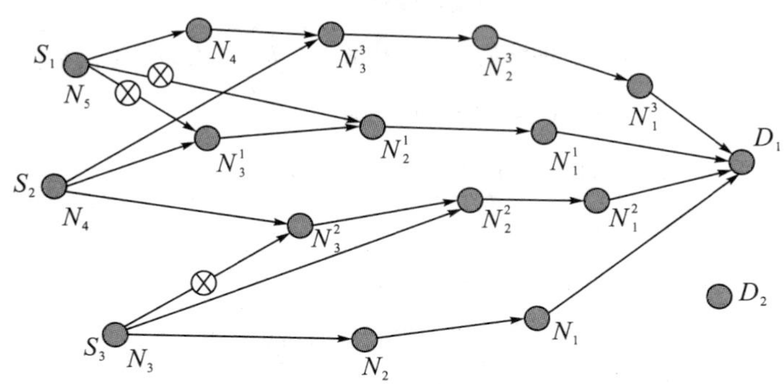

图 4－7　多路径数据传输机制

（2）多路径建立过程。

第一步　初始化参数，计算每个节点的等级。

第二步　执行 BWAS 算法，计算每条路径信息素归一化值 τ。

第三步　源节点选择在发射功率范围内的具有最大信息素归一化值的邻居等级节点作为下跳节点建立传输路径，并依此建立到目的节点的第一条路径。

第四步　源节点选择在发射功率范围内的具有较次信息素归一化值的邻居等级节点作为第一个下跳节点，并依次选择在发射功率范围内的具有最大信息素归一化值且未位于已建立路径的邻居等级节点作为下跳节点，建立到目的节点的传输路径。

第五步　目的节点对建立的多条路径的路径质量进行评估，并将信息包沿建立好的路径返回到源节点，源节点根据返回信息包确认多路径的建立并实施负载均衡机制。

4.3.3　基于纠删编码的多路径负载均衡机制

纠删编码是针对在传输过程中因网络故障出现数据包丢失的一种数据冗余传输容错机制，编码数据片必然在多路径上进行传输，并在目的节点解码重组以提高源数据传输准确率。负载均衡机制是多路径传输和基于纠删编码的数据传输方式须考虑的问题，即将源数据包的编码数据片的在多条路径上优化分配与传输，以提高数据片接收率、源数据准确率和能效性。

1. 纠删编码容错机制

（1）纠删编码容错机理。

纠删编码（Erasure Coding）是将源节点的数据包编码后沿多条路径传输，在目的节点对接收的一定数量的编码数据片解码重组成源数据包。源节点将大小为 bM 字节的数据包分解成大小为 b 字节的 M 个数据片，将此 M 个数据片进行编码，生成 $N+R$ 个编码数据片，在网络中沿从源节点到目的节点的 x_1 到 x_n 这 n 条路径进行传输，有 $\sum_{i=1}^{n} x_i = N+R$。目的节点将接收到 $N'(N \leqslant N' \leqslant N+R)$ 个编码数据片。根据解码规则，目的节点至少接收到 N 个编码数据片中才能重组成 M 个源数据片，允许丢失最多 R 个数据片。如果随机变量 Z_i 是路径 x_i 上接收到的数据片量，则有 $\sum_{i=1}^{n} Z_i \geqslant N$。数据编码冗余度以 R 表示。当 R 大于数据传输丢失率时，通过冗余数据传输就能在目的节点获得源节点的数据包，提高网络数据传输故障容错性。其容错编码机理如图 4-8 所示。

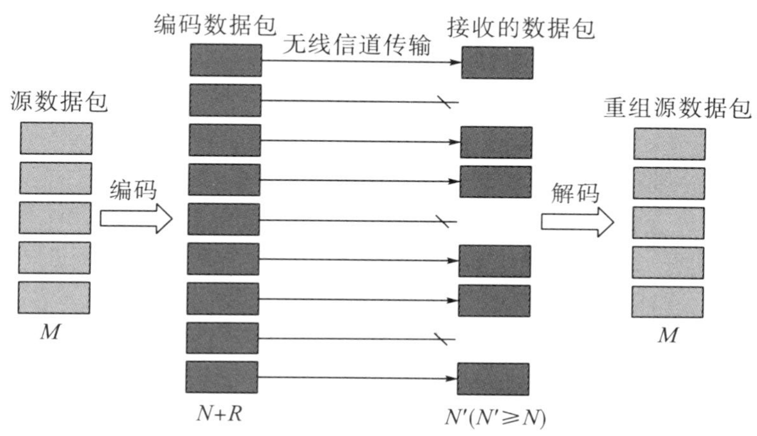

图 4-8 纠删编码容错机理

（2）基于 Reed-Solomon 的纠删编码。

针对计算资源受限的无线传感器网络，基于范德蒙矩阵的 Reed-Solomon 优化编码方式，可减小编码计算量，提高编解码速度等方面有着较好的特性。Reed-Solomon 编码的基本思想就是产生含有 m 个未知量的 n 个方程，只需其中 m 个方程便能求解出 m 个未知量。对于一个给定的数据，将其分解成 w_0，w_1，w_2，…，w_{m-1}，运用这些系数构建多项式 $p(X) = \sum_{i=0}^{m-1} w_i x^i$。计算多项式 $p(X)$ 在 n 个不同点 x_1，x_2，…，x_n 的值 $p(x_1)$，$p(x_2)$，…，$p(x_n)$ 可以用矩阵与向量的乘积表示。

$$\begin{bmatrix} 1 & x_1 & x_1^2 & \cdots & x_1^{m-1} \\ 1 & x_2 & x_2^2 & \cdots & x_2^{m-1} \\ 1 & x_3 & x_3^2 & \cdots & x_3^{m-1} \\ \vdots & \vdots & \vdots & & \vdots \\ 1 & x_{n-1} & x_{n-1}^2 & \cdots & x_{n-1}^{m-1} \\ 1 & x_n & x_n^2 & \cdots & x_n^{m-1} \end{bmatrix} \begin{bmatrix} w_0 \\ w_1 \\ \vdots \\ w_{m-1} \end{bmatrix} = \begin{bmatrix} p(x_1) \\ p(x_2) \\ p(x_3) \\ \vdots \\ p(x_{n-1}) \\ p(x_n) \end{bmatrix} \tag{4.62}$$

线性方程 $\boldsymbol{AW}=\boldsymbol{Z}$ 中，$\boldsymbol{A}$ 为范德蒙矩阵，$n \times m$ 的范德蒙矩阵的元素有如下特征：$A(i, j) = x_i^{j-1}$ 非零，任何 m 行元素都可以组成一个非奇异矩阵，m 行元素线性独立。$\boldsymbol{X}$ 与 $\boldsymbol{Z}$ 分别为 m 行向量。通过矩阵 $\boldsymbol{A}$ 和向量 $\boldsymbol{Z}$，可以唯一确定出 $\boldsymbol{W}$ 向量。

Reed-Solomon 编码方式对源数据包分解成的 m 个数据片 w_0，w_1，w_2，…，w_{m-1}都要进行编码和解码，这需要无线传感器网络节点较多的计算和能量资源。对 Reed-Solomon 编码改进，只对部分数据片编解码以节约计算资源。当对一个数据包分解的数据片进行编码时，如果部分已编码数据片是源数据片本身，则在目的节点处不需要解码就能得到源数据片。而对于冗余数据片的编解码，仍按照 Reed-Solomon 编码方式进行。这种改进的编解码方式称为系统编码。运用系统编码对源节点的数据片编码时，就不需要对 m 个源数据片进行编码计算。在目的节点对收到的数据进行解码，若得到越多的源数据片，则解码矩阵越近似于单位矩阵，解码的速度也就越快。编码原理如式（4.63）所示。

$$\begin{bmatrix} 1 & 0 & \cdots & 0 \\ 0 & 1 & \cdots & 0 \\ \vdots & \vdots & & \vdots \\ 0 & 0 & \cdots & 1 \\ 1 & x_{m+1} & \cdots & x_{m+1}^{m-1} \\ 1 & x_{m+2} & \cdots & x_{m+2}^{m-1} \\ \vdots & \vdots & & \vdots \\ 1 & x_n & \cdots & x_n^{m-1} \end{bmatrix} \begin{bmatrix} w_0 \\ w_1 \\ \vdots \\ w_{m-1} \end{bmatrix} = \begin{bmatrix} w_0 \\ w_1 \\ \vdots \\ w_{m-1} \\ p(x_{m+1}) \\ p(x_{m+2}) \\ \vdots \\ p(x_n) \end{bmatrix} \tag{4.63}$$

2. 多路径负载均衡机制

（1）多路径负载均衡思想。

因节点计算传输资源受限，不应在所建立的每条路径上对源节点的所有编码数据片进行传输。这将会导致大量冗余数据片在网络中传输消耗较多的能量，也容易因数据碰撞等产生传输时延，且对于目的节点解码重组源数据的过程也并不需要过多的冗余数据片，这对解码的计算和目的节点存储空间等都造成了极大的资源浪费。因此，须实行多路径负载均衡机制，根据建立的传输链路质量，将已编码的数据片在传输路径上进行分配传输，如图 4－9 所示。

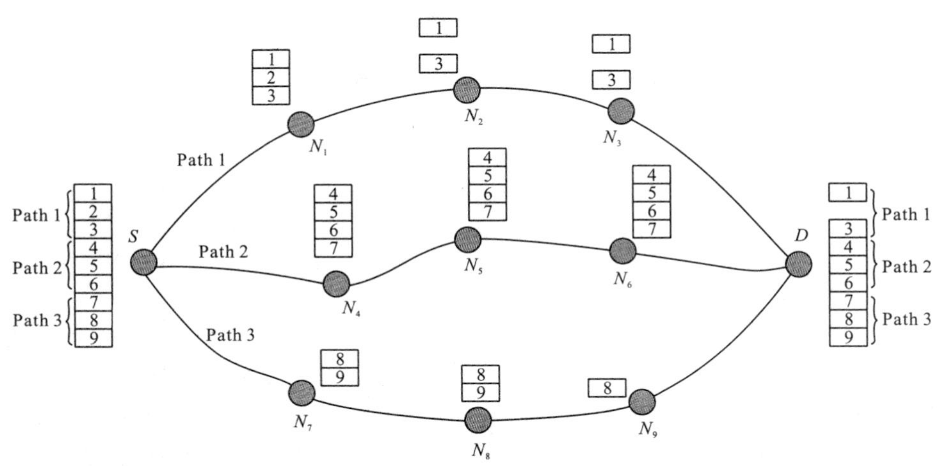

图 4－9　多路径负载均衡机制

图4－9为多路径负载均衡机制示意图。在源节点 S 和目的节点 D 之间建立了3条传输路径 $Path_i(i=1,\ 2,\ 3)$。多路径负载均衡机制根据每一条链路传输质量 p_i，对源节点编码后的数据片进行分配。具有较高质量的传输链路将分配较多的编码数据片，低质量的数据片将分配较少的编码数据片，优化编码数据片在多路径的分配，实现负载均衡传输。如图4－9所示，源节点 S 的源数据经编码后生成数据片1～9，根据链路质量 $\mathrm{Path}_2>\mathrm{Path}_1>\mathrm{Path}_3$，链路2将分配较多的编码数据片。在传输过程中，因为链路质量或节点故障等原因，Path_1 与 Path_3 发生部分数据片丢失，最终在目的节点 D 处收到数据片1，3～8。

（2）多路径负载均衡法。

蚁群算法的信息素是反应最优路径的一个重要参数，综合了路径寻优过程中节点的能量、路径距离的启发度和群智能信息计算的优势。改进蚁群算法的信息素值越大，对应的路径质量较高，实施负载均衡所分配的编码数据片较多。设 $R_i(i=1,\ 2,\ 3,\ \cdots)$ 为第 i 条链路分配的编码数据片数量，由蚁群算法的信息素归一值 p_i^j 反应第 i 条路径的第 $j-1$ 跳与第 j 跳节点间路径的质量，其中，$i\in(1,\ 2,\ \cdots,\ m)$，$j\in(1,\ 2,\ \cdots,\ n)$。根据木桶定律确定整条传输链路质量为 $p_i'=\min(p_i^1,\ p_i^2,\ \cdots,\ p_i^n)$，将 m 条链路的 p_i' 归一化为 p_i，则第 i 条链路上分配的编码数据片数量为 $R_i=(N+R)p_i$。

3. 性能评价分析

评价无线传感器网络的数据包接收率、数据准确率和能耗有效性等，须建立数学模型进行评估。数据包在网络中通过多跳方式从源节点传输到目的节点，因每一条路径的数据成功传输率不等，伯努利概率模型不能较好地反映。利用 Markov 模型－Gilbert 模型和扩展的 Gilbert 模型来评价网络各项指标更为合适。在此状态转移概率模型上，求解在负载均衡下网络多路径的传输性能。所建立的两个状态的 Gilbert 模型如图4－10所示。

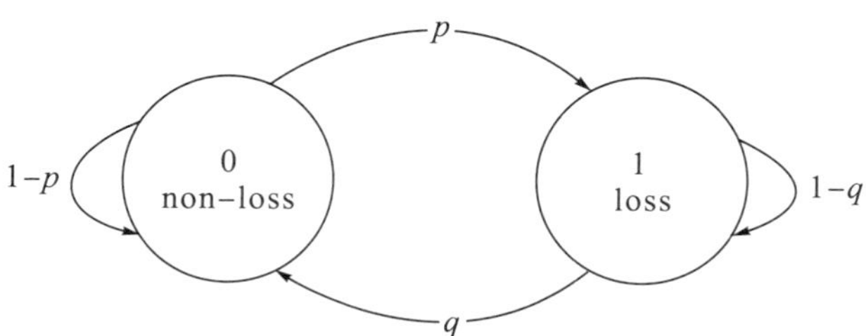

图4－10　两个状态的 Gilbert 模型

图4－10中，p 为从状态0（数据未丢失状态）至状态1（数据丢失状态）的转移概率，q 为从状态1至状态0的转移概率，$1-q$ 为条件丢包率。可知对于状态0与1的状态概率 π_0 和 π_1 分别为：

$$\pi_0=\frac{q}{p+q},\ \pi_1=\frac{p}{p+q} \tag{4.64}$$

引入纠删编码的数据冗余传输机制后，M 个源数据片通过编码产生 $N+R$ 编码数据片。目的节点须至少接收到 N 个数据包，才能解码重组原 M 个源数据片。因此，数据包的突发性丢失将显著影响到 $N+R$ 个数据的成功到达率，其扩展的 Gilbert 模型如图 4－11 所示。

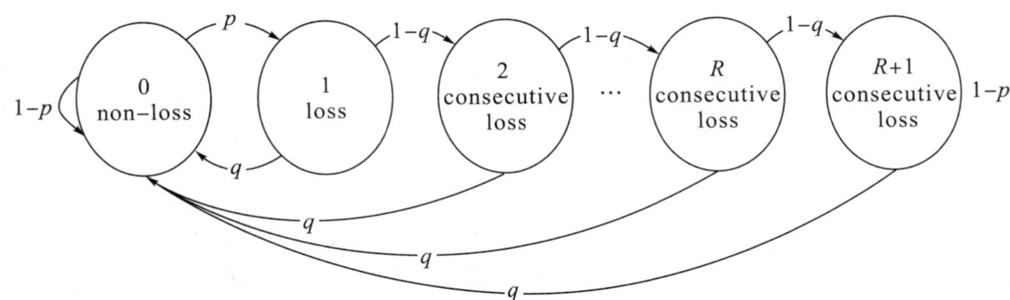

图 4－11　扩展的 Gilbert 模型

定义随机变量 X 如下：$X=0$ 为无数据包丢失，$X=k$ 为有 k 个连续数据包丢失。因此，将两种状态的 Gilbert 模型扩展为 $R+2$ 态扩展型 Gilbert 模型，其转移状态有 $R+2$ 个。状态 $R+1$ 表明数据包的丢失数已大于 R 个，在目的节点已不能重构源数据包，马尔科夫链的状态转移概率矩阵 $\boldsymbol{P}$ 为

$$\boldsymbol{P}=\begin{bmatrix} 1-p & q & q & \cdots & q & q \\ p & 0 & 0 & \cdots & 0 & 0 \\ 0 & 1-q & 0 & \cdots & 0 & 0 \\ \cdots & \cdots & \cdots & \cdots & \cdots & \cdots \\ 0 & 0 & 0 & \cdots & 0 & 0 \\ 0 & 0 & 0 & \cdots & 1-q & 1-q \end{bmatrix} \tag{4.65}$$

因此，各稳态概率可以由下式确定：

$$\begin{bmatrix} 1-p & q & q & \cdots & q & q \\ p & 0 & 0 & \cdots & 0 & 0 \\ 0 & 1-q & 0 & \cdots & 0 & 0 \\ \cdots & \cdots & \cdots & \cdots & \cdots & \cdots \\ 0 & 0 & 0 & \cdots & 0 & 0 \\ 0 & 0 & 0 & \cdots & 1-q & 1-q \end{bmatrix} \begin{bmatrix} \pi_0 \\ \pi_1 \\ \pi_2 \\ \cdots \\ \pi_R \\ \pi_{R+1} \end{bmatrix} = \begin{bmatrix} \pi_0 \\ \pi_1 \\ \pi_2 \\ \cdots \\ \pi_R \\ \pi_{R+1} \end{bmatrix},\ \sum_{i=0}^{R+1} \pi_i = 1 \tag{4.66}$$

由（4.67）式得稳态概率为：

$$\pi_0=\frac{q}{p+q},\ \pi_{R+1}=\frac{p}{p+q}(1-q)^R,\ \pi_k=\frac{pq}{p+q}(1-q)^{k-1}(k\in[1,\ R]) \tag{4.67}$$

对于从 M 个源数据片经编码后的全部（$N+R$）个编码数据片，经过网络中的一条 n 跳传输路径后能耗期望值为：

$$E=\varepsilon(N+R)\pi_0^n n+\sum_{k=1}^{n}\varepsilon(N+R)\pi_0^{k-1}\pi_1 k=\frac{\varepsilon(1-\pi_0^n)(N+R)}{(1-\pi_0)} \tag{4.68}$$

在基于 Reed-Solomon 编码实行负载均衡的多路径传输模式下，设在源节点和目的节点间共建立 m 条传输链路，每条链路分配的编码数据片数量为：

$$R_i = [(N+R)p_i],\ i=1,\ 2,\ \cdots,\ m \tag{4.69}$$

其中，$\sum_{i=1}^{m} R_i = N+R$，$\sum_{i=1}^{m} p_i = 1$。

在单路径传输情况下，至多有 $R+2$ 转移状态。但在多路径传输情况下，$N+R$ 个数据片被分到多条路径上，路径的转移状态至多有 $R+1$ 个。因此，第 i 条传输链路的稳态概率为：

$$\pi_0^i = \frac{q_i}{p_i+q_i},\ \pi_{R_i+1}^i = \frac{p_i}{p_i+q_i}(1-q_i)^{R_i},\ \pi_k^i = \frac{p_i q_i}{p_i+q_i}(1-q_i)^{k-1}(k\in[1,\ R_i]),\ \sum_{i=1}^{m} R_i = R \tag{4.70}$$

根据多路径传输机制，从源节点到目的节点的每条路径均具有相同的跳数。对于（$N+R$）个编码数据片，经 m 条 n 跳传输链路后能耗期望值为：

$$E_{all} = \sum_{i=1}^{m} \varepsilon R_i \frac{(1-\pi_0^{in})}{(1-\pi_0^i)} = \sum_{i=1}^{m} \varepsilon(N+R)p_i \frac{(1-\pi_0^{in})}{(1-\pi_0^i)} \tag{4.71}$$

因此有：

$$E_{all} < E \tag{4.72}$$

引理 1　基于负载均衡的多路径纠删编码传输的能耗期望小于单路径纠删编码传输的能耗期望，即 $E_{all} < E$。

证明：在本节方法下建立的多条传输路径中，有链路质量 $p_1 > p_2 > \cdots > p_m$。π_0^i 为第 i 条链路的数据成功传输率，传输路径质量为 $\pi_0^1 > \pi_0^2 > \cdots > \pi_0^m$。在源节点和目的节点间只建立一条传输路径的 π_0 与建立多条路径中最优路径的 π_0^1 相等，即 $\pi_0 = \pi_0^1$。

$$\frac{(1-\pi_0^{1n})}{(1-\pi_0^1)} > \frac{(1-\pi_0^{2n})}{(1-\pi_0^2)} > \cdots > \frac{(1-\pi_0^{mn})}{(1-\pi_0^m)} \tag{4.73}$$

$$E_1 = \varepsilon(N+R)p_1 \frac{1-\pi_0^{1n}}{1-\pi_0^1} = \varepsilon(N+R)p_1 \frac{1-\pi_0^n}{1-\pi_0} = p_1 E \tag{4.74}$$

$$E_2 = \varepsilon(N+R)p_2 \frac{1-\pi_0^{2n}}{1-\pi_0^2} < \varepsilon(N+R)p_2 \frac{1-\pi_0^n}{1-\pi_0} = p_2 E \tag{4.75}$$

同理

$$E_j < p_j \cdot E,\ j\in(3,\ 4,\ \cdots,\ m)$$

$$E_{all} = \sum_{i=1}^{m} \varepsilon(N+R)p_i \frac{(1-\pi_0^{in})}{(1-\pi_0^i)} = E_1 + E_2 + \cdots + E_m < (p_1 + p_2 + \cdots + p_m)E = E \tag{4.76}$$

现对基于单路径纠删编码和基于 MPE^{2}S 策略的数据成功传输率进行分析。基于单路径纠删编码方式的数据成功传输率为：

$$P_{one} = \sum_{k=N}^{N+R} C(N+R,\ k)(\pi_0^n)^k (1-\pi_0^n)^{N+R-k} \tag{4.77}$$

基于 MPE^{2}S 策略的数据成功传输率为：

$$P_{suc} = \sum_{i=1}^{m} p_i^2 \tag{4.78}$$

两种方式下数据成功传输率关系为：

$$P_{suc} \geqslant P_{one} \tag{4.79}$$

引理 2　无线传感器网络中基于负载均衡的多路径纠删编码方式的数据成功传输率高于基于单路径纠删编码方式的数据成功传输率，即 $P_{suc} > P_{one}$。

证明：基于 m 条路径传输方式的成功传输的数据片量为：

$$\sum_{i=1}^{m} p_i R_i = \sum_{i=1}^{m} p_i^2 (N+R) \tag{4.80}$$

基于多路径纠删编码方式的数据成功传输率为：

$$P_{suc} = \frac{\sum_{i=1}^{m} p_i^2 (N+R)}{N+R} = \sum_{i=1}^{m} p_i^2 \tag{4.81}$$

当 $i=1$ 时，$\pi_0^1 = \pi_0$，因为两种情况下最优路径质量相等。

现以多路径传输模式中第一条路径即最优路径为例，

$$P_1 = (\pi_0^n)^2 = \pi_0^{2n} \tag{4.82}$$

$$P_{one} = \sum_{k=N}^{N+R} C(N+R,\ k)(\pi_0^n)^k (1-\pi_0^n)^{N+R-k} < P'_{one}(R=0) \tag{4.83}$$

$$P'_{one} = (\pi_0^n)^n (1-\pi_0^n)^R = \pi_0^{n^2} \tag{4.84}$$

当 $n \geqslant 2$ 时，$P_1 \geqslant P'_{one}$，所以，

$$P_1 > P_{one} \tag{4.85}$$

有 $P_{suc} = \sum_{i=1}^{m} p_i^2 \geqslant P_{one}$，因为 $P_i \geqslant 0$。

引理 3　基于负载均衡的多路径纠删编码方式的能耗有效性高于基于纠删编码单路径数据传输方式。

证明：网络能耗有效性定义为总的传输能耗与成功传输数据片的能耗的比值。基于负载均衡的多路径纠删编码方式的能耗有效性为：

$$E_{mul} = \frac{E_{all}}{MP_{suc}} = \frac{\sum_{i=1}^{m} \varepsilon (N+R) p_i \dfrac{(1-\pi_0^{i\ n})}{(1-\pi_0^i)}}{\sum_{i=1}^{m} p_i^2 \cdot M} \tag{4.86}$$

基于纠删编码单路径传输方式的能耗有效性为：

$$E_{one} = \frac{E}{MP_{one}} = \frac{\varepsilon(1-\pi_0^{\pi})(N+R)}{P_{one}(1-\pi_0)M} \tag{4.87}$$

根据引理 1 与引理 2 可知：$E_{mul} > E_{one}$。因为 $E_{all} < E$，$P_{suc} \geqslant P_{one}$。

引理 4　基于负载均衡的多路径纠删编码方式的数据传输成功率高于基于非负载均衡的多路径纠删编码方式，即 $P_{suc} > P'_{suc}$

证明：基于非负载均衡的多路径纠删编码方式的数据成功传输率为：

$$P'_{suc}=\frac{\sum_{i=1}^{m}\left(\frac{1}{m}p_i(N+R)\right)}{N+R}=\sum_{i=1}^{m}\frac{1}{m}p_i \tag{4.88}$$

令 $f(m)=P_{suc}-P'_{suc}=\sum_{i=1}^{m}p_i^2-\sum_{i=1}^{m}\frac{1}{m}p_i=\sum_{i=1}^{m}\left(p_i-\frac{1}{2m}\right)^2-\frac{1}{4m}$

对 $f(m)$ 求导有：

$f'(m)=\frac{1}{m^2}\sum_{i=1}^{m}\left(p_i-\frac{1}{2m}\right)+\frac{1}{4m^2}=\frac{3}{4m^2}>0$

当 $m=1$ 时，即为单路径传输方式，有 $p_1=1$，从而 $f(m)=f(1)=0$。

当 $m\geqslant 2$ 时，即为多路径传输方式，因 $f'(m)>0$，所以 $f(m)>0$。

即：

$$P_{suc}>P'_{suc} \tag{4.89}$$

因此，在多路径数据传输中引入改进的 Reed-Solomon 纠删编码机制，通过质量较优的传输链路分配较多的编码数据片的多路径负载均衡法，能提高编码数据片的成功传输率、能耗均衡性和能耗有效性。

4.3.4　算法性能分析

（1）最优最差蚂蚁系统 BWAS 是对蚁群算法的改进，引入对最差蚂蚁惩罚机制，增强了最优路径搜索过程指导。在所有蚂蚁完成一次循环后，对最差蚂蚁所经过的且非最优蚂蚁路径的路径信息素进行更新，进一步增大最优与最差蚂蚁的信息素，增强了最优路径搜索过程指导，加快收敛速度。对 BWAS 与 ACO（Ant Colony Optimization）在旅行商问题上进行验证，其收敛性能对比如表 4－3 所示，BWAS 收敛性能优于 ACO。

表 4－3　BWAS 与 ACO 收敛特性对比

基本参数：$\alpha=1$，$\beta=5$，$\rho=0.1$，$\tau=10$，$N_{node}=30$					
	参数 $k=30$，$N_{max}=40$		参数 $k=50$		
	路径长度（m）	运行时间（s）	路径长度（m）	运行时间（s）	迭代次数
BWAS	462.4024	1.4422	462.4024	1.2529	30
ACO	472.8267	2.7651	462.4024	6.3853	48

（2）MPE^{2}S 容许在建立的多路径中出现节点故障和数据片丢失，通过编码数据片的冗余性提高数据准确率。对比以往的在节点出现故障时临时建立或从已建立好的多路径表中选择备份路径进行重传的多路径传输方式，MPE^{2}S 运用蚂蚁信息素归一化值衡量质量、优化编解码方式和实施负载均衡策略，减小了建立多条传输路径的复杂度和降低传输时延。MPE^{2}S 算法复杂度主要体现在运用改进蚁群算法构建多路径路由和纠删编码等方面。平面结构的网络里 BWAS 算法复杂度为 $O(Nk(R-1)^2)$，其中 N 为算法的迭代次数，R 为网络节点数，k 为蚂蚁数。基于范德蒙矩阵的 Reed-Solomon 编解码方

式，其优化之前以高斯消元法求解的复杂度为$\frac{1}{3n^3}$，优化之后以高斯消元法求解的复杂度仅为$\frac{1}{3(n-m)^3}$，其中 $n-m$ 为编码后冗余数数据片，反映数据冗余传输的度量。改进的 Reed-Solomon 编解码方式减小了编码计算量，提高了编解码速度等，这对资源受限的无线传感器网络节点具有重要的意义。

③MPE^2S 具有较好的可扩展性，因为改进蚁群算法的群智能优势能适应网络拓扑结构的变化。当网络为平面拓扑结构，节点数量较小时，运用蚁群算法建立多路径路由并求解各路径信息素值的算法复杂度为 $O(NK(R-1)^2)$。当网络节点规模较大时，网络可采用分簇的拓扑结构，运用蚁群算法在网络节点等级划分的簇头节点间建立多条传输路径，建立多路径路由的算法复杂度为 $O(NK(R_1-1)^2)$，R_1 为网络簇头节点数。算法复杂度与网络分簇算法、簇头节点数和迭代次数相关。

4.3.5 结论

传输可靠性是衡量无线传感器网络性能的一个重要指标。本节针对节点故障影响无线传感器网络数据传输准确率与可靠性问题，提出了无线传感器网络多路径编码传输容错策略 MPE^2S。MPE^2S 是根据最优最差蚂蚁系统的信息素归一化值，在相邻等级节点间建立多条互不交叉的传输路径。运用多路径负载均衡机制，将源数据包进行纠删编码后的编码数据片进行分配和传输。MPE^2S 主要是在网络层将 Reed-Solomon 纠删编码的数据包通过互不交叉的多路径传输实现容错。理论分析和仿真结果表明，当网络存在故障节点情况下，MPE^2S 具有较高数据包接收率和数据包准确率、较低平均传输时延和能耗均衡等，体现了较好的故障容错性和数据传输可靠性。

4.4 免疫故障容错策略——基于免疫系统机理的无线传感器网络多路径容错路由算法

4.4.1 引言

针对网络故障节点会影响到网络传输的稳定性和可靠性问题，本节提出的无线传感器网络多路径容错路由算法主要包括基于免疫系统机理的网络分簇和运用免疫进化原理建立有梯度的多路径容错路由两个部分，可减小节点故障对数据传输稳定性和可靠性的影响。本节主要贡献为：①对免疫系统机理在无线传感器网络环境下对相关问题进行定义，包括在分簇过程中的抗体、抗原、初始群体与亲和度，以及在建立多路径路由过程中的节点编码、路径编码、适应度计算、记忆体和抗体变异规则等。②运用免疫系统机理进行无线传感器网络分簇，计算节点综合度量信息并确定节点的梯度，运用免疫进化原理建立有梯度的互不交叉的多路径路由，提高网络故障容错性和传输稳定性。③建立无线传感器网络分簇与多路径数学模型，对分簇算法的紧致性、算法收敛性、算法能耗性和算法容错性等指标进行理论分析和仿真测试。

4.4.2　相关研究工作

基于免疫系统机理的无线传感器网络多路径容错路由算法，主要是将免疫系统机理运用到分簇拓扑结构的无线传感器网络中，建立有梯度的路径路容错路由。本节简要阐述免疫机理在无线传感器网络上的研究、基于分簇拓扑的梯度路由与多路径容错路由的研究进展。

免疫机理为无线传感器网络容错提供了新的研究思路和方法，已凸显出较好的容错效果和优势。陈拥军等受人工免疫启发建立节点频率控制数学模型，提出基于人工免疫响应的无线传感器网络最小能耗拓扑控制方法。张楠提出可基于免疫的数据融合机制来保证系统的高可信度和低冗余度。Salmon 提出了受人体免疫系统启发的协作监听与入侵检测机制。李峤提出了无线传感器网络树结构的免疫入侵检测机制。王亚奇提出一种基于免疫机理的具有容错功能的簇间拓扑演化模型。Lim 运用免疫机理诊断和修复节点和链路故障以提高网络稳定性。Tatiana Bokareva 等提出了一种基于生物免疫机制的无线传感器网络容错结构 SASHA。Amir Jabbari 等模拟生物免疫系统或神经免疫系统的自学习、自组织、记忆和信息处理等机理，利用免疫理论中的克隆选择、亲和力和免疫网络理论等构建网络模型。

运用免疫系统机理可建立数学模型分析能耗模式和入侵检测系统，对网络进行分簇和故障诊断等。梯度策略在路由建立和能量消耗优化等方面表现出良好的性能。多路径传输机制在改进优化数据包传输的可靠性和稳定性等方面具有良好的性能。但在运用免疫系统机理到无线传感器网络中，建立基于梯度的多路径传输机制，以提高传输可靠性和故障容错性等方面的研究较少。

4.4.3　基于免疫系统机理的多路径容错路由算法

1. 免疫系统机理

生物免疫系统是根据免疫识别、免疫学习、免疫记忆和克隆选择等基本免疫方法，通过自我识别、相互刺激与制约构成了一个动态平衡的网络结构。生物免疫系统是一个高度分布的、安全高效的、自适应的与多层次的学习系统，具有良好的健壮性和高度的复杂性。生物免疫系统具有记忆学习、反馈调节、无中心的分布式自治机理等信息处理机制。免疫系统特性决定了免疫系统机理能克服传统方法在解决网络故障检测与容错等问题的缺陷，为分布式与自组织的无线传感器网络故障容错提供新颖的思路和方法。

2. 免疫多路径容错路由算法思想

算法主要运用免疫机理开展网络拓扑分簇和建立多路径传输机制，实现对源节点数据传输的可靠性和稳定性，提高对网络故障节点的容错性。基于免疫机理开展网络拓扑分簇，主要是运用由节点能量和距离因子定义的亲和度函数计算抗体与抗原的亲和力，通过阈值选取部分优异的抗体进入记忆库进行变异并输出最优抗体解，从而形成较优的分簇拓扑。根据节点综合度量函数计算簇头节点梯度，对节点和路径进行编码，运用免疫机理进行抗体的变异并最终形成多条传输路径。

3. 基于免疫系统机理的分簇拓扑控制算法

（1）问题定义。

抗体：定义为无线传感器网络分簇的簇头节点，为问题的解。

抗原：定义为无线传感器网络的区域内随机部署的传感器节点，为待求解的问题。

抗原识别：对于无线传感器网络分簇拓扑优化问题，抗原对应于网络中的各个节点，抗体对应于簇头节点。抗原识别就是簇头节点与其周围邻居节点信息交换传输的过程。

初始抗体群：随机选取一定数量的普通节点作为簇头节点，组成初始抗体群，这些簇头节点包含着自身的位置信息和能量信息。

亲和度：亲和度的大小反映了抗原与抗体以及抗体与抗体之间的匹配程度。如果亲和度值越大，则抗体与抗原就越匹配。亲和度函数为：

$$f(i,\ j) = \eta \frac{e_i}{\bar{e}} + \gamma \frac{\bar{d}_{ij}}{d_{ij}} \tag{4.90}$$

其中，$\eta + \gamma = 1$，$\bar{e} = \frac{1}{n} \sum_{i=1}^{n} e_i$，$\bar{d}_{ij} = \frac{1}{n-1} \sum_{i=1}^{n-1} d_{ij}$，$d_{ij}$为节点 N_i 与节点 N_j 的欧氏距离。亲和度函数与节点能量和距离因子有关。能量因子定义为当前节点的能量与簇内所有节点的能量均值的比值，距离因子定义为簇内所有节点到簇头节点距离总和的均值与当前节点到簇头节点距离的比值。距离簇头节点越远，节点能量越低，亲和度值就越低。亲和度值反应了加入簇的启发度。

编码方式：节点的编码以自然数作为编码方式。

抗体记忆库：选择亲和度值高的抗体存入记忆库作为候选的优化簇首。

（2）算法思想。

首先以一定的概率随机选择普通节点作为初始簇头节点作为抗体，基于距离因子形成初始抗体群。运用由节点能量和距离因子定义的亲和度函数计算抗体与抗原的亲和力，通过阈值选取部分优异的抗体进入记忆库进行变异，并重新计算亲和度。通过终止条件判断并输出最优抗体解，从而形成簇内紧致性较好、簇间离间度较大同时又兼顾了节点能量因子的分簇拓扑。

（3）算法步骤。

步骤 1　初始化参数，设置免疫算法基本参数。

步骤 2　抗原识别。抗原识别簇首节点与其周围邻居节点建立联系。

步骤 3　初始抗体群产生。首先以概率 p 随机选择 M 个普通节点作为初始簇头节点，即初始抗体。计算其余节点到其射频感知范围内初始簇头节点的距离，将距离簇头节点近的节点归为一个簇，从而形成初始抗体群，即 $N_i \in CL_j$，if min$\{d_{ij}, i=1, 2, \cdots, n, j=1, 2, \cdots, N\}$，其中 N_i 表示节点 i，CL_j 表示簇 j。

步骤4　适应度计算。运用定义的亲和度函数计算抗体与抗原的亲和力。

步骤5　产生记忆体。选择$\{\sum_{i=1}^{n} d_{ij}, j=1, 2, \cdots, N\} > \Phi$ 的簇头节点进入记忆库作为候选的优化抗体，其中设定的阈值 $\Phi = \sum_{j=1}^{N}\sum_{i=1}^{n} d_{ij}/N$。

步骤6　通过交叉与变异产生新一代抗体群。根据计算抗体与抗原的亲和度，选择亲和度值高于设定值的抗体进入下一轮迭代。新的抗体群将从变异的抗体基因中产生。将网络节点按自然数编码，i 为节点 N_i 的自然数编码，$i \in (1, 2, \cdots n)$。按式（4.91）的抗体变异规则对非记忆库的抗体进行变异：

$$i' \leftarrow \begin{cases} i+r, & i+r<n \\ i-r, & i+r>n, \ i-r>0 \\ i+1, & \text{otherwise} \end{cases} \tag{4.91}$$

其中，r 为［1，n］中随机产生的自然数。将变异后的新抗体与原记忆库的抗体组成新的抗体群，按照规则 $N_i \in CL_j$，if min $\{d_{ij}, i=1, 2, \cdots, n, j=1, 2, \cdots, N\}$ 形成新的抗体群。按照亲和度函数公式计算 $f'(i, j)$ 和 $\sum_{j=1}^{N}\sum_{i=1}^{n} f'(i, j)$。若 $\sum_{j=1}^{N}\sum_{i=1}^{n} f'(i,j) < \sum_{j=1}^{N}\sum_{i=1}^{n} f(i,j)$，转步骤5；否则转至步骤7。

步骤7　条件终止判别并输出最优解。满足 min $\sum_{j=1}^{N}\sum_{i=1}^{n} f(i,j)$ 则停止迭代并输出最优解，否则转至步骤4。

步骤8　簇头与成员节点通信确认。选取最后抗体库中的抗体作为簇头节点，与簇成员节点相互交换信息确认成簇。

4. 基于免疫系统机理的多路径容错路由算法

（1）建立节点综合度量和等高线。

①定义及 CM 的计算。

定义　节点的综合度量就是根据节点距离目的节点的跳数、剩余能量、链路质量和传输时延等参数，设置合适的权重系数计算每个簇头节点的综合度量 CM（Comprehensive Measurement）。节点的综合度量函数为：

$$CM(i) = w_1 \frac{E(i)}{E_{ini}(i)} + w_2 \frac{Hop(i)}{Hop_{\max}(i)} + w_3 \frac{delay(i)}{delay_{path}(i)} \tag{4.92}$$

其中，$w_1 + w_2 + w_3 = 1$。$E_{ini}(i)$ 表示簇头节点 i 所在簇的初始能量，$Hop_{\max}(i)$ 表示簇头节点 i 所在路径的最大跳数，$delay_{path}(i)$ 表示簇头节点 i 所在路径的传输时延。

②定义及建立基于 CM 的等高线。

定义　将网络所有簇头节点进行综合度量 CM 分级，同级的簇头节点具有相近的综

合度量值 CM，把同级簇头节点的连接线定义为综合度量等高线。

计算每个簇头节点的综合度量值 CM，将簇头节点划归为 $\left\{\frac{k-1}{n},\ \frac{k}{n}\right\}CM$，$k=1$，2，…，$n$ 共 n 个区域，当 $CM_{node}\in\left\{\frac{k-1}{n},\ \frac{k}{n}\right\}CM$，则 $G_{node}=k$。如图 4－12 所示的簇头节点的综合度量等高线示意图，共分成 5 条综合度量等高线。

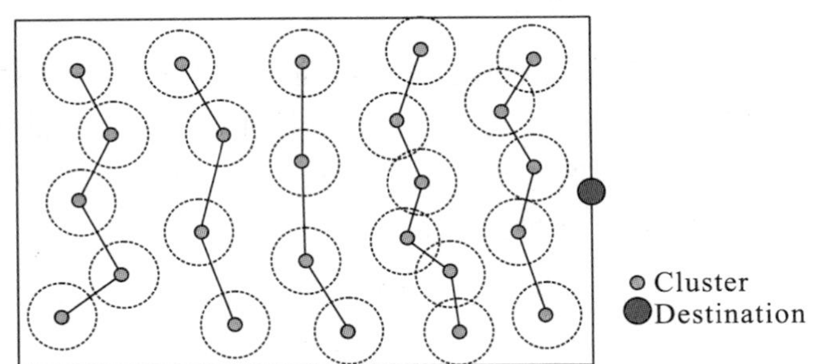

图 4－12　簇头节点的综合度量等高线

（2）问题定义。

抗体：沿源节点到目的节点的梯度的方向形成的最优的 n 条传输路径。

抗原：静态分簇拓扑中的簇头节点。

节点编码：根据最大等级数和每个梯度内最大簇头节点数，用等级标识和节点标识对簇头节点进行二进制编码。例如等级度为 5 的第 6 号节点的编码为：

1　0　1　0　1　1　0

前三位二进制编码为簇头节点的等级编码，表示等级为 5 的簇头节点。后四位为簇头节点编码，表示为此等级的第 6 号簇头节点。

路径编码：设目的节点用 000 编码，从源节点到目的节点建立的路径具有 4 个梯度等级，则可用从源节点到目的节点的簇头节点的编码依次组成此条路径的编码，如下所示：

1000111，0110110，0100100，0010010，000

适应度计算：适应度计算以节点的综合信息度量为依据，根据节点距离目的节点的跳数、剩余能量和传输时延等参数，设置合适的权重系数，计算每个簇头节点的综合度量。节点的综合度量函数为：

$$\sum_{j=1}^{N}\sum_{i=1}^{n}CM^{p_j}(i) \tag{4.93}$$

其中，$\sum_{i=1}^{n}CM^{p_j}(i)$ 为路径 $j(p_j)$ 上所有节点的综合度量 CM 之和。

记忆体：在源节点和目的节点间建立的多条传输路径 $\{p_1,\ p_2,\ p_3,\ \cdots\}$ 中，选择 $\sum_{i=1}^{n}CM_i^{p_j}\geqslant\Theta$ 的抗体 $\{p_1,\ p_2,\ p_3,\ \cdots p_n\}$ 作为优良的抗体存入记忆库，作为下次变异的抗体种群。

抗体变异：抗体变异分两种变异情况。①依次经过每一个梯度建立的路径，只需在簇头节点编号处发生变异而不需在簇头节点的梯度值处发生变异；②所建立的路径并非一致经过每个梯度而建立到目的节点的传输路径，则可以在簇头节点编号和梯度值处发生变异。变异的规则为：0 随机变异为 0 或 1，1 随机变异为 0 或 1。

（3）算法思想。

在基于免疫机理形成网络分簇拓扑的基础上，计算簇头节点的综合信息度量，建立具有梯度的虚拟等高线。同一等高线上的节点以相同等级进行节点编码。源节点沿梯度方向依次选择在通信范围内簇头节点作为下一跳节点，从而建立到达目的节点的多条互不相交的多跳路径。计算路径亲和度并选择大于一定阈值的路径存入记忆库，并对记忆库中的抗体进行变异。选择最优抗体作为最终解从而建立多条优化传输路径，以提高故障容错性和数据传输稳定性。

（4）算法步骤。

步骤 1　初始化参数。

步骤 2　根据式（4.92）计算簇头节点的综合度量 CM 与梯度值，确定簇头节点的综合度量等高线。当第一次计算节点综合度量 CM 时，因其路径并没有建立，因此设置参数为 $w_1=1$，$w_2=w_3=0$。

步骤 3　对簇头节点按照节点编码规则进行编码。

步骤 4　产生初始抗体，建立多条传输路径。源节点沿梯度方向首先选择在通信范围内且距离最小的簇头节点作为下一跳节点，建立到目的节点的第 1 条路径。源节点沿梯度方向选择在通信范围内且距离次小的且未位于已建立路径上的簇头节点作为下跳节点，建立到目的节点的第 2 条路径，从而建立到达目的节点的多条互不相交的多跳路径。每一条路径就是一个抗体。

步骤 5　适应度计算。根据式（4.93）对各梯度上的簇头节点进行适应度计算。

步骤 6　产生记忆体。根据已建立的多条传输路径 $\{p_1, p_2, p_3, \cdots\}$，选择 $\sum\limits_{i=1}^{n} CM^{p_j}(i) \geqslant \Theta$ 的抗体/路径存入记忆库，作为下次变异的优良抗体群。其中，设定的阈值 $\Theta = \sum\limits_{j=1}^{J}\sum\limits_{i=1}^{n} CM^{p_j}(i)/N$，$J$ 为路径数。

步骤 7　抗体变异。将抗体记忆库的优良抗体按照变异规则进行变异，得到新的抗体。将原抗体和变异后的新抗体组成新的抗体群。按照适应度函数公式计算 $CM'(i)$ 和 $\sum\limits_{j=1}^{N}\sum\limits_{i=1}^{n} CM'^{p_j}(i)$。若 $\sum\limits_{j=1}^{N}\sum\limits_{i=1}^{n} CM'^{p_j}(i) < \sum\limits_{j=1}^{N}\sum\limits_{i=1}^{n} CM^{p_j}(i)$，转步骤 6；否则转至步骤 8。

步骤 8　条件终止判别并输出最优解。选择最优 K 个抗体，满足 $\min \sum\limits_{j=1}^{K}\sum\limits_{i=1}^{n} CM'^{p_j}_{i}$ 时，选择具有较小值 $\sum\limits_{j=1}^{N}\sum\limits_{i=1}^{n} CM'^{p_j}(i)$ 的 K 个抗体作为问题的解，从而建立多条优化传输路径，否则转至步骤 5。

步骤9 源节点通过建立的路径向目的节点发送确认数据包并接收从来自目的节点的答复数据包，确认多条优化传输路径的建立。

4.4.4 算法的理论分析

1. 分簇算法的紧致性

无线传感器网络层次性拓扑分簇质量一般用紧致性和离间性来度量，即网络分簇内部节点间间距较小，分簇之间间距较大的一种优化格局。分簇紧致性用 $\min \sum_{j=1}^{N} \sum_{i=1}^{n} d_{ij}$ 进行计算。

引理1 基于免疫系统机理的无线传感器网络分簇具有较优的分簇效果，即 $\min \sum_{j=1}^{N} \sum_{i=1}^{n} d_{ij}$。

证明：因为 $f(i, j) = \eta \frac{e_i}{\bar{e}} + \gamma \frac{\bar{d}_{ij}}{d_{ij}}$。当 $\eta \to 0$ 时，$f(i, j) = \gamma \frac{\bar{d}_{ij}}{d_{ij}} = \frac{\sum_{i=1}^{n-1} d_{ij}}{(n-1) d_{ij}}$，此时亲和度函数值只与节点与簇头节点的距离有关。对于第 k（$k=1, 2, \cdots, K$）轮分簇：$L^k = \sum_{j=1}^{N} \sum_{i=1}^{n} d_{ij}^k = \sum_{j=1}^{M} \sum_{i=1}^{n} d_{ij}^k + \sum_{j=M+1}^{N} \sum_{i=1}^{n} d_{ij}^k$，其中 $\sum_{j=1}^{M} \sum_{i=1}^{n} d_{ij}$ 为本次分簇后进入记忆库的最优 M 分簇的簇内距离之和，此 M 分簇将保留到下一轮的分簇中。$\sum_{j=M+1}^{N} \sum_{i=1}^{n} d_{ij}$ 为本次分簇下的 $N-M$ 个分簇。当进入第 $k+1$ 轮分簇时，则 $L^{k+1} = \sum_{j=1}^{N} \sum_{i=1}^{n} d_{ij}^{k+1} = \sum_{j=1}^{M} \sum_{i=1}^{n} d_{ij}^{k+1} + \sum_{j=M+1}^{N} \sum_{i=1}^{n} d_{ij}^{k+1} = \sum_{j=1}^{M} \sum_{i=1}^{n} d_{ij}^{k} + \sum_{j=M+1}^{N} \sum_{i=1}^{n} d_{ij}^{k+1}$。根据免疫算法原理，只会选择更优化的簇进入一轮迭代，有 $\sum_{j=M+1}^{N} \sum_{i=1}^{n} d_{ij}^{k+1} \leqslant \sum_{j=M+1}^{N} \sum_{i=1}^{n} d_{ij}^{k}$ 有 $L^{k+1} \leqslant L^k$。因此 $L^K \leqslant L^{k+1} \leqslant L^k$，有 $\min \sum_{j=1}^{N} \sum_{i=1}^{n} d_{ij}^{K}$。

2. 算法收敛性

（1）分簇算法收敛性。

免疫算法具有良好的收敛性已被证实。运用免疫系统机理构建无线传感器网络动态分簇须具备良好的收敛性。良好的收敛性体现了算法的良好计算性能，同时对于能量受限的无线传感器网络具有重要意义。基于免疫机理的无线传感器网络的收敛性可用下式进行计算：

引理2 $\lim\limits_{r \to \infty} \left| \sum_{j=1}^{N} \sum_{i=1}^{n} d_{ij}^2 - \sum_{j=1}^{N} \sum_{i=1}^{n} {d'_{ij}}^2 \right| = 0$

证明：上式中 r 为无线传感器网络运行的轮数。因为 $\Theta=\sum_{j=1}^{N}\sum_{i=1}^{n}d_{ij}^{k}=\sum_{j=1}^{M}\sum_{i=1}^{n}d_{ij}^{k}+\sum_{j=M+1}^{N}\sum_{i=1}^{n}d_{ij}^{k},\Theta'=\sum_{j=1}^{N}\sum_{i=1}^{n}d_{ij}^{2}=\sum_{j=1}^{M}\sum_{i=1}^{n}d_{ij}^{2}+\sum_{j=M+1}^{N}\sum_{i=1}^{n}d_{ij}'^{\,2}$。$\sum_{j=1}^{M}\sum_{i=1}^{n}d_{ij}^{2}$ 为网络运行某一轮的高于设定阈值的分簇，也作为记忆库保存到下一轮循环。根据算法的原理，只有优化后的值才能进入下一轮循环，有 $\sum_{j=M+1}^{N}\sum_{i=1}^{n}d_{ij}'^{\,2}\leqslant\sum_{j=M+1}^{N}\sum_{i=1}^{n}d_{ij}^{k}$。所以 $\lim\limits_{r\to\infty}\left|\sum_{j=1}^{N}\sum_{i=1}^{n}d_{ij}^{2}-\sum_{j=1}^{N}\sum_{i=1}^{n}d_{ij}'^{\,2}\right|=0$。基于免疫系统机理的网络收敛性体现在，当 r 越大，网络的紧致性越好，并最终收敛到一固定值。

（2）多路径建立的收敛性。

多传输路径是建立在分簇拓扑结构上，利用免疫系统机理建立的多条最优传输路径。多路径建立的收敛性指利用免疫系统的学习记忆和变异特性，建立多条初始传输路径作为抗体，此抗体集按照规则进行变异，选取大于一定阈值的优秀抗体保存到记忆库作为下次变异的抗体种群，并最终建立多条传输路径。

先随机建立 n 条互不相交的传输路径 $\{p_1, p_2, p_3, \cdots, p_N\}$，每一条传输路径进行变异后形成 $2n$ 条互不交叉的传输路径 $\{p_1, p_2, p_3, \cdots, p_N, p_{N+1}, p_{N+2}, \cdots, p_{2N}\}$。通过路径质量评价函数 $\sum_{i=1}^{n}CM_i^{p_j}$ 对路径质量进行评价，选择最优的 n 条传输路径作为记忆库抗体种群，有 $\min\sum_{j=1}^{N}\sum_{i=1}^{n}CM_i^{p_j}$，即产生的新抗体是在最优抗体基础上的变异，保持了抗体的多样性，同时在记忆库里保持了原优秀的抗体。

因此，在第 k 轮基于免疫的多路径迭代中，根据路径质量的高低对路径进行排序，有

$$\sum_{i=1}^{n}CM_i^{p_{(1)}^k}\geqslant\sum_{i=1}^{n}CM_i^{p_{(2)}^k}\geqslant\cdots\sum_{i=1}^{n}CM_i^{p_{(N)}^k}\geqslant\sum_{i=1}^{n}CM_i^{p_{(N+1)}^k}\geqslant\sum_{i=1}^{n}CM_i^{p_{(2N)}^k}\tag{4.94}$$

对于选入记忆库的 N 个抗体

$$\sum_{j=1}^{N}\sum_{i=1}^{n}CM_i^{p_{(j)}}\geqslant\sum_{j=N+1}^{2N}\sum_{i=1}^{n}CM_i^{p_{(j)}}\tag{4.95}$$

在第 k 轮建立的多路径中，令

$$Y_k=\sum_{j=1}^{N}\sum_{i=1}^{n}CM_i^{p_j^k}\tag{4.96}$$

在第 $k+1$ 轮建立的多路径中，令

$$Y_{k+1}=\sum_{j=1}^{N}\sum_{i=1}^{n}CM_i^{p_j^{k+1}}\tag{4.97}$$

则有 $Y_{k+1}\geqslant Y_k$，因为 $\sum_{j=1}^{N}\sum_{i=1}^{n}CM_i^{p_j^{k+1}}\geqslant\sum_{j=1}^{N}\sum_{i=1}^{n}CM_i^{p_j^k}$。因为在下一轮建立的多路径中，所有变异的抗体在最差的情况下没有原记忆抗体优良，则新抗体质量与原抗体质量相等。若变异的抗体中至少包含比原记忆抗体群中较优的抗体，则新抗体质量高于原抗体质量相等。

3. 算法能耗性

算法的能耗主要体现在基于免疫系统机理的网络分簇和基于分簇拓扑结构的多路径建立两个方面。

(1) 网络分簇能耗。

网络能耗传输模型定义为：

$$
\begin{gathered}
E_{tx}(k,\ d)=\begin{cases}kE_{elec}+k\varepsilon_{fs}d^2,\ d<d_0\\ kE_{elec}+k\varepsilon_{amp}d^4,\ d\geqslant d_0\end{cases}\\
E_{rx}(k)=kE_{elec}\\
d_0=\sqrt{\frac{E_{fs}}{\varepsilon_{amp}}}
\end{gathered}
\tag{4.98}
$$

其中，$E_{tx}(k,\ d)$为发送数据能耗，$E_{rx}(k)$为接收数据能耗，E_{elec}为每比特无线收发电路能耗，ε_{fs}与ε_{amp}为传输放大器的系数。

对于普通第 i 节点发送 k 位比特数据时，剩余能量为：

$$
E^i_{res}=E^i_{ini}-E^i_{con}=E^i_{ini}-E^i\ tx=E^i_{ini}-(kE_{elec}+k\varepsilon_{fs}d^2_{ij})
\tag{4.99}
$$

假设 $d_{ij}<d_0$，因为$f(i,\ j)=\eta\dfrac{e_i}{\bar{e}}+\gamma\dfrac{\bar{d}(i,\ j)}{d(i,\ j)}$，有 $d_{ij}=\dfrac{\gamma\,\overline{d_{ij}}}{f(i,\ j)-\eta\dfrac{e_i}{\bar{e}}}$，所以

$$
E^i_{res}=E^i_{ini}-\left(kE_{elec}+k\varepsilon_{fs}(\gamma\,\overline{d_{ij}})^2\left(f(i,\ j)-\eta\frac{e_i}{\bar{e}}\right)^{-2}\right)
\tag{4.100}
$$

从式（4.99）和式（4.100）中分簇成员节点的剩余能量与节点的初始能量和到簇头节点的距离有直接关系，成员节点的剩余能量与亲和度函数值有密切关系。距离簇头节点越大，亲和度函数值越小，节点剩余能量越小。

对于第 j 个分簇的簇头节点，考虑到接收簇内数据和向邻居簇头节点传送数据，其剩余能量为：

$$
E^j_{res}=E^j_{ini}-E^j_{con}=E^j_{ini}-(E^j_{tx}+E^j_{rx})=E^j_{ini}-(2nkE_{elec}+nk\varepsilon_{amp}d^4_j)
\tag{4.101}
$$

假设簇头间传输距离 $d_j>d_0$，因为 $E^i_{ini}=E^j_{ini}$，因此，整个簇在一轮数据发送后的剩余能量为：

$$
E^{clu_j}_{res}=E^i_{res}+E^j_{res}=(n+1)E^i_{ini}-\left(3nkE_{elec}+k\varepsilon_{fs}\sum_{i=1}^{n}d^2_{ij}+nk\varepsilon_{amp}d^4_j\right)
\tag{4.102}
$$

由式（4.102）可知，第 j 分簇在一轮数据传输后的剩余能量与簇头节点与邻居簇头节点的传输距离 d_1 有关，也与簇内成员节点到簇头节点的距离 $\sum\limits_{i=1}^{n}d^2_{ij}$有关。

一轮数据传输后整个网络的剩余能量为：

$$
E_{res}=N(n+1)E^i_{ini}-\left(3nNkE_{elec}+k\varepsilon_{fs}\sum_{j=1}^{N}\sum_{i=1}^{n}d^2_{ij}+nk\varepsilon_{amp}\sum_{j=1}^{N}d^4_j\right)
\tag{4.103}
$$

从式（4.103）可知，一轮数据传输后网络所有节点的剩余能量与两个因素有关：簇头节点传输数据的距离 $\sum\limits_{j=1}^{N}d^4_j$，这是分簇后数据传输的路由直接相关；还与网络分簇

格局相关，即网络分簇的紧致性 $\sum_{j=1}^{N}\sum_{i=1}^{n} d_{ij}^{2}$ 。

基于免疫系统机理的无线传感器网络的分簇格局达到了最优分簇模式，即 $\min \sum_{j=1}^{N}\sum_{i=1}^{n} d_{ij}^{2}$ ，具有簇间能耗均衡性，最大的簇能耗与最小簇能耗之差降低到最小的范围，即

$$\min(\max(k\varepsilon_{fs}\sum_{i=1}^{n} d_{ij}^{2} + nk\varepsilon_{amp}d_{j}^{4}) - \min(k\varepsilon_{fs}\sum_{i=1}^{n} d_{ij}^{2} + nk\varepsilon_{amp}d_{j}^{4}))\text{ , } j=1,2,\cdots,N \tag{4.104}$$

(2) 多路径建立能耗。

假设多路径的建立是由源节点发起的，向下一梯度节点发送数据建立连接。现忽略接收数据的节点发送确认信息包所需能耗，则一条路径建立所需要的能耗为：

$$\sum_{i=1}^{n}(kE_{elec} + k\varepsilon_{fs}d_{i}^{2}) \tag{4.105}$$

从最初建立的 n 条传输路径后，对每个路径代表的抗体进行变异，总共形成 $2n$ 个抗体。基于免疫系统机理的多路径传输路由经过 k 轮变异和进化后，需要总的能耗为：

$$k\sum_{j=1}^{2N}\sum_{i=1}^{n}(kE_{elec} + k\varepsilon_{fs}(d_{i}^{p_j})^{2}) \tag{4.106}$$

4. 算法容错性

容错性主要体现在当网络节点或链路出现故障时，源节点能找到合适的路径将源数据传输到目的节点，不会因为故障节点或链路的出现让源数据包丢失得不到有效的传输。多路径传输是解决网络故障的一种有效方法。数据以编码或分片的方式在多路径上传输，到达目的节点后对接收到的数据片进行解码或对数据片进行重组得到源数据包，而不会因为节点或链路的故障导致目的节点不能接收到源数据包。其多路径容错模式如下：

(1) DM (Disjoint Mode) 模式的多路径传输容错。

在源节点和目的建立多条互不传输的路径，这就是 DM 模式。但当路径（抗体）中的每一个节点进行变异，变异后的节点所组成的路径可能与原有的抗体中的节点相同，设置规避条件和变异规则：每个梯度上的节点对梯度编码不进行变异，只对节点编码部分进行变异，抗体上的节点变异后的编码不等于现有抗体中所有节点的编码。因此变异后的抗体都互不相连，如图 4－13 所示。容错性体现在：当一条路径出现故障时，不影响其他路径的数据传输，接收到一定数量的数据片在目的节点重构成源数据包。

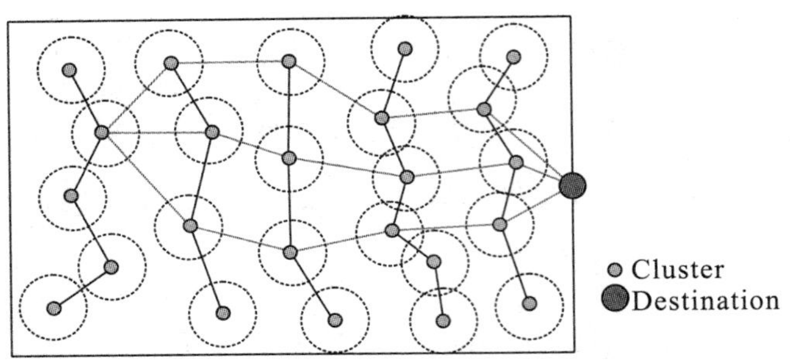

图 4-13　DM 模式的多路径传输

设已建立传输路径$\{p_1, p_2, p_3, \cdots, p_n\}$，$p_i$ 的编码为：1000111，0110110，0100100，0010010，000，则 1000111 表示需要发送数据的源节点，000 表示目的节点。p_i 变异后的编码为：1000111，011####，010####，001####，000。#代表 0 或 1。且有：

{p_i：011####≠p_j：011####，p_i：010####≠p_j：010####，p_i：001####≠p_j：001####，$j=1, 2, \cdots, n, j \neq i$}

故障容错性体现在：任何一条路径的节点发生故障，都不会影响到其他路径的数据传输。目的节点能将所接收到的一定数量的数据片重构成源数据包。

（2）BM（Braided Mode）模式的多路径传输容错。

BM 模式在源节点和目的节点间建立多条互不相交的传输路径。对于抗体中的每一个节点的变异，不设置抗体上的节点变异后的编码与现有抗体中所有节点的编码的数学关系规避条件，变异后的节点可能是同等级的原节点，或是其他路径上的节点或都不是所有属于已产生路径上的节点，会形成 BM 模式的多路径传输模式，如图 4-14 所示。其容错性体现在多路径传输模式上，但 BM 模式建立的多传输路径整体性能将优于 DM 模式。

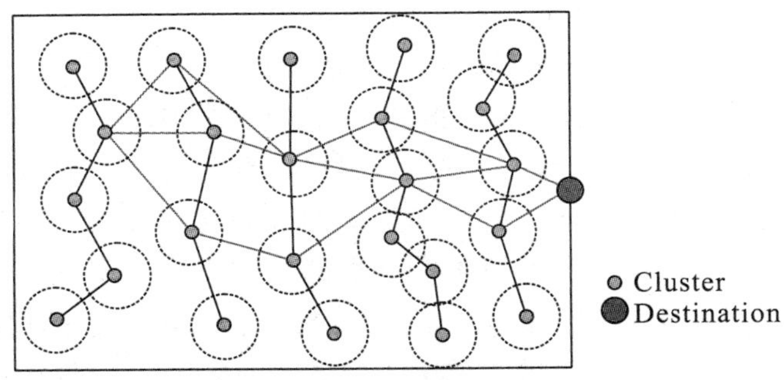

图 4-14　BM 模式的多路径传输

设已建立传输路径 $\{p_1, p_2, p_3, \cdots, p_n\}$，$p_i$ 的编码为：1000111，0110110，0100100，0010010，000，则 1000111 表示为需要发送数据的源节点，000 表示目的节点。p_i 变异后的编码为：1000111，011####，010####，001####，000。#代表 0 或 1。且有：

① $\{p_i$: 011#### $= p_j$: 011####, p_i: 010#### $\neq p_j$: 010####, p_i: 001#### $\neq p_j$: 001####, $j = 1, 2, \cdots, n, j \neq i\}$;

② $\{p_i$: 011#### $\neq p_j$: 011####, p_i: 010#### $= p_j$: 010####, p_i: 001#### $\neq p_j$: 001####, $j = 1, 2, \cdots, n, j \neq i\}$;

③ $\{p_i$: 011#### $\neq p_j$: 011####, p_i: 010#### $\neq p_j$: 010####, p_i: 001#### $= p_j$: 001####, $j = 1, 2, \cdots, n, j \neq i\}$。

在源节点和目的节点之间同样建立了三条传输路径。但第一条路径与第二条路径相交，有共同的节点。第二条路径与第三条路径同样相交，具有共同的节点。故障容错性体现在：当一个节点发生故障时，它最多只会影响两条路径的数据传输。目的节点能将所接收到的一定数量的数据片重构成源数据包以实现源数据包的成功传输。对比 DM 传输模式，BM 已被证实具有更好的容错性能。

（3）主路径与备份路径的传输模式。

在源节点和目的节点间建立有限条（$N = 2$）互不相交的主传输路径，为每条路径的能量阈值小于设定值的节点建立备份传输路径，以避免该节点出现故障导致此条路径传输数据失败，以提高多路径传输节点故障容错性并提高数据传输的稳定性和可靠性，如图 4 - 15 所示。

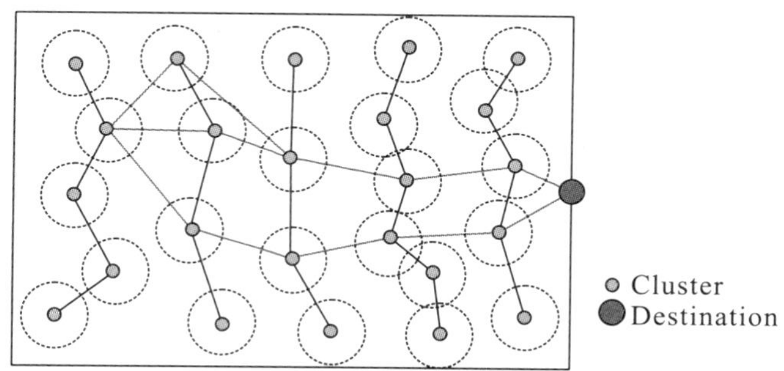

图 4 - 15　主路径与备份路径的传输模式

设已建立两条传输路径 $\{p_1, p_2\}$，p_i 的编码为：1000111，011####，010####，001####，000，且有 $\{p_1$: 011#### $\neq p_2$: 011####, p_1: 010#### $\neq p_2$: 010####, p_1: 001#### $\neq p_2$: 001####$\}$。其中 1000111 表示需要发送数据的源节点，000 表示目的节点。为主传输路径上的节点建立备份传输路径 p_i' 的编码为 1000111，011####，010####，且 $\{p_i$: 011#### $\neq p_i'$: 011####, p_i: 010#### $= p_i'$: 010####, $i = 1, 2\}$，则备份传输路径 p_i' 是为主传输路径节点 N_{p_i} 的备份传输路径。当节点 N_{p_i} 发生故障，使用备份路径进行数据传输而不影响源主路径的数据传输。

4.4.5　结论

本节所提出的基于免疫系统机理的无线传感器网络多路径容错路由算法，主要包括：基于免疫进化机理的网络分簇拓扑构建和多路径梯度传输路由的建立，对免疫进化机理在无线传感器网络环境进行相关问题的定义。运用免疫机理对网络进行分簇以构建紧致性较好的分簇拓扑结构，计算节点的综合度量信息并确定节点梯度。运用免疫机理对初始建立的互不交叉的多条传输路径经多次变异后形成最优传输路径。建立系统数学模型并对系统性能进行理论分析和仿真测试。分析测试结果证实了基于免疫机理的无线传感器网络分簇和多路径路由建立的正确性。通过数据接收率和准确率等指标和能耗性的分析，此算法具有良好的容错性和能效性，能提高网络传输可靠性。

4.5 覆盖容错协同优化——IM^2DCA：覆盖优化下基于免疫机理的多路径解耦连接算法

覆盖问题与数据的可靠传输之间有着密切联系，覆盖优化为提高网络自身故障容错性能奠定了基础。所提出的覆盖优化下基于免疫机理的多路径解耦连接算法（IM^2DCA）包括最大免疫覆盖算法（MICA）和并行解耦（IMPDA）免疫多路径算法。MICA 采用免疫机制优化节点的部署，获得最大覆盖范围，为静态和动态传感器节点部署的网络场景中多路径建立奠定基础。IMPDA 采用免疫机制，从源节点到目的节点建立多条路径来提高可靠传输。在多路径建立的过程中提出节点解耦方法，降低多路径传输模型中节点的耦合度。当网络中存在故障节点时，通过降低节点的重要度来提高网络的容错性能。通过建立的数学模型，分析了网络传输鲁棒性和容错性。仿真表明，所提出的 IM^2DCA 可以获得条件约束下的网络最优覆盖。在这种优化覆盖的情况下，通过基于免疫机理优化，建立从源节点到目的节点的多条解耦路径来证明网络的故障容错性和有效性。通过与无线传感器网络类似工作的对比分析，IM^2DCA 提高了网络的稳定性和传输的可靠性，使无线网络具有较好的故障容错性。

4.5.1 引言

极优覆盖是指能满足无线传感器网络节点连通、可靠传输和故障容错等多目标优化下的最优覆盖。极优网络覆盖并非保持传感器节点连通的必要条件，但能显著提升网络连通性并促进移动多 Agent 传感网络的故障容错能力。多路径路由传输策略是提高无线传感器网络可靠传输与故障容错的有效方法。多路径相交模式存在的节点耦合性问题会直接影响到网络的稳定性和故障容错特性。设计多路径传输编码方式和计算规则，基于人工免疫系统机理将多路径建立转化为多目标求解优化问题。因此，在极优覆盖条件下开展基于人工免疫系统的无线传感器网络多路径解耦传输实现故障容错，可提高无线传感器网络运行稳定性和传输可靠性。

本节研究的主要贡献如下：①将无线传感器网络故障容错问题转化为多目标求解和优化，将人工免疫系统具有的记忆学习、反馈调节、无中心的分布式自治机理等信息处理机制应用到无线传感器网络故障容错之中，结合多路径传输设计适合于无线传感器网络故障容错的免疫进化算法，人工免疫系统的进化思想能快速求解最优解并保持良好的算法性能。②网络节点初始位置分布和网络拓扑对无线传感器网络的故障容错效果有较大影响，极优化网络覆盖并非保持传感器节点连通的必要条件，设计基于免疫进化的网络覆盖算法以提高网络覆盖率，能显著改善无线传感器网络的故障容错和网络连通稳健性。③多路径路由传输策略是提高无线传感器网络可靠传输与故障容错的有效方法。降低多路径相交模式的节点耦合性，通过提出多路径解耦算法求解不相交或部分相交的多路径路由，可减小部分节点的重要度。求解最大限度解除多路径耦合问题能有效地提升网络的连通稳健性和故障容错性。

4.5.2　相关研究

本部分主要阐述无线传感器网络覆盖、免疫故障容错方面的研究进展。

无线传感器网络覆盖研究从节点能否移动角度可以分为静态网络覆盖和动态网络覆盖两种情况，根据覆盖的对象可以分为区域覆盖、点覆盖和栏栅覆盖三类，根据节点部署方式可以分为确定性覆盖和随机性覆盖两类，根据算法计算方式可以分为集中式和分布式两类。

近年来国内外学者在基于人工免疫系统的无线传感器网络覆盖优化或故障容错方面开展了很多研究，包括将免疫机理应用到无线传感器网络的拓扑路由、数据融合、覆盖连通和安全入侵检测等方面，但将免疫机理应用到无线传感器网络故障容错方面还处于起步阶段。在免疫网络故障容错研究方面有基于人工免疫响应的最小能耗拓扑控制方法、树结构的免疫入侵检测机制、簇间免疫拓扑演化模型、基于免疫机理的自我修复系统和故障容错研究。在无线传感器网络免疫覆盖与连通的代表性研究有：运用遗传样本优化和蒙特卡洛评价函数法最大化覆盖率，基于二进制和概率模型的集中免疫多边形优化覆盖，多目标免疫协同进化算法，簇间拓扑免疫演化模型，Voronoi 盲区多边形覆盖控制，最大连接覆盖树及其覆盖优化算法。国内外学者在基于免疫进化的拓扑控制方法、入侵检测机制、自我修复和新颖的容错结构和模型等方面开展了研究。

4.5.3　最大网络免疫覆盖

1. 免疫覆盖算法思想

当监测范围内位置固定的传感器节点免疫分簇完成后，通过移动传感器节点的位置调整进行免疫优化，使其网络覆盖率最大、冗余覆盖率最小，并减小移动传感器节点的移动能耗。以使目标评价函数取得最大值的传感器节点为抗体，以原有布署的所有传感器节点为抗原，对抗原进行编码后按照变异规则进行变异，选择优秀抗体构建新的抗体群并进行下一次抗体变异。通过目标函数进行评价，网络未覆盖面积和移动节点移动距离最小化。

2. 免疫覆盖算法模型

（1）免疫覆盖问题定义。

抗体：无线传感器网络节点部署区域内，使得目标评价函数取得最大值的可移动传感器节点的坐标集合 $\{(x_j^i, y_j^i)\}$，i 为固定值，$j\in(1, n)$。

抗原：无线传感器网络节点部署区域内 m 组每组数量为 n 的可移动传感器节点坐标集合$\{(x_j^i, y_j^i)\}$，$i\in(1, m)$，$j\in(1, n)$。

抗原识别：无线传感器网络分簇拓扑下覆盖优化问题，为求解在固定簇首和簇成员节点的情况下，通过移动节点位置的调整，达到网络覆盖最优化。抗原识别的过程就是抗原簇首节点与抗体节点之间进行信息交换并建立联系的过程。

初始群体：随机产生一定数量的簇首节点作为初始抗体，这些簇首节点为网络中随机分布的普通节点，包含有自身的位置信息和能量信息。

目标评价函数：目标评价函数反映免疫进化深度与目标评价期望，反映抗原与抗体或抗体与抗体之间的匹配程度。目标评价函数值越高，抗体与抗原就越匹配。算法的思想是确定为初始抗体，计算其经过变异优化后的位置信息，使得节点覆盖的面积最大化和节点移动能耗最小，即未覆盖面积和移动节点移动距离最小化。目标函数定义为：

$$\text{minimize}(f(s) = wf_1(s) + (1-w)f_2(s)) \tag{4.107}$$

其中，$f_1(s) = A_{uncov}(s) = A_{tot} - A_{\text{cov}}(s)$，$f_2(s) = \sum_{r=1}^{r'}\sum_{i=1}^{n} Dis(x'^{\,i}_j, x_j^i)$，$w$ 为在（0，1）内的一个参数，A_{tot} 为总的感知区域面积，$Dis(x'^{\,i}_j, x_j^i)$ 为免疫优化后节点从初始位置到终点的移动距离，r' 为迭代次数。

编码方式：以浮点型数据格式表示节点坐标信息，节点变异的方式是对节点坐标进行变异。

表 4－4　节点检测区域内共 n 个节点以及对应的坐标（x_i，y_i）

坐标	x 坐标				y 坐标			
节点位置	L_1	L_2	…	L_n	L_{n+1}	L_{n+2}	…	L_{2n}
抗体位置	x_1	x_2	…	x_n	y_1	y_2	…	y_n

表 4－4 表示节点检测区域内共有 N 个节点以及对应的坐标（x_i，y_i）。这就是对应的一组抗原，x_i代表节点 i 的 x 坐标，y_i代表节点 i 的 y 坐标，共包含 n 个节点、$2n$ 个坐标值，即基因值。

变异规则：假设每个可移动节点的初始变异规模为 m，即每个可移动节点有 m 组可能的初始坐标位置，为初始变异种群的规模，如表 4－5 所示，其中 $1\leqslant i\leqslant m$。

表 4－5　抗体群体坐标

抗体	X_1	X_2	X_3	…	X_{n-1}	X_n
初始群体	X_1^1	X_2^1	X_3^1	…	X_{n-1}^1	X_n^1
	X_1^2	X_2^2	X_3^2	…	X_{n-1}^2	X_n^2
	…	…	…	…	…	…
	X_1^m	X_2^m	X_3^m	…	X_{n-1}^m	X_n^m
坐标	(x_1^i, y_1^i)	(x_2^i, y_2^i)	(x_3^i, y_3^i)	…	(x_{n-1}^i, y_{n-1}^i)	(x_n^i, y_n^i)

（2）覆盖问题模型。

算法首要考虑的问题是覆盖优化问题。节点覆盖模型采用二进制模型，即在节点感知范围内以概率 1 被覆盖，在节点感知范围外以概率 0 被覆盖。感知区域假设为 $m \cdot n$ 栅格标注且每个栅格的尺寸为单位 1。整个检测区域的覆盖率为所有覆盖栅格占全部栅格的比例。假设栅格 $G(x, y)$，能被传感器节点 $S_i(x_i, y_i)$ 感知的概率由式（4.108）进行计算：

$$P(x, y, S_i) = \begin{cases} 1, & \text{if } \sqrt{(x-x_i)^2 + (y-y_i)^2} \leqslant R_S \\ 0, & \text{otherwise} \end{cases} \tag{4.108}$$

假设无线传感器网络是由 N 个簇头节点和簇成员节点固定在检测区域内，表示为 $S_i = \{s_1, s_2, \cdots, s_n\}$，由 M 个可移动的传感器节点位置，通过其位置的移动来优化网络覆盖率和连通容错性，表示为：

$$P(x, y, S) = 1 - \prod_{i=1}^{N} (1 - P(x, y, S_i)), \tag{4.109}$$

每个传感器节点覆盖的区域面积可以表示为 $A_{S_i} = \pi R_S^2$，因此整个检测区域的覆盖面积为：

$$A_{Cov}(S) = \cup_{i=1}^{N} A_{S_i} \cong \sum_{x=1}^{m} \sum_{y=1}^{n} P(x, y, S) \tag{4.110}$$

未覆盖区域的面积为 $A_{Uncov}(S) = A_{tot} - A_{Cov}(S)$。因此，整个网络的覆盖率可以表示为：

$$R_{Cov}(S) = A_{Cov}(S) / A_{tot} \cong \left(\sum_{x=1}^{m} \sum_{y=1}^{n} P(x,y,S) \right) / mn \tag{4.111}$$

其中，A_{tot} 为总的感知区域大小，算法的主要思想就是通过减小未覆盖区域比率 $(1 - R_{Cov(S)})$，使得覆盖区域最大化，即

$$\text{minimize}(f_1 = 1 - R_{Cov}(S)) \tag{4.112}$$

传感器节点 S_i 和传感器节点 S_j 在栅格点 $G(x, y)$ 重叠的概率为：

$$P_{overlap}(x, y, S_i) = \begin{cases} 1, & \text{if}(x, y) \in S_i \text{and}(x, y) \in S_j \\ 0, & \text{otherwise} \end{cases} \tag{4.113}$$

无线传感器网络监测区域的冗余覆盖率可由式（4.114）确定：

$$R_{red}(S) \cong \left(\sum_{x=1}^{m} \sum_{y=1}^{n} \left(\sum_{i=1}^{N} P_{overlap}(x,y,S_i) - 1 \right) \right) / A_{tot} \tag{4.114}$$

传感器节点感知见图 4-16。

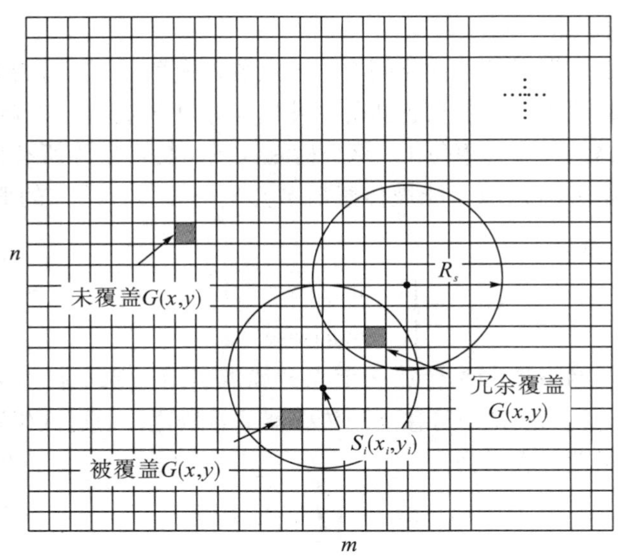

图 4-16 传感器节点感知示意

3. 免疫覆盖算法

步骤1 初始化参数，簇头节点与周围移动节点通信，确定节点位置。

步骤2 确定抗体与抗原，对抗体与抗原进行编码，确定初始抗体群，包括抗体群的规模，定义参数 pr，pc，pm，ph 和 gen。

步骤3 对抗体群所有的抗体成员，用式 $\text{minimize}(wf_1(s)+(1-w)f_2(s))$ 计算目标评价函数值 $f(s)$。

步骤4 根据抗体节点变异规则，对抗体群里的抗体成员进行变异。将变异后的新抗体与原抗体相混合，根据式 $\max\{R_{Cov}(S)=A_{Cov}(S)/A_{tot}\cong(\sum_{x=1}^{m}\sum_{y=1}^{n}P(x,y,S))/mn\}$ 和 $\min\{(\sum_{x=1}^{m}\sum_{y=1}^{n}(\sum_{i=1}^{n}P_{overlap}(x,y,s_i)-1))/A_{tot}\}$ 选择其中最优 m 个抗体，组成新的抗体群。

步骤5 条件终止判别并输出最优解。循环执行步骤 3 ~ 4 直至抗体群最优值 $\max(R_{Cov(S)})$ 不再变化或迭代次数达到一定次数 θ 时，抗体变异与迭代优化结束并输出最优解，即为移动节点的最优位置。否则转至步骤3。

步骤6 各簇首节点与通信范围的移动节点通信，确定传感器源节点数据包的传输路径。

4.5.4 多节点连通与容错

1. 相关问题定义

抗体：源节点与目的节点之间的多条路径保证网络连通性和传输稳定性。

抗原：监测区域内所有网络节点。

目标评价函数：单条路径质量评价函数定义为$f(p)=(\sum_{n=1}^{k_i} q_{mn})/k_1^2$，其中$k_i$为路径$p$的路径链路数，$q$为路径链路的质量。由路径质量评价函数可知，其路径质量与每条路径的质量成正比，与源节点到目的节点间的路径链路数平方成反比。一个源节点到目的节点间建立的多条传输路径的质量评价函数为：$f(N)=\sum_{m=1}^{k_j}((\sum_{n=1}^{k_i} q_{mn})/k_i^2)$，其中$k_j$为源节点和目的节点间所建立的路径数。

抗体编码规则：检测区域内的所有抗原（节点）以二进制编码，二进制编码位数为反映节点数量的最小值。

抗原/抗体（基因）变异规则：二进制数0随机变为0或1，二进制数1随机变为0或1，抗原变异后的节点须在上一跳节点的射频覆盖范围内，抗体的变异须在源节点和目的节点间保持连通性，不具备连通性的节点变异无效。

变异种群设置：最初随机建立k_j个有效抗体，保持源节点和目的节点间的连通性。抗体的变异按非等概率进行变异，按$p_{(i)}=n/i$进行变异，即优秀的抗体会以较大概率进行变异生成较多的抗体子代，质量较差的抗体以较小的概率生成子代，对抗体子代进行评价比较，并生成新的抗体群，作为下次变异的抗体种群。

2. 并行免疫解耦多路径连通算法

步骤1　初始化参数，确定节点数Q_n、通信半径、节点位置$\{(x_i, y_i)\}$和检测区域大小（$m \cdot n$）等参数。

步骤2　确定抗体与抗原，对抗原进行二进制编码，建立初始抗体群并对抗体进行编码。确定初始抗体群，包括抗体群的规模，定义参数pr，pc，pm，ph和$gen=0$。源节点首先选择在其射频范围内的节点作为下跳节点，收到上跳节点的信息包的节点将信息转发给在其射频范围内的且没有接收过此数据包的节点，选择从源节点到目的节点之间的n'条传输路径，即为n'个抗体。

步骤3　对所有的抗体成员，用目标评价函数式$f(p)=(\sum_{n=1}^{k_i} q_{mn})/k_1^2$对所有抗体成员进行评价，选择$n$个最优抗体成员作为初始抗体成员群，即$\{p_{(1)}, p_{(2)}, \cdots, p_{(n-1)}, p_{(n)}\}$。

步骤4　根据抗体节点变异规则，对抗体群里的抗体成员进行变异。$p_{(i)}$根据非等概率$p_{(i)}=n/i$进行变异。将变异后的新抗体用目标评价函数$f(p)=(\sum_{n=1}^{k_i} q_{mn})/k_1^2$进行评价后，与原抗体混合比较，选择最优$n$个抗体成员作为新的变异抗体群。

步骤5　条件终止判别并输出最优解。根据质量评价函数$f(N)=\sum_{m=1}^{k_j}((\sum_{n=1}^{k_i} q_{mn})/k_i^2)$对源节点到目的节点间建立的多条传输路径进行评价，循环执行步骤3~4直至迭代次数超过设定初始值Q或$\max(f(N))$值不再变化为止。抗体变异与迭代优化结束并输出最优解，即为源节点与目的节点间建立的多条最优传输路径。否则转至步骤3。

步骤6　源节点与路径中的各中继节点和目的节点进行通信，确认建立传输路径与工作机制。

步骤7　其他需要传输数据的源节点执行步骤3~6，并行计算并建立所有源节点到目的节点的传输路径。

4.5.5　分析与仿真

1. 多路径连通模型

多Agent连通模型是假设在一定的监测区域内有传感器节点共25个，以标号$\{N_1, N_2, \cdots, N_{n-1}, N_n\}$表示，如图4-17所示。$S$节点表示源节点，将所采集到的数据传输到目的节点$D$。$N_i$既是源节点也是传输中继节点。需要发送数据的源节点将建立多条传输路径到目的节点D以保证稳健连通性。此情况下一个源节点为一个Agent，根据免疫连通算法建立多条传输路径。网络中多Agent需要传输数据时可并行执行免疫连通算法实现多Agent与目的节点D的连通。

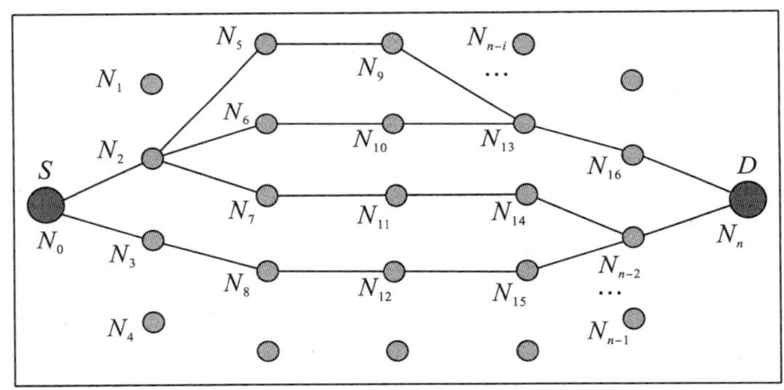

图4-17　传感器多Agent多路径连通

定义1　路径质量$q_{ij}=r_1\ (E_iE_j/E_i^{ini}E_j^{ini})\ +r_2\ (D_{ij}/\max\ \{D_{ij}\})$，其中$r_1+r_2=1$。两节点间路径质量定义于两节点剩余能量与两节点间距离的归一化值的权重和，反映了两节点之间剩余能量和两点之间距离这两个重要参数对路径质量的影响度。当路径质量低于某一阈值时会极大影响传输的稳定性和可靠性。

2. 多路径连通性分析

（1）连通性的表示。

源节点S与目的节点D之间的连通性可以用多条路径来表示。多路径通信能反映两节点连通性和传输的稳定性。多路径之间的耦合性表明路径交叉即有公共的传输节点。此交叉节点对两条路径的建立与传输具有较大的重要度。一旦此节点发生故障，将影响与之相连路径的连通性，从而影响源节点和目的节点之间的连通稳定性。一定程度上去除路径间的耦合性，有助于提高连通稳定性。

源节点 S 与目的节点 D 之间的多路径可表示为：

$$\begin{bmatrix} q_{1,0} & q_{1,1} & q_{1,2} & \cdots & q_{1,n-1} & q_{1,n} \\ q_{2,0} & q_{2,1} & q_{2,2} & \cdots & q_{2,n-1} & q_{2,n} \\ q_{3,0} & q_{3,1} & q_{3,2} & \cdots & q_{3,n-1} & q_{3,n} \\ q_{4,0} & q_{4,1} & q_{4,2} & \cdots & q_{4,n-1} & q_{4,n} \\ \cdots & \cdots & \cdots & & \cdots & \cdots \\ q_{m,0} & q_{m,1} & q_{m,2} & \cdots & q_{m,n-1} & q_{m,n} \end{bmatrix} \begin{bmatrix} N_0 \\ N_1 \\ N_2 \\ N_3 \\ \cdots \\ N_n \end{bmatrix} = \begin{bmatrix} P_0 \\ P_1 \\ P_2 \\ P_3 \\ \cdots \\ P_m \end{bmatrix} \tag{4.115}$$

其中，P_0表示第一条路径，N_0表示监测区域的第一个节点，$[q_{1,0} \quad q_{1,1} \quad q_{1,2} \quad \cdots \quad q_{1,n-1} \quad q_{1,n}]$ 为路径P_0上的各段路径质量。因此路径P_0可表示为：$P_0 = q_{1,1}N_0 + q_{1,2}N_1 + q_{1,3}N_2 + \cdots + q_{1,n-1}N_4 + q_{1,n}N_n$，表明路径$P_0$经过的传输节点有 $[N_0 \quad N_1 \quad N_2 \quad N_3 \quad \cdots \quad N_n]$。

图 4－17 中表示源节点 S 和目的节点 D 之间共建立了 4 条传输路径 $\{P_1,\ P_2,\ P_3,\ P_4\}$，其传输路径方程可以表示为：

$$\begin{cases} P_1 = q_{0,2}N_2 + q_{2,5}N_5 + q_{5,9}N_9 + q_{9,13}N_{13} + q_{13,16}N_{16} + q_{16,n}N_n \\ P_2 = q_{0,2}N_2 + q_{2,6}N_6 + q_{6,10}N_{10} + q_{10,13}N_{13} + q_{13,16}N_{16} + q_{16,n}N_n \\ P_3 = q_{0,2}N_2 + q_{2,7}N_7 + q_{7,11}N_{11} + q_{11,14}N_{14} + q_{14,n-1}N_{n-1} + q_{n-1,n}N_n \\ P_4 = q_{0,3}N_3 + q_{3,8}N_8 + q_{8,12}N_{12} + q_{12,15}N_{15} + q_{15,n-1}N_{n-1} + q_{n-1,n}N_n \end{cases} \tag{4.116}$$

定义 2　重要度I_m：在监测区域内源节点到目的节点间建立的多条路径中，某一节点位于所有传输路径的总数。重要度参数主要反映节点在源节点到目的节点间中继传输的重要程度。

由式（4.116）可知，所建立的 4 条路径的源节点为N_0，目的节点为N_n。4 条路径都有共同节点，或其中部分传输路径有其共同节点，如路径P_1、P_2与P_3都经过节点N_2。根据定义 2 可知，N_2的重要度$I_m(N_2) = 3$。若节点N_2发生故障，3 条传输路径 $\{P_1,\ P_2,\ P_3\}$ 必然存在传输故障，影响源节点到目的节点之间的数据传输。节点N_{13}只存在于路径P_1与P_2中，有$I_m(N_{13}) = 2$。

定义 3　连通性：监测区域内源节点与目的节点之间的连通性为两节点间存在 $\{P_i\}$，且$P_i = q_{0,x_1}N_{x_1} + \cdots + q_{0,n}N_n$。

为保证网络的连通性，提高网络传输稳定性和故障容错性，需要建立从源节点到目的节点间的多条传输路径，且路径之间存在较小耦合度，即减少多路径中的交叉节点。

（2）解耦与容错。

在源节点和目的节点间建立多条传输路径，必然存在多条路径是否交叉的情况，分为不相交模式（Disjoint Model）和相交模式（Joint Model）。对于多路径不相交模式，多路径之间没有公共节点，各路径之间没有耦合性，某路径上传感器节点发生故障不影响其他传输路径。相交模式中的相交节点发生故障必然会影响到与之相连接的多条路径。不同模式下传感器节点的重要性不同，即重要度I_m不相同。

降低节点的重要度I_m，解除路径之间的耦合性，能够提升无线传感器网络的连通性与传输稳定性。在图 4 - 17 中所表示的源节点与目的节点的多条传输路径方程中：

$$\begin{cases} P_1 = q_{0,2}N_2 + q_{2,5}N_5 + q_{5,9}N_9 + q_{9,13}N_{13} + q_{13,16}N_{16} + q_{16,n}N_n \\ P_2 = q_{0,2}N_2 + q_{2,6}N_6 + q_{6,10}N_{10} + q_{10,13}N_{13} + q_{13,16}N_{16} + q_{16,n}N_n \\ P_3 = q_{0,2}N_2 + q_{2,7}N_7 + q_{7,11}N_{11} + q_{11,14}N_{14} + q_{14,n-1}N_{n-1} + q_{n-1,n}N_n \\ P_4 = q_{0,3}N_3 + q_{3,8}N_8 + q_{8,12}N_{12} + q_{12,15}N_{15} + q_{15,n-1}N_{n-1} + q_{n-1,n}N_n \end{cases} \tag{4.117}$$

P_1，P_2与P_3三条路径存在交叉节点N_2，节点N_2的重要度$I_m = 3$。节点N_2发生故障会影响到P_1，P_2与P_3三条路径的连通性，不影响源节点N_0与目的节点N_n之间的连通性，但影响到数据传输的稳定性。

减小节点N_2的重要度，解除多路径之间的耦合关系，以保证多条路径互不相连；或通过降低多路径之间的耦合性，即令某路径的某节点在另外路径上的耦合参数$q_{ij} = 0$，以降低某节点的重要度，从而达到提高连通性和数据传输稳定性。

如图 4 - 18 中，为解除P_1，P_2与P_3路径在N_2节点的耦合性，找出位于上跳节点和N_2节点射频覆盖范围内的且未位于源节点与目的节点间所建立的其他路径上的所有节点集合 $\{N_i,\ N_i \in RF(N_2,\ N_0) \text{ and } N_i \notin P_i,\ i \neq 2\}$，有$N_i = \{N_1,\ N_4\}$。判断$N_2$节点的下跳节点 $\{N_5,\ N_6,\ N_7\}$ 是否在新的节点 $\{N_1,\ N_4\}$ 的射频范围内。若在其射频范围内则建立传输路径。对于节点N_{13}采取相同方法处理，最终形成了图 4 - 18 中新的互不交叉的多路径连通情况。

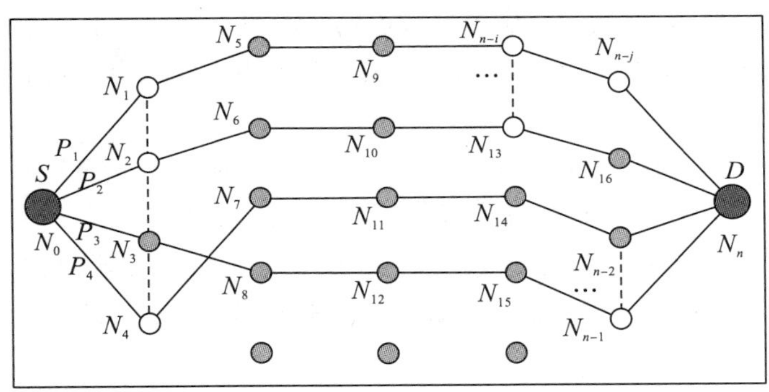

图 4 - 18 多路径解耦连通

通过多路径解耦连通方法，形成从源节点到目的节点间新的互不相连的多路径，降低了这些节点的重要度，提高了从源节点到目的节点间的数据传输稳定性。解除耦合后的多路径连通方程为：

$$\begin{cases} P_1 = q_{0,1}N_1 + q_{1,5}N_5 + q_{5,9}N_9 + q_{9,n-i}N_{n-i} + q_{n-i,n-j}N_{n-j} + q_{n-j,n}N_n \\ P_2 = q_{0,2}N_2 + q_{2,6}N_6 + q_{6,10}N_{10} + q_{10,13}N_{13} + q_{13,16}N_{16} + q_{16,n}N_n \\ P_3 = q_{0,3}N_3 + q_{3,8}N_8 + q_{8,12}N_{12} + q_{12,15}N_{15} + q_{15,n-1}N_{n-1} + q_{n-1,n}N_n \\ P_4 = q_{0,4}N_4 + q_{4,7}N_7 + q_{7,11}N_{11} + q_{11,14}N_{14} + q_{14,n-2}N_{n-2} + q_{n-2,n}N_n \end{cases} \tag{4.118}$$

上述建立的从源节点到目的节点的 4 条传输路径，每条保证了其连通性，且每条连通路径都没有相交，即 4 条传输路径之间无互耦性。某一传感器节点发生故障不影响其他路径的数据传输，提高了数据传输的稳定性，保证了源节点与目的节点的连通性。

3. 算法容错性

当网络中正在传输数据的某些节点发生故障，通过网络故障容错算法可不影响源节点发送数据到目的节点，这说明无线传感器网络具有一定的故障节点容错性。

图 4－19 为解除耦合后的多路径连通容错分析示意。在图 4－19 中，标注为红色节点的N_2和N_{15}表示发生故障不能工作。因此路径P_2和P_3不具有连通性。但此节点不影响路径P_1和P_4，不影响源节点N_0和目的节点N_n之间的连通性，可以通过网络编码技术等重构源节点的数据包。多路径解耦减小了某些节点的重要度，避免了部分传输节点的故障影响源节点到目的节点的数据传输，从而提高源节点到目的节点之间数据传输的稳定性和可靠性，使得网络具有一定的故障容错性。

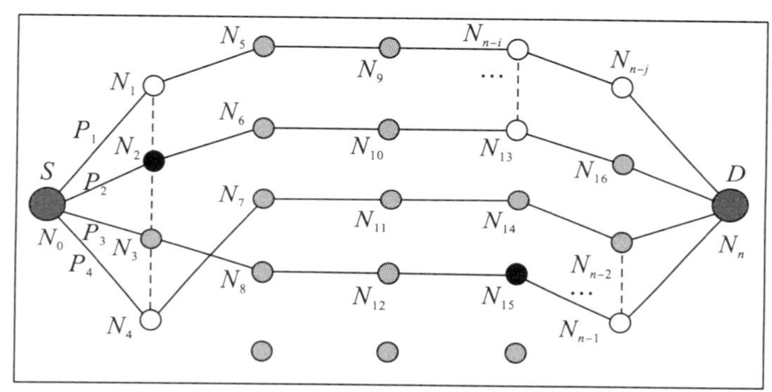

图 4－19　多路径连通解耦容错性

（4）算法收敛性

算法收敛性是评价算法优劣的一个重要指标。最大覆盖算法是无线传感器网络进行并行免疫解耦多路径连通的前期准备和优化，在网络最大覆盖情况下能更好地保证网络的连通性。

（1）最大覆盖算法收敛性。

确定监测区域内的所有节点为抗原节点，处于最优化位置的节点即取得最大覆盖面积的节点为最优抗体。对进行变异之前处于初始位置的所有抗体进行评价，有：$F_1(S)=wf_1(s)+(1-w)f_2(s)$，且原抗体群可以表示为：$\Theta_0=\{L^0_{(1)}, L^0_{(2)}, L^0_{(3)}, \cdots, L^0_{(n-1)}, L^0_{(n)}\}$，有$L^0_{(1)}\geqslant L^0_{(2)}\geqslant L^0_{(3)}\geqslant\cdots\geqslant L^0_{(n-1)}\geqslant L^0_{(n)}$。初始抗体群为下次变异的初始群，经过变异后生成了与原来规模相同的抗体群。对新生成的 n 个抗体用目标评价函数 $F(S)=wf_1(s)+(1-w)f_2(s)$进行评价。将新生成的 n 个抗体与原抗体群混合组成新的群体，按照评价函数排序后表示为：$\Theta_1=\{L^1_{(1)}, L^1_{(2)}, \cdots, L^1_{(n-1)}, L^1_{(n)}, L^1_{(n+1)}, \cdots, L^1_{(2n-1)}, L^1_{(2n)}\}$。

因$\Theta_0\subset\Theta_1$，有 $\sum\limits_{i=1}^{n} L^1_{(i)} \geqslant \sum\limits_{i=1}^{n} L^0_{(i)}$。选择 $\{L^1_{(1)}, L^1_{(2)}, \cdots, L^1_{(n-1)}, L^1_{(n)}\}$ n 个抗体作

为新的抗体群参与下次迭代变异。经历 m 次迭代变异后有 $\sum_{i=1}^{n} L_{(i)}^{m} \geqslant \sum_{i=1}^{n} L_{(i)}^{m-1} \geqslant \sum_{i=1}^{n} L_{(i)}^{0}$，即算法经过 n 次迭代变异进化后收敛于最优抗体群 $\{L_{(1)}^{n}, L_{(2)}^{n}, \cdots, L_{(n-1)}^{n}, L_{(n)}^{n}\}$。

结论 1　目标评价函数 $F_1(S) = wf_1(s) + (1-w)f_2(s)$ 中，令 $w=1$，即目标评价函数中不考虑节点移动距离因子，只考虑覆盖面积因子，且传感器节点数 $N \geqslant n$，有：$\lim\limits_{n\to\infty}(\max\{R_{Cov}(S) = A_{Cov}(S)/A_{tot} \cong (\sum_{x=1}^{m}\sum_{y=1}^{n}P(x,y,S))/mn\}) = 1$。

结论 2　目标评价函数 $F_1(S) = wf_1(s) + (1-w)f_2(s)$ 中，令 $w \neq 1$，有 $\lim\limits_{n\to\infty}(\max\{R_{Cov}(S) = A_{Cov}(S)/A_{tot} \cong (\sum_{x=1}^{m}\sum_{y=1}^{n}P(x,y,S))/mn\}) = Q$，且节点坐标为 $\{L_{(1)}^{n}, L_{(2)}^{n}, \cdots, L_{(n-1)}^{n}, L_{(n)}^{n}\}$。

（2）并行免疫解耦多路径连通算法收敛性。

免疫解耦多路径连通算法的评价函数 $f(p) = (\sum_{n=1}^{k_i} q_{mn})/{k_1}^2$，考虑路径平均质量和路径跳数两个因数，其值与路径的平均质量成正比，与跳数成反比，与最大免疫覆盖算法一致，有 $\sum_{m=1}^{k_j}((\sum_{n=1}^{k_i} q_{mn})/{k_i}^2)|_n \geqslant \sum_{m=1}^{k_j}((\sum_{n=1}^{k_i} q_{mn})/{k_i}^2)|_{n-1} \geqslant \sum_{m=1}^{k_j}((\sum_{n=1}^{k_i} q_{mn})/{k_i}^2)|_0$，$n$ 次迭代变异后的评价函数目标值收敛于：$\max(f(N)) = \sum_{m=1}^{k_j}((\sum_{n=1}^{k_i} q_{mn})/{k_i}^2)|_n$。

4.5.6　结论

免疫最大化覆盖是保证节点连通性的准备和优化。免疫最大化覆盖研究进行了免疫覆盖相关问题的定义，建立了免疫覆盖模型并提出了免疫最大化覆盖算法。在网络最大化覆盖下，开展免疫多路径连通算法的研究，包括免疫多路径问题定义，建立模型并开展连通性和容错性等分析。研究了在网络节点多路径存在耦合与解除耦合的情况下，对网络连通性和容错性的影响，从而采取解耦措施提升与优化网络性能，能较好地提升提高无线传感器网络的传输稳定性和可靠性。

4.6　仿生智能计算优化——BIM^2RT：基于 BWAS－免疫机理的无线传感器网络多路径可靠传输

4.6.1　引言

免疫机理可应用到无线传感器网络中建立多路径路由，实现网络故障容错。然而，如何快速确定免疫多路径算法的最优初始解是一个不可避免的问题。在部署大量节点的网络中，基于免疫机理的多路径路由算法容易陷入局部最优解，存在收敛性差的缺点。未受启发的初始输入会影响问题全局解的质量和算法的收敛性。最优最差蚁群算法（BWAS）是一种改进的蚁群算法，将其应用到网络路由中，具有收敛速度快的优点。由于它具有良好的群体智能性能，可以快速地得到初始最优解。因此，为了提高全局解的收敛性和质量，结合 BWAS 与免疫机制进行了研究。为了提高无线传感器网络传输的稳定性和可靠性，主要研究了节点故障或链路质量影响网络层数据传输的稳定性和可靠性问题，将免疫算法和蚂蚁算法的智能计算应用于具有负载均衡机制的多路径冗余传输容错。在 BWAS 中生成的信息素值用于评估从源节点到目标节点建立的所有可能路径的质量，除了传输延迟和能量消耗外，路径的跳数反映的是由源节点生成的数据包沿传输路径到目的节点所经历的节点数。

本节主要贡献如下：①采用 BWAS 算法进行多路径建立和优化，并利用信息素值来评估链路或路径的质量。因为算法具有较好的收敛性能，可快速建立从源节点到目的节点的最优多路径。路径的选择和建立对跳数和方向进行了考虑。这些初始多路径构成了抗体变异的初始种群，为免疫算法的输入提供了初始最优解。它加速了免疫算法的收敛，解决了免疫算法没有优化初始变异种群的问题。该方法克服了免疫算法通常不考虑从源节点到目的节点的跳数和路径方向的不足。②将免疫算法应用于多路径的建立和优化中，除考虑跳数因子，还考虑了节点的传输延迟和能量消耗等因素。对于基于 BWAS 的最优解，作为输入的免疫多路径传输算法表现出更好的收敛性。此外，将多路径传输和负载均衡机制结合在一起。③建立数学模型，对传输可靠性和故障容错性进行理论分析。对数据包传输的精确率与能耗效率进行仿真，全面评价多路径路由质量和容错性能。

4.6.2　相关工作

1. 多路径传输技术

研究人员提出并分析了诸如能量感知路由、基于 QoS 的路由和基于地理位置信息的路由等典型多路径路由协议。一种基于 kautz 的实时、容错、节能的算法提出了一种可有效地识别从源节点到目的节点的多个最短路径以及在 Kautz 图单元内及其之间的多播容错路由协议。针对无线传感器网络中的数据采集问题，提出了一种基于局部邻居信息的分布式宽度可控相交多路径路由（WC - BMR）和一种适用于无线传感器网络的多路径路由协议 MPR（多路径前缀路由），以及对路由技术进行了评价和分析，包括 GPSR（贪婪周长状态路由）、DGR（定向地理路由）和 GEAM（地理能量感知、无干扰多路径）等地理路由技术。

然而，多路径路由是一个在某些条件变量约束下的多目标函数优化问题。该算法设计了多个度量指标来评估网络性能，如能量消耗、路由稳定性等。如何提高网络数据传输稳定性和算法收敛性能成为一个核心问题，特别是在部署了大量传感器节点，同时具有动态拓扑的网络中存在故障节点的情况下。

2．基于蚁群和免疫机理的传输路由

蚁群算法在网络最优路由搜索方面具有较大的优势。蚁群算法首先被提出并应用于TSP问题的求解。采用蚂蚁生成的信息素，通过动态更新信息素值来评价所建立路径的质量。这将引导其余蚂蚁沿着信息素值较高的路径移动，这些路径被认为是最优的传输路径。

相关文献表明，采用蚁群算法进行无线传感器网络路由优化可以获得较好的性能。下面为此方面研究的代表性文献。在生命周期感知路由算法中，设计了一种新的信息素更新算子，将能耗和跳数考虑到路由选择中。协议 OD-PRRP 具有两种反应方式的路由协议，并利用模糊逻辑和蚁群优化方法识别能量效率和最优路径。基于蚁群优化的路由协议提供了一个更好的平台来研究现有协议的各种缺点，以期在不久的将来开发出高效的无线传感器网络路由协议。一种新的基于蚁群优化的路由算法在其能量函数中使用特殊参数来降低网络节点的能量消耗，并设计了一种新的信息素更新算子，将能量消耗和跳数考虑到路由选择中。基于改进蚁群算法的路由算法将能量因子考虑在内，根据概率分布进行路由选择并增强了相关信息素的计算，以低代价、负载均衡的特点找到从源节点到目的节点的最优路径。

免疫系统具有信息处理机制、分布动态特性和鲁棒性等优点。人工免疫系统采用自我识别、相互激励、相互制约的方法，形成动态平衡网络。因此，采用免疫机制对无线传感器网络的拓扑、路由和覆盖等相关问题进行优化成为研究的热点。动态免疫聚类规则驱动的多路径路由算法（RDICMR）将生物免疫系统的工作机理应用于事件驱动的动态聚类算法中。针对能量采集的无线传感器网络容错路由的恢复和质量维护问题，提出了一种改进的基于免疫系统启发的路由恢复算法（ISSRA）。不等多跳平衡免疫聚类协议（UMBIC）利用不等聚类机制（UCM）和多目标免疫算法（MOIA）调整簇内和簇间的能量消耗。将基于协作的模糊人工免疫系统（Co-FAIS）引入无线传感器网络的入侵检测中，提出的一种基于遗传算法（GA）的网络可靠性优化算法，用于寻找具有故障容错能力的 SCAs 最优结构。还提出了一种利用模糊免疫系统延长无线传感器网络生命周期的自适应路由技术，同时利用人工免疫系统解决分组环路问题和路由控制方向。基于免疫的能量高效分层路由协议（IEERP）利用多目标免疫算法（MOIA）将网络划分为若干个最优簇来建立路由。Gong 将加权目标变换技术与自适应多目标差分进化相结合，提出了非线性方程组多个最优解定位的一般框架，还提出了一种基于廉价代理模型的多算子搜索策略用于进化优化，这对无线传感器网络中的多路径优化问题有很大的启发。

蚁群算法和免疫算法在路由搜索和优化方面各有优势。例如，免疫算法不容易得到全局最优解，尤其是在缺乏最优输入的情况下，以及在动态网络拓扑结构中存在故障节点的情况下。因此，如何将这两种算法的优势结合起来值得关注。免疫算法与蚁群算法相结合在无线传感器网络多路径路由优化中的应用在过去的文献中还没有进行过研究。

3. 通过网络故障容错实现网络可靠传输

无线传感器网络中的多路径路由本质上是一种冗余路由策略。它具有网络故障容错功能，避免故障节点或链路的影响。因此，在基于 BWAS - 免疫机程的多路径传输中，考虑采用故障容错策略来提高网络传输可靠性是非常必要的。

不相交路径向量（DVP）的分布式容错拓扑控制算法解决了 k 次选播拓扑控制问题，保证了 k 个节点到超级节点的不相交路径，满足了 k 个节点到超级节点的连通性，在最坏情况下能容忍 $k-1$ 个节点的故障。自适应不相交路径向量（ADVP）算法是在节点失效的情况下保证超级节点连通性，对无线传感器网络的故障检测和容错问题进行了建模和分析。通过建立双连通的分区拓扑，同时最小化分区之间的最大路径长度和部署中继节点的最小计数，提出了一种实现恢复目标的有效策略。针对连通性恢复和可靠传输问题，提出了 2 连通性恢复算法（F2CRA）和 3 连通性恢复算法（P3CRA），同时提出了一种基于等级扩散和遗传算法相结合的故障容错节点恢复算法。

4.6.3 BIM^{2}RT：基于 BWAS- 免疫机理的多路径可靠传输

1. BIM^{2}RT 算法思想

BIM^{2}RT 包括基于 BWAS 的多路径建立算法（BME）和基于免疫的多路径传输算法（IMT）。前者考虑了人工蚂蚁产生信息素的多跳/距离和引导因子。该方法可以快速评估所有链路的质量，并通过路径建立策略建立从源节点到目的节点的多条路径。它们构成了 IMT 算法的初始输入和初始抗体变异群体。后者将对初始抗体群体进行变异。由于有初始最优解作为 IMT 的输入，它可较快速地收敛到最优值。除跳数/距离外，IMT 还考虑了传输延迟和能量消耗等因素。最后，快速建立从源节点到目的节点的多条路径。通过建立的数学模型和仿真分析，结合负载均衡策略，采用数据接收速率、能量消耗效率和传输延迟等指标来评价多路径传输的性能。

2. BME：基于 BWAS 的多路径路由算法

（1）BWAS 的算法思想。

BWAS 将奖惩机制分别引入最优蚂蚁和最差蚂蚁上，是对蚁群算法的改进。它加强了对最优路径的搜索指导，加快了算法的收敛速度。BWAS 具有群体智能搜索和快速收敛的特点。信息素归一化值用于评价链路或路径的质量。因此，在源节点和目的节点之间建立多条不相交的传输路径作为 IMT 的初始最优输入。

（2）BWAS 算法模型。

网络中的源节点负责数据采集/处理，并将数据包传输到目的节点。图 4 - 20 中用符号 S 和 D 标记的节点分别被定义为源节点和目的节点。一个节点在无线射频覆盖范围内可与其他节点建立链路。链路质量定义为 BWAS 算法产生的信息素强度。节点选择具有信息素最大值的且不在已建立路径上的链路作为下一条传输链路。因此，源节点可以根据链路质量，通过相交路径模型或不相交路径模型建立到目的节点的多条传输路径。

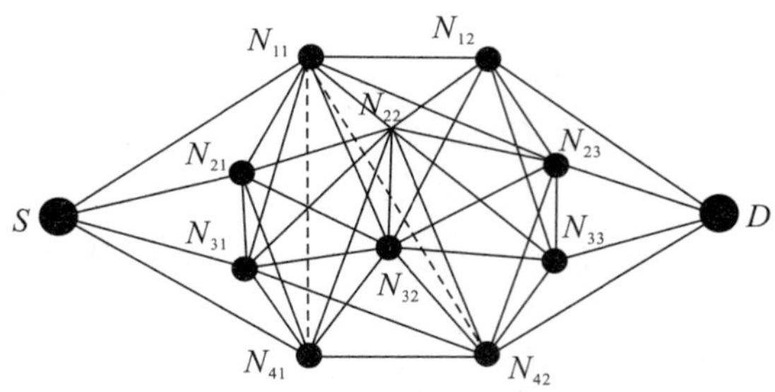

图 4－20　基于 BWSA 的不相交多路径传输

图 4－20 所示为基于 BWAS 算法建立的多条传输路径，分别如下：

$Link_{S\rightarrow N21} \leftarrow \max\ quality\{Link_{S\rightarrow N11},\ Link_{S\rightarrow N21},\ Link_{S\rightarrow N31},\ Link_{S\rightarrow N41}\}$，$Link_{N21\rightarrow N22} \leftarrow \max\ quality\{Link_{N21\rightarrow N11},\ Link_{N21\rightarrow N22},\ Link_{N21\rightarrow N32},\ Link_{N21\rightarrow N31},\ Link_{N21\rightarrow N41}\}$

其中，$Link_{S\rightarrow N21}$在选定的链路上。

$$Link_{N22\rightarrow N23} \leftarrow \max\ quality\begin{cases} Link_{N22\rightarrow N11},\ Link_{N22\rightarrow N12},\ Link_{N22\rightarrow N23},\ Link_{N22\rightarrow N33},\ Link_{N22\rightarrow N32}, \\ Link_{N22\rightarrow N42}, \\ Link_{N22\rightarrow N41},\ Link_{N22\rightarrow N31} \end{cases}$$

其中，$Link_{N22\rightarrow N11}$位于选定的链路上。

$Link_{N23\rightarrow D} \leftarrow \max\ quality\{Link_{N23\rightarrow N11},\ Link_{N23\rightarrow N12},\ Link_{N23\rightarrow D},\ Link_{N23\rightarrow N32}\ Link_{N23\rightarrow N33},\ Link_{N23\rightarrow N42}\}$

其中，$Link_{N22\rightarrow N23}$位于选定的链接上。

因此，源节点可以首先建立路径（$S\rightarrow N_{21}\rightarrow N_{22}\rightarrow N_{23}\rightarrow D$），其信息素值强度最大。

（3）BWAS 算法具体实现。

该算法相关参数的含义见表 4－6。

表 4－6　参数含义

参数	含义
P_{ij}^{k}	蚂蚁 k 的转移概率
j	尚未访问的节点
τ_{ij}	$(i,\ j)$ 上的信息素
η_{ij}	边缘 $(i,\ j)$ 的可见性，反映节点 i 到 j 的灵敏度
$allowed_{k}$	蚂蚁 k 可访问节点集
ρ，ε	参数，$0<\rho<1$
n	节点数量
L_{nn}	路径长度

续表4－6

参数	含义
L_{best}，L_{worst}	当前循环中最佳蚂蚁和最坏蚂蚁分别通过的路径长度
L_{gb}	当前循环中的全局最优路径
α	信息素的蒸发参数，$0<\alpha<1$

步骤 1　初始化参数并通过（4.119）和（4.120）为每个蚂蚁选择路径。

$$p_{ij}^{k}(t)=\begin{cases}(\tau_{ij}^{\alpha}(t)\,\eta_{ij}^{\beta}(t))/(\sum\tau_{k}^{\alpha}(t)\,\eta_{is}^{\beta}(t)),j,s\in allowed_{k}\\0,\text{otherwise}\end{cases}\tag{4.119}$$

$$\tau_{ij}(t+n)=\rho_{1}\tau_{ij}(t)+\Delta\tau_{ij}(t,\ t+n)\tag{4.120}$$

$$\Delta\tau_{ij}(t,\ t+n)=\sum_{k=1}^{m}\Delta\tau_{ij}^{k}(t,\ t+n)\tag{4.121}$$

$$\Delta\tau_{ij}^{k}(t,\ t+n)=\begin{cases}Q/L_{k},\ \text{if } ant\ k\ passes\ (i,\ j)\ \text{in this cycle}\\0,\ \text{otherwise}\end{cases}\tag{4.122}$$

式（4.120）是在蚂蚁建立一条完全路径时更新信息素值，而不是在每一步中更新。

步骤 2　在蚂蚁生成路径时，通过式（4.123）局部更新信息素值。

$$\tau_{rs}\leftarrow(1-\rho)\tau_{rs}+\rho\Delta\tau_{rs}\tag{4.123}$$

$$\Delta\tau_{rs}=(n\,L_{nn})^{-1}\tag{4.124}$$

步骤 3　重复步骤 1 至 2，直到节点上的每个蚂蚁都生成了路径。采用路径长度来评价最优蚂蚁和最差蚂蚁。

步骤 4　通过式（4.125）全局更新最优蚂蚁生成路径的信息素。

$$\tau_{rs}\leftarrow(1-\alpha)\tau_{rs}+\alpha\Delta\tau_{rs}\tag{4.125}$$

其中

$$\Delta\tau_{rs}=\begin{cases}(L_{gb})^{-1},\ \text{if}(r,\ s)\in globalbest\\0,\ \text{otherwise}\end{cases}\tag{4.126}$$

步骤 5　通过式（4.127）对最差蚂蚁生成的路径信息素进行全局更新。

$$\tau_{rs}=(1-\rho)\tau_{rs}-\varepsilon\,L_{worst}/L_{best}\tag{4.127}$$

步骤 6　对其余的蚂蚁重复步骤 2 到 5，直到所有蚂蚁都建立了路径，记录每条路径上的信息素值，并计算归一化值作为链路质量的评价。

（4）基于 BWAS 的多路径建立的实现。

①每个节点初始设置一定数量的数据包（蚂蚁），对数据包的基本参数进行初始化。每个数据包携带目的节点和源节点的地址、跳数等信息，根据访问节点的禁忌表、数据包转移概率以及射频覆盖范围选择下一跳。

②在数据包前进的过程中，在本地路由表中创建一个表项。记录信息素浓度、跳数、前后节点坐标等信息数据。当中间节点从邻居节点接收到数据包时，它会检查是否已从同一节点接收到数据包。若是，则数据包返回到前一个节点并继续寻找最佳的下一跳节点。否则，跳数值将加 1。

③当数据包从源节点到达目的节点时，下一跳的路径搜索工作就结束。更新路由表中已建立路径上的信息素值，直到源节点的所有数据包都到达了目的节点。然后计算建立的路由表中所有路径的长度，记录最优值和最差值。最后更新最优路径和最差路径的信息素值。

当数据收集事件触发源节点时，它将建立到目的节点的多个条传输路径。源节点在其射频发射功率范围内与所有节点建立传输路径。BWAS 算法计算出了每条路径的信息素强度。源节点首先选择最优链路上的节点作为分组传输的下一跳节点。首先建立到目的节点的第一最优传输路径。然后源节点选择不在第一传输路径中的次优质量链路上的节点作为下一跳。建立从源节点到目的节点的第二条路径，其信息素值反映的质量比第一条路径低。依此类推，建立到目的节点的多条不相交路径。对路径上的信息素值进行归一化，以评价链路或路径的质量。

3. IMT：基于免疫的多路径传输算法

（1）相关免疫问题的定义。

抗体定义为从源节点到目的节点建立的最佳路径。在静态聚类拓扑中，抗原被定义为簇头。在簇头之间建立从源节点到目的节点的传输路径。因此，需要根据网络中簇头的数量对所有簇头进行二进制编码。以图 4 - 20 中分布的节点为例，节点数量小于 16。所以每个簇头可以用 4 位二进制进行编码，如 1011。源节点和目的节点编码为 0000 和 1111。节点编码如表 4 - 7 所示。

表 4 - 7　节点二进制编码

路径	节点	二进制编码
P_1	N_{11}	0001
	N_{12}	0010
P_2	N_{21}	0011
	N_{22}	0100
	N_{23}	0101
P_3	N_{31}	0110
	N_{32}	0111
	N_{33}	1000
P_4	N_{41}	1001
	N_{42}	1010

路径编码被确定为每个节点代码的有序组合。源节点和目的节点分别以 0000 和 1111 编码。假设节点 N_{21}、N_{22} 和 N_{23} 分别编码为 {0011　0100　0101}。如果节点集 $\{S, N_{21}, N_{22}, N_{23}, D\}$ 构成路径，则此传输路径编码为 {0000 0011 0100 0101

1111}。路径适应度与目的节点跳数、剩余能量和传输延迟密切相关。其定义如下：

$$\sum_{i=1}^{n} C_{P_i} \tag{4.128}$$

其中，C_{P_i}表示路径P_i的综合测量。

定义1 综合测量C_{P_i}定义为跳数、剩余能量和传输延迟的归一化因子值的加权和。它被用来评估已建立路径的质量。路径的综合测量由式（4.129）定义。

$$C_{P_i} = w_1 \frac{E(p_i)}{E_{ini}(p_i)} + w_2 \frac{H(p_i)}{\max\{H(P_i)\}} + w_3 \frac{D(p_i)}{\max\{D(P_i)\}} \tag{4.129}$$

其中，$w_1 + w_2 + w_3 = 1$，$E_{ini}(P_i) = \sum_{i=1}^{n} e = ne$，它表示路径上每个节点的初始能量之和。$\max\{H(P_i)\}$表示所有已建立路径的最大跳数。$\max\{D(P_i)\}$表示所有已建立路径的传输延迟。事实上，因子$H(p_i)$可以通过一条路径的信息素值来反映。因子$H(p_i)$和信息素值都能反映从源节点到目的节点的距离。因此，式（4.129）可在式（4.130）的基础上修改为如下：

$$C_{P_i} = w_1 \frac{E(p_i)}{E_{ini}(p_i)} + w_2 \frac{\eta(p_i)}{\max\{\eta(P_i)\}} + w_3 \frac{D(p_i)}{\max\{D(P_i)\}} \tag{4.130}$$

其中，$\eta(p_i) = \sum_{j=1}^{m-1} \eta_{ij}$，$\eta_{ij}$表示包括$m-1$条链路的$P_i$路径上的$j^{th}$链路。

由于路径质量差，将丢失或重新传输更多的数据包。这导致能量消耗增加。路径质量直接影响分组转发的可靠性。剩余能量决定了网络的生存时间。仅以跳数作为路由质量的评价标准，已不能满足服务质量的要求。因此，路径的质量应该根据到目的节点的跳数、剩余能量和传输延迟三个方面来综合评价，优先选择较高综合度量值的节点建立最优传输路径，这对提高传输可靠性具有重要意义。

在从源节点到目的节点建立的所有多条传输路径$\{p_1, p_2, p_3, \cdots\}$中，选择符合条件$C_{P_i} \geqslant \Theta$的抗体$\{p_1, p_2, p_3, \cdots, p_n\}$作为优良抗体进入抗体群中，用于下一次迭代变异，其中Θ代表设定的阈值，并由$\sum_{i=1}^{n} C_{P_i}/n$所确定，参数n是已建立路径的数量。抗体的变异规律如下：

①变异节点包括路径上除源节点和目的节点之外的所有节点。

②节点变化的方向是从源节点到目的节点。下跳节点应在前一个节点的射频功率覆盖范围内。

③变异节点不包括建立路径上的已变异节点。

④变异规律为：0随机变异为0或1，1随机变异为0或1。

（2）IMT算法实现。

该算法主要采用免疫机理建立多路径传输，以提高数据传输的可靠性和故障容错性能。路径由节点代码的有序组合进行编码。由剩余能量、跳数/距离和传播延迟等因素定义的亲和函数，用来计算和评价抗体和抗原的亲和度。根据阈值选择优秀抗体进入记忆群体，通过变异规则形成新的抗体群体。最后，建立了多条最优传输路径。IMT算法具体实现如下：

步骤1　初始化参数，包括 EA（事件区域）、N（节点数）、目标坐标、E_{ini}、E_{elec}、ε_{fs}、ε_{mp}、η、w_1、w_2、w_3、覆盖半径 R。

步骤2　通过式（4.130）计算路径C_{P_i}。

步骤3　对节点和路径进行编码。

步骤4　选择 BWAS 算法的输出作为免疫多路径路由算法的输入。选择 BWAS 算法中初始建立的多条传输路径作为初始抗体群。建立从源节点到目的节点的 n 条不相交传输路径。

步骤5　根据式（4.128）计算传输路径的适应度。

步骤6　生成抗体群。根据已建立的传输路径 $\{p_1, p_2, p_3, \cdots\}$，将具有$C_{P_i} \geqslant \Theta$ 的抗体选入抗体记忆群作为下一次迭代变异的优良抗体群。

步骤7　抗体突变。抗体群中的优秀抗体是根据变异规则变异的。新的抗体群体是由原始抗体和新的突变抗体组成的。然后根据适应度函数计算C_{P_i}和 $\sum_{i=1}^{n} C_{P_i}$。如果 $\sum_{i=1}^{n} C'_{P_i} < \sum_{i=1}^{n} C_{P_i}$，转到步骤6；否则转到步骤8，其中 $\sum_{i=1}^{n} C'_{P_i}$是变异后的值。

步骤8　终止迭代并输出最优解。选择值不再改变的 $\min \sum_{i=1}^{n} C'_{P_i}$的最优抗体 K 作为问题的输出，以建立多条传输路径，否则转到步骤5。

步骤9　源节点沿着所有已建立的路径向目的节点发送确认数据包，并接收从目的节点的反馈，以确定建立的最佳传输路径。

（3）基于多路径的负载均衡机制。

基于多路径的负载均衡机制就是根据路径的质量将不同数量的编码片段分配给不同的路径。参数 $R_i(i=1, 2, 3, \cdots)$表示路径P_i上编码片段的数量。归一化信息素值$\eta^j_{P_i}$仅用于反映P_i上链路$(j-1)^{th}$到j^{th}质量，其中 $i \in (1, 2, \cdots, n)$，$j \in (1, 2, \cdots, m)$。

因此，C_{P_i}用来反映路径质量。P_i上分配的编码片段数量是$R_i = C'_{P_i}(N+R)$，其中 $C'_{P_i} = C_{P_i} / \sum_{i=1}^{n} C_{P_i}$。图4-21示出在源节点和目的节点之间建立了3条传输路径$P_i(i=1, 2, 3)$，且$P_2 > P_1 > P_3$。通过负载均衡机制，将更多的编码片段分配给P_2。

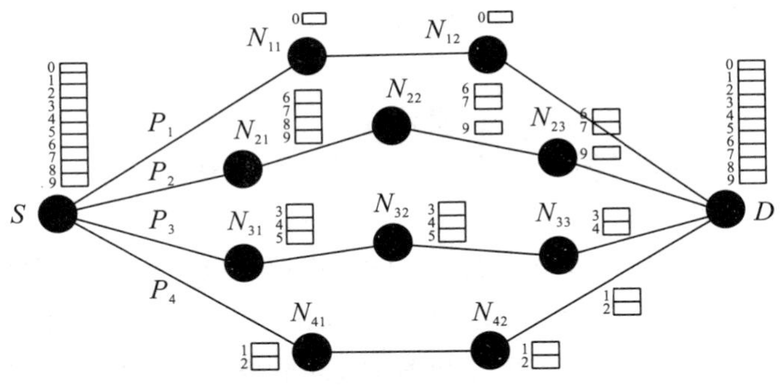

图4-21　基于多路径的负载均衡机制

4.6.4　数学模型与性能分析

1. 建立数学模型

首先利用 BWAS 算法建立从源节点到目的节点的任意可能路径。路径上的每个链路都有不同的信息素值，可用来评价路径的质量。根据多路径传输机制，从源节点到目的节点建立信息素值最大的路径。因此有 $\max\{\sum_{j=1}^{k}\eta_i^j\}$，其中参数 n 是已建立路径的数量。从源节点到目的节点的路径上有 k 个链路。它只考虑从源节点到目的节点的跳数来评估路径的质量。在实际工作场景中，由于节点的剩余能量和传输延迟等因素，这些路径可能不是最优路径。因此，采用 $\sum_{i=1}^{n} C_{P_i}$来评估传输路径的质量。

基于 BWAS 算法根据因子η_i^j和C_{P_i}建立初始路径。这对免疫算法的快速收敛和最优解的确定具有重要意义。如果从所有已建立的多条路径中选择 n 条路径，则有 $\max\sum_{i=1}^{n}\sum_{j=1}^{m}(\eta_i^j/m)$，这是由于 $\sum_{j=1}^{m_1}(\eta_1^j/m_1)\geqslant\sum_{j=1}^{m_2}(\eta_2^j/m_2)\geqslant\cdots\geqslant\sum_{j=1}^{m_n}(\eta_n^j/m_3)$，其中 i 表示路径的数量，j 表示p_i上链路的数量。经过一定的免疫算法迭代，抗体群可能包含 $2n$ 条传播路径。其中，n 条路径是上一次的原始最优解，另外 n 条路径是免疫变异路径。这些 $2n$ 条路径的质量是通过因子C_{P_i}来评估的。选择 n 条路径的数量作为更优的新抗体群体，因此有 $\max\sum_{i=1}^{n} C_{P_i}$。

图 4－22 所示为通过 BME 算法建立的 n 条路径的数量。每个链路都有不同的信息素值，用来评估链路或路径的质量。η_i^j用于表示P_i上链路j^{th}信息素值。例如，节点 N_{11} 与节点 S，N_{12}，N_{21}，N_{22}，N_{23}，N_{31}，N_{32}建立链接，但 N_{41} 和 N_{42}除外。这两个节点不在节点 N_{11}的功率覆盖范围内，该节点的链路显示为虚线。根据基于 BWAS 机制的多路径建立，若选择节点 N_{11}作为下一跳并选择$\eta_{N_{11}\to N_{12}}\leftarrow\max\{\eta_{N_{11}\to N_{ii}}\}$，则选择 N_{12}作为节点 N_{11}的下一跳。因此，如果采用不相交传输模型，可以建立以浅色显示的传输路径。这是 BME 算法的最优解。

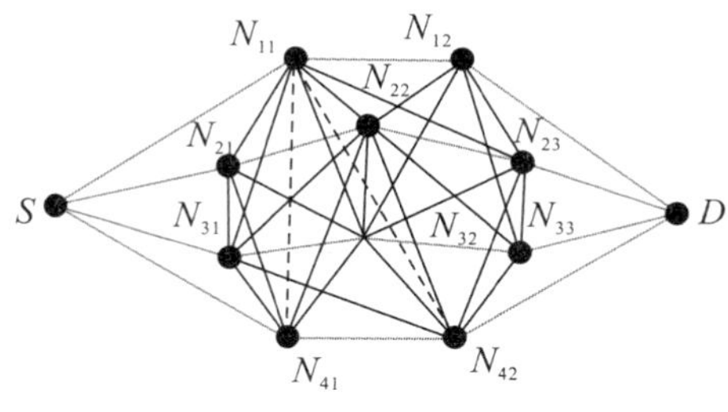

图 4－22　由 BME 建立的 n 条路径

图 4－23 所示为 IMT 算法建立的传输路径。它总共建立了 8 条路径，即 P_1 ~ P_8。

路径 $P_1 \sim P_4$是图 4 - 23 所示的多个路径的初始解。$P_5 \sim P_8$是由 IMT 算法产生的新的抗体变异路径，分别为 $\{S \to N_{11} \to N_{23} \to D,\ S \to N_{21} \to N_{22} \to N_{33} \to D,\ S \to N_{31} \to N_{42} \to N_{33} \to D,\ S \to N_{41} \to N_{32} \to D\}$。利用适应度函数对这 8 条路径进行评价，选出质量较高的 4 条路径，形成新的抗体群，供下一次迭代变异使用。最终得到抗体群的最优解，直到评价质量值不再改变。

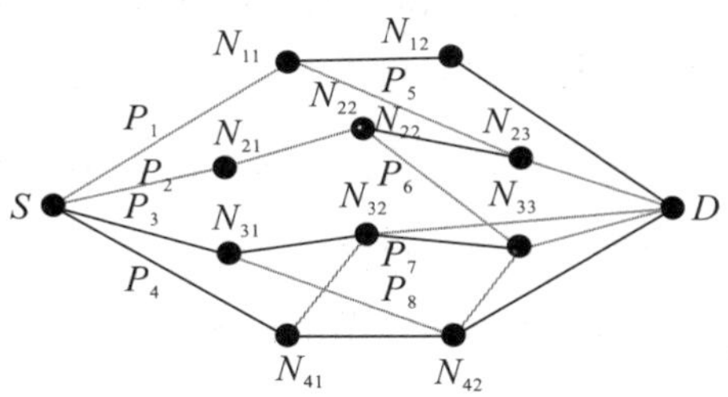

图 4 - 23 IMT 对路径的第一次迭代变异

2. 容错性能

源节点分析需要将数据包发送到目的节点，其编码数据片沿图 4 - 24 所示的 4 条传输路径 $\{P_1, P_2, P_3, P_4\}$ 传输。在第一个场景中，如果只有节点 N_{12}出现故障，片段 0 将丢失。路径 P_2和 P_3也存在丢失的片段。如果目的节点上接收到的数据包满足网络编码的要求，则不会影响分组成功传输并且重构源数据包。因此，如果节点 N_{12}和 N_{32}是故障节点，网络也可以通过 P_2和 P_4成功地发送源数据包。故障节点 N_{12}仅影响 P_1上的数据传输，不影响从源节点到目的节点的源数据包传输。如果多条路径出现故障，最终无法将源数据包成功传递到目的节点，则将再次计算并建立传输路径。

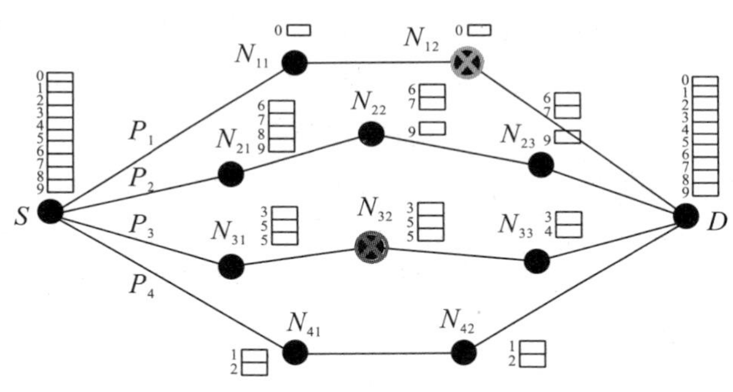

图 4 - 24 容错性能分析

故障容错性体现了有故障的路径不会影响任何其他路径的数据包传输。利用网络编码可将目的节点接收到的一定数量的数据包，重构成源数据包。根据网络编码理论，通过网络编码算法对发送到目的节点的源数据包进行编码。其中一个编码包除了自身的数据信息外，还包括一些其他数据包的信息。因此，在目的节点接收的编码数据包的数量是通过沿着所有传输路径成功传输数据包的总和来计算的。如果在目的节点接收到的编码包的数量大于设定阈值，则可以重构源包，尽管它小于源节点的编码包初始数量。这个阈值是能够成功重构源数据包的最小数量。

3. 数据包传输的可靠性和成功率

对于数据传输的可靠性，$\eta_{data}=M/N+R$ 为数据传输的成功率，其中 M 是在目的节点接收到的数据包数量，$N+R$ 是需要在源节点发送的源数据包的数量。$\eta^{j}_{P_i}$是P_i上链路j^{th}的质量，则有 $C_{P_i}=\prod_{j=1}^{k}\eta^{j}_{P_i}$。在 P_i 上传输数据包的成功率为 $S_{P_i}=\prod_{j=1}^{k}(\eta^{j}_{P_i}/\max\{\eta^{j}_{P_i}\})$，在 P_i 源节点上发送的编码片段数量为 $R_i=(N+R)C'_{P_i}S_{P_i}=(N+R)\prod_{j=1}^{k}(\eta^{j}_{P_i}/\max\{\eta^{j}_{P_i}\})C_{P_i}/\sum_{i=1}^{n}C_{P_i}$。整个网络在目的节点接收到的编码片段总数为 $M=\sum_{i=1}^{n}R_i$。所以整个网络的数据传输成功率是：

$$S_{net}=M/(N+R)=\sum_{i=1}^{n}R_i/(N+R)=\sum_{i=1}^{n}((N+R)\prod_{j=1}^{k}(\eta^{j}_{P_i}/\max\{\eta^{j}_{P_i}\})C_{P_i}/\sum_{i=1}^{n}C_{P_i})/(N+R)$$

4. 能量消耗的有效性

当在P_i上传输 k 比特片段时，假设能量消耗是e^k_i，e^k_i和节点的可用能量E^k_i在数据传输过程中不发生变化。因此，P_i上的单位字节传输的总能耗是P_i上的每个链路上的单位字节传输的能耗之和，即$e_i=\sum_{k=0}^{n_i-1}e^k_i$，其中$n_i$是$P_i$上的$i^{th}$节点。

通过负载均衡机制，在传输过程中存在丢包现象。P_i上k^{th}链路数据传输的能耗为 $E^k_i=b\,x_i\prod_{j=1}^{k-1}C^{j-1}_i$。$P_i$上传输$x_i$碎片的能量消耗为$E^k_{P_i}=b\sum_{k=1}^{n_i-1}(x_i\prod_{j=1}^{k-1}e^k_iC^{j-1}_i)$。传输 $N+R$ 碎片的能量消耗为$E_{net}=b\sum_{i=1}^{n}(\sum_{k=1}^{ni-1}(x_i\prod_{j=1}^{k-1}e^k_i\,C^{j-1}_i))$，其中 $\sum_{i=1}^{n}x_i=N+R$。

采用负载均衡机制时，P_i上k^{th}链路数据传输的能耗为$E'^{k}_i=(b(M+K))C'_i\prod_{j=1}^{k-1}e^k_i\,C^{j-1}_i$，其中 $\sum_{i=1}^{n}C'=1$。

P_i上传输x_i碎片的能量消耗为$E'^{k}_{P_i}=b(M+K)C'_i\sum_{k=1}^{n_i-1}(\prod_{j=1}^{k-1}e^k_i\,C^{j-1}_i)$，整个网络通过负载均衡机制传送 $N+R$ 碎片的能量消耗为$E'_{net}=b(N+R)\sum_{i=1}^{n}(C'_i\sum_{k=1}^{n_i-1}(\prod_{j=1}^{k-1}e^k_i\,C^{j-1}_i))$。因此，通过负载均衡机制和非负载均衡机制分别定义了成功传输碎片的能量消耗效率如下：

$$\eta_{ene}=E'_{net}/x'=(b(N+R)\sum_{i=1}^{n}(C'_i\sum_{k=1}^{n_i-1}(\prod_{j=1}^{k-1}e^k_i\,C^{j-1}_i)))/(\sum_{i=1}^{n}(C'_i(M+K)\prod_{k=1}^{n_i-1}C^k_i))$$

$$\eta'_{ene}=E'_{net}/x=(b\sum_{i=1}^{n}(\sum_{k=1}^{n_i-1}(x_i\prod_{j=1}^{k-1}e^k_i\,C^{j-1}_i)))/(\sum_{i=1}^{n}(C'_i(N+R)\prod_{k=1}^{n_{node}-1}C^k_i))$$

5. 算法收敛性能

大量文献证明蚁群算法具有良好的收敛性能。*BWAS* 算法是一种改进的蚁群算法，它通过更新路径信息素值来加强对最差蚂蚁的惩罚，对最优的蚂蚁进行激励。该方法加快了收敛速度，能更快地求解 *NP* 问题。

利用免疫系统的学习、记忆和变异等特性，可建立初始多路径作为抗体。抗体变异后，出现适应度函数值大于一定阈值的优良抗体。这些优秀的抗体被选入记忆群体进行下一次突变。因此，算法的收敛性主要体现在基于免疫的多路径建立和优化过程中。

路径质量由函数 $\sum_{i=1}^{n} C_{P_i}$ 来评价。具有 $\min \sum_{i=1}^{n} C_{P_i}$ 的最优 n 路径构成初始抗体群体。这意味着新的抗体群继承了原有的优良抗体，并在最优抗体的变异基础上保持了抗体的多样性。因此，在基于免疫机制的k^{th}循环迭代多路径算法中，它具有如下的路径质量序列：$C_{P_{(1)}} \geqslant C_{P_{(2)}} \geqslant \cdots \geqslant C_{P_{(n)}} \geqslant C_{P_{(n+1)}} \geqslant \cdots \geqslant C_{P_{(2n)}}$。对于选择到记忆群中的最优的 n 个抗体，则有 $\sum_{i=1}^{n} C_{P_i}^{k^{th}} \geqslant \sum_{i=1}^{n} C_{P_i}^{(k-1)^{th}}$。如果新抗体群至少含有一种比前者抗体更好的抗体，那么新抗体群体的质量要好于之前抗体群的质量。

引理 1　免疫迭代后有 $\max \sum_{i=1}^{n} C_{P_i}$。

证明：在式$C_{P_i} = w_1 \dfrac{E(p_i)}{E_{ini}(p_i)} + w_2 \dfrac{H(p_i)}{\max\{H(P_i)\}} + w_3 \dfrac{D(p_i)}{\max\{D\ (P_i)\}}$中，如果$w_1 = w_3 = 0$，$w_2 = 1$，则有 $\sum_{i=1}^{n} C_{P_i} = \sum_{i=1}^{n} \sum_{j=1}^{k} \eta_i^j$。当 *BWAS* 算法在免疫算法之前运行时，则有 $\sum_{j=1}^{k_1} \eta_{(1)}^j > \sum_{j=1}^{k_1} \eta_{(2)}^j > \cdots > \sum_{j=1}^{k_1} \eta_{(n)}^j > \cdots \sum_{j=1}^{k_1} \eta_{(2n)}^j$。因此，有 $\max \sum_{i=1}^{n} \sum_{j=1}^{k} \eta_i^j$。$\{p_{(1)}, p_{(2)}, \cdots, p_{(n)}\}$ 分别对应于免疫迭代的初始抗体群 $\{C_{P_{(1)}}, C_{P_{(2)}}, \cdots, C_{P_{(n)}}\}$。通过免疫迭代，抗体群体由集合 $\{C_{P_{(1)}}, C_{P_{(2)}}, \cdots, C_{P_{(n)}}, C_{P_{(n+1)}}, C_{P_{(n+2)}}, \cdots, C_{P_{(2n)}}\}$ 组成。现在将 n 个最优抗体选为新的抗体群体，经过 n 次免疫迭代算法后，有 $\max \sum_{i=1}^{n} C_{P_i}$。

4.6.5　结论

本节提出一种基于 BWAS- 免疫机理的故障容错多路径可靠传输算法，包括基于 BWAS 的多路径建立算法（BME）和基于免疫机理的多路径传输算法（IMT）。前者考虑了人工蚂蚁产生信息素的跳数/距离和引导因子，它可以快速评价从源节点到目的节点建立的所有链路和路径的质量。这些构成了免疫多路径传输算法的初始抗体群。IMT 能够快速收敛到最优值，这是由于初始解同时考虑了传输延迟和跳数/距离等因素。快速建立并优化从源节点到目的节点的多条路径。通过建立的数学模型，结合负载均衡机制，采用数据接收率、能量消耗效率和传输延迟等指标来评价多路径传输性能。分析和仿真表明，该系统具有良好的故障容错性、数据传输稳定性和可靠性。

4.7　多目标优化策略——基于免疫粒子群的无线传感器网络多目标优化

4.7.1　引言

在能量消耗和射频识别范围受限以及部署有大量可移动传感节点的网络中，如何考虑网络能量消耗、节点移动距离和多路径质量的多目标优化问题是至关重要的。粒子群优化算法（PSO）利用单个粒子信息的共享来引导整个群体向最优解迁移，从而能够快速找到最优解。粒子群优化算法和免疫进化计算（IEC）在解决可移动节点部署的无线传感器网络中的多路径建立和能耗优化方面具有较好的优势。

然而，在无线传感器网络多路径的多目标优化问题中，粒子群优化算法存在收敛速度慢、多样性保持能力低、容易早熟且易陷入局部最优等问题。在生物免疫系统中的免疫信息处理机制的启发下，将粒子群优化算法与免疫算法（IA）结合起来，将免疫算法中的抗体浓度调节机制和免疫选择操作引入粒子群优化算法中，构造了一种改进的免疫粒子群优化算法（IPSO），使其更适合应用到具有多移动传感节点的无线传感器网络多路径传输机制中。通过引入抗体浓度调节和免疫选择机制，提高粒子群的多样性维护能力和全局优化能力。通过引入免疫记忆和免疫疫苗操作，进一步扩展求解的搜索范围，提高了粒子群算法的收敛速度、精度和全局搜索能力。因此，有效地避免了传统PSO 算法求取的局部最优值，提高了算法的收敛性能。

因此，针对具有可移动传感器节点的自治网络场景的传输稳定性、故障容错性和网络稳定性，对免疫粒子算法进行改进，并提出了基于免疫粒子群优化的故障容错多路径传输策略（IPSMT）。本研究分为以下几个部分：①免疫粒子群优化算法（IPSO）的改进与实现；②能量消耗模型和网络多径传输模型，提出基于免疫粒子群算法的多目标优化传输策略（IPSMT 算法）；③免疫粒子群优化算法的性能分析；④IPSMT 算法的传输稳定性和准确性；⑤无线传感器网络容错性。

本节主要贡献如下：①提出了一种基于自适应粒子群优化（IPSO）的无线传感器网络性能优化策略。将生物免疫系统中的免疫记忆、免疫调节和免疫疫苗引入粒子群优化算法（PSO）。该算法将子种群划分为组，动态调整子种群的尺度，整合浓度调节机制，并根据粒子的最大浓度自适应地调整搜索范围。利用最大粒子浓度调整疫苗接种范围，避免种群退化，提高算法的收敛精度和全局搜索能力。同时，解决了传感器节点位置的最优解，提高了传感器节点的收敛性能和移动距离最小化，以满足多目标优化的条件。②在部署有可移动传感器节点的无线传感器网络中，提出的 IPSMT 策略能动态调整和重构从源节点到目的节点建立的多条已传输路径，以提高网络的故障容错性和传输稳定性。多路径优化可以转化为具有参数约束的多目标优化问题。优化目标包括多径传输的稳定性和可靠性、能量消耗均衡、剩余能量最大化和移动节点的位置优化。结合免疫粒子群的多目标优化，在多参数约束条件下优化无线传感器网络的整体性能。③多路径建立和网络故障容错相结合。如何在建立优化的多条传输路径中避免故障节点或故障链路是一个关键问题。在新出现的影响正常传输性能的故障节点的情况下，通过多目标优化来动态调整可移动节点的位置，重新建立多条传输路径，避免网络故障节点，从而保证网络传输的稳定性和可靠性，进一步提高网络传输的整体性能。

4.7.2 相关工作

1. 无线传感器网络多目标优化

多路径路由本质是在某些条件变量约束下的多目标函数优化问题。该策略用到较多的指标来评估网络的性能，如能量消耗、路由稳定性等。在部署移动传感器节点的网络中，故障节点也存在于具有动态拓扑的网络中，如何提高网络总体性能成为一个核心问题。

Zesong Fei（2016）对用多目标优化方法（MOO）来解决条件变量约束下网络优化问题展开调查研究，并阐述了当前较为常见的方法来设计多目标优化，诸如基于数学规划的标量化系列方法、启发式算法/基于遗传算法的优化算法，以及其他系列优化算法。提出的一种基于多目标蚁群优化算法的安全路由协议（Secure Routing Protocol based on Multi-objective Ant-colony-optimization，SRPMA），可实现无线传感器网络安全最大化并降低网络能耗。这一算法考虑到了节点剩余能量和路由信任度两个优化目标。提出的一系列基于分层目标算法，包括将网络设计与路径规划相结合启发式算法，识别障碍对网络移动性和通信的影响。RNPP 里两个目标式子（Multi-Objective，MO）是通过进化算法、群体智能算法和轨迹追踪算法等主要三类方法，解决这两个问题的两个目标优化。提出的一种基于精英非支配排序遗传算法（NSGA-Ⅱ）的新型覆盖控制方案，通过考虑传感器半径可调的大量传感器，实现异构传感器网络的多目标优化，并在最大覆盖率、最小能量消耗以及最小活动节点数之间找到最优平衡点。提出的多目标部署策略利用多目标进化算法对无线传感器网络的节点部署、聚类和覆盖问题进行近似最优解求取，它考虑到了相关的重要的目标参数。提出的一种改进的多目标优化遗传算法，引入虚拟片段和分级染色体结构、改进种群多样性和自定义编码解码策略，用于解决采集数据收集器的最优位置和移动路径规划。

尽管无线传感器网络的多目标优化问题已引起学者们的关注，但在多跳自组织的无线传感器网络中，这一研究领域仍有待进一步加强。在高度动态网络场景中其他的一些多目标方法，诸如建立有效的节点部署策略等以提高网络自组织能力。人工势场（APF）技术可用来设计无线传感器网络的节点部署方法。许多计算智能算法以及多种算法相结合的优势，也被用于解决无线传感器网络多目标设计优化问题中。

2. 免疫粒子群算法

很多学者对此也提出了一些改进算法，有学者将一些智能搜索方式引入粒子群算法中，使得粒子群算法具有突变能力；或者将粒子的运动方式多样化来提高粒子种群的多样性；还有学者在粒子群算法中加入高斯反向学习方法，来增强粒子之间的学习交互能力等。这些算法虽然在一定程度上提高了 PSO 算法的寻优能力，但是大多数改进方案都基于单一群体结构策略，或是从 PSO 的参数选择等角度出发，很难在算法的收敛速度和跳出局部最优两个方面取得平衡。王磊等将免疫算法和遗传算法结合，构造了一种免疫遗传算法，并用于求解 TSP。提出求解 TSP 的免疫算法动态疫苗策略，选择一部分优秀抗体作为疫苗来提高 TSP 的求解效率。提出的一种自适应规约免疫算法，将规约集进化算子融入免疫算法中，来提高算法在求解 TSP 中搜索到全局最优解的概率。这些改进的算法在求解 TSP 时均有不错的表现。

下述研究已将免疫算法和粒子群优化算法应用到无线传感器网络中，以更好地实现网络聚类、路由和覆盖等性能。提出的着眼于解决网络聚类和路由的线性规划（LP）方程，基于粒子群优化的两种算法来实现。一种基于粒子群算法的故障聚类协议 PSO-UFC 被提出以提高网络故障容错性和分簇聚类性能。基于软计算方法的混合模型将模糊逻辑系统集成到质心求解方法中，改进了传统的基于距离的定位方法。通过粒子群优化将压力向量的概念应用于该混合模型，以降低不规则节点部署对网络的影响。提出的一种基于感知可调节范围的免疫层次聚类协议（ARBIC），通过节点移动性能支持在较长时间里以有效的方式向基站发送感知数据。它利用免疫优化算法来确定簇头的最佳位置，以优化移动距离因子、能量消耗、网络连接性、剩余能量和链路连接时间之间的平衡。为了优化网络性能，包括提高移动节点的覆盖率并降低移动节点的能耗，提出了一种基于多群体粒子群优化算法的动态节点部署方法以解决多目标优化问题。提出的合作协同进化的粒子群优化算法（CCPSOS2）和综合学习粒子群优化算法（CLPSO）两种粒子群优化算法，以最大化覆盖率和延长网络服务寿命。引入粒子群算法新的变异方法来选择无线传感器网络中的较优交会点或簇首，以最大化网络生存期并设计稳健的路由策略。

4.7.3 IPSMT：多路径传输故障容错策略

1. IPSMT 算法模型

（1）网络环境假设。

①网络基于平面拓扑结构，网络中的节点具有相等的地位，具有相同的初始条件，如感知半径、初始能量和能耗参数等。

②节点的初始位置随机部署在网络感知区域内，除目的节点 D 外其余节点位置是可移动的，其位置根据网络多目标函数优化求解过程进行调整和更新。

③网络感知范围为矩形区域，可移动的传感节点始终处于矩形区域内。

④节点的感知范围/半径固定且节点位置已知。

（2）多路径传输容错模型。

多智能体连接模型由在一定的监测区域［p，q］内标号为｛N_{11}，N_{12}，…，

N_{n1}，…，N_{nn}｝的16个节点组成，如图4－25所示。节点S表示产生源数据并需要发送数据到目的节点D的源节点。小节点N_{ii}是源节点和传输中继节点。节点S需要根据提出的算法需要在源节点S和目的节点D之间建立多条传输路径，将采集到的数据传输到节点D，以保证网络的连通性和健壮性。在这种情况下，节点S可以称为代理节点。通过优化基于智能计算的可移动节点的位置优化，多代理节点通过运行并行的免疫多路径数据传输算法将数据发送到目的节点D来保持多个代理和节点D之间的连通性。图4－25是非相交多径传输模型。

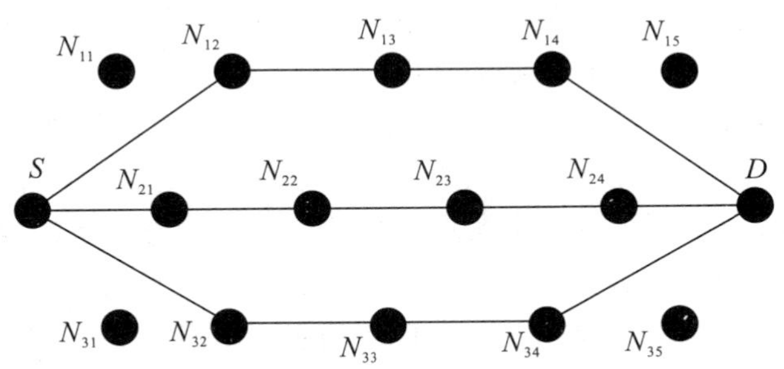

图4－25　非相交多路径传输模型

图4－26为非相交多路径传输容错模型。故障节点定义为节点剩余能量为节点初始能耗的15%或出现物理故障问题，故障路径指原建立的包含有故障节点链路或当前出现故障的链路。在已经建立多路径传输路由中｛$S\to N_{12}\to N_{13}\to N_{14}\to D$，$S\to N_{21}\to N_{22}\to N_{23}\to N_{24}\to D$，$S\to N_{32}\to N_{33}\to N_{34}\to D$｝，若因能量耗尽等原因出现故障节点｛$N_{14}$，$N_{22}$｝，如图4－26灰色节点$N_{14}$，$N_{22}$所示，该传输路径｛$S\to N_{12}\to N_{13}\to N_{14}\to D$，$S\to N_{21}\to N_{22}\to N_{23}\to N_{24}\to D$｝为故障路径，则需要重新计算并建立多条传输路径。此时通过基于免疫粒子群算法的多路径传输策略，将故障节点｛N_{14}，N_{22}｝附近的节点｛N_{15}，N_{31}｝分别移动到最优位置｛N'_{15}，N'_{31}｝，通过算法迭代计算重新建立多条传输路径，以增强网络的故障容错性，进而提高网络稳定性。

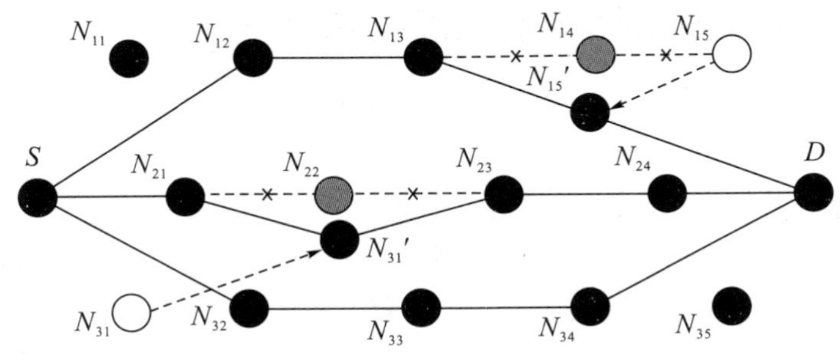

图4－26　非相交多路径传输容错模型

定义1　$Q\ link_{ij}$定义为两个节点之间的传输链路的质量，$Q\ link_{ij}=\xi_1(E_iE_j/E_i^{ini}E_j^{ini})+\xi_2(D_{fre}/D_{ij})$，其中$\xi_1+\xi_2=1$，$link_{ij}$表示两个节点$i$，$j$之间的传输链路，$E_i$为传感器节点当前能量值，$E_i^{ini}$为节点$i$初始能量值，$D_{ij}$表示两个节点$i$，$j$之间的欧氏距离，$D_{fre}$表示最大射频通信距离。

定义2　$Q\,path_{SD}$定义为源节点S到目的节点D之间的路径质量。如在源节点S到目的节点D之间只存在一条传输路径，有$Q\,path_{SD}=Q\,path_k=\min\{Q\,link_{ij}\}=\xi_1(E_iE_j/E_i^{ini}E_j^{ini})+\xi_2(D_{fre}/\max\{D_{ij}\})$，其中$\xi_1+\xi_2=1$，$k=1$。如至少有两条传输路径，$Q\,path_{SD}=\sum_{k=1}^{n}Q\,path_k$，其中$k$为源节点$S$到目的节点$D$之间的传输路径数，因此，两个节点间的路径质量定义为所有传输路径质量之和，其由节点的剩余能耗和距离来决定路径质量。如果路径质量低于设定值，网络传输稳定性和可靠性就会受到影响。

定义3　故障容错度定义于$T_{ole}=M_{path}-1$，其中T_{ole}表示为容错度，M_{path}表示为建立的从源节点到目的节点间的传输路径数。故障容错度与无线传感器网络源节点到目的节点间建立的路径数紧密相关，当源节点到目的节点间只建立一条传输链路时，其故障容错度$T_{ole}=0$，表明当传输链路存在故障节点时，源节点到目的节点间无法实现数据成功传输。

（3）能量消耗模型。

能耗模型主要包括两个部分：一部分是移动传感器节点之间通信的能量消耗，包括接收数据包和发送数据包；另一部分是移动节点在移动过程中的距离移动所消耗的能量等。

①对于移动传感器节点间通信所消耗能量的第一部分，能量消耗模型定义如下：

$$E_{tx}(k,d)=\begin{cases}k\,E_{elec}+k\,\varepsilon_{fs}d^2, & d<d_0\\ k\,E_{elec}+k\,\varepsilon_{amp}d^4, & d\geqslant d_0\end{cases} \tag{4.131}$$

$$E_{rx}(k)=k\,E_{elec} \tag{4.132}$$

$$d_0=\sqrt{E_{fs}/\varepsilon_{amp}} \tag{4.133}$$

其中，$E_{tx}(k,d)$表示发送分组的能量消耗，$E_{rx}(k)$表示接收分组的能量消耗，$E_{rx}(k)$表示发送每个比特分组时的能量消耗单元，ε_{fs}和ε_{amp}是传输过程中能量消耗的放大系数。

②将移动传感器节点的单位距离移动所消耗的能量设定为e_d，有

$$\min(f_2=e_d d_{rms}/2\,R_S) \tag{4.134}$$

其中，R_S传感节点的感知半径。对于部署有总量为N个移动传感节点的网络，有$d_{rms}=\sqrt{(\sum_{i=1}^{N}d_i^2)/N}$。其中$d_i=\sqrt{(x_{i-new}-x_{i-old})^2+(y_{i-new}-y_{i-old})^2}$，$s_{i-old}(x_{i-old},y_{i-old})$和$s_{i-new}(x_{i-new},y_{i-new})$分别是第$i$个传感器节点的初始位置和最终位置。对于移动传感器节点的总数量N，该算法的一个目的是降低移动传感器节点的移动距离，从而降低移动传感器节点的能量消耗。

2. IPSMT：免疫粒子群算法改进

（1）算法改进基本思想。

无线传感器网络节点数量较大且具有移动性，每个传感节点对应为具有多维度的微粒。对于无线传感器网络多路径传输容错多目标优化问题，具有较大计算复杂度，因此，提出基于自适应搜索的改进免疫粒子群算法的无线传感器网络性能优化策略。在传

统免疫粒子群算法的基础上，算法对子种群进行分组，动态调整各组子种群规模，融合浓度调节机制，根据粒子最大浓度值自适应调整搜索范围。对次优子种群进行疫苗接种，利用粒子最大浓度值调节接种疫苗的搜索范围，避免种群退化并提高算法的收敛精度和全局搜索能力，求解传感器节点的最佳位置解的同时，加快求解收敛速度并最小化节点移动距离满足多目标优化的条件。IPSMT（Immune-Particle Swarm optimization based Multipath Transmission strategy）与传统免疫粒子群算法相比，IPSMT 避免了种群退化所造成的种群资源浪费，而且具有良好的收敛精度和全局搜索性能，尤其对于无线传感器网络节点数量较多和节点维度较大的多目标优化等复杂问题，因动态可变的搜索范围，增加了整个种群的多样性，提高了算法性能。这对资源受限的无线传感器网络具有较好的意义。

（2）改进自适应粒子群算法。

①经典粒子群算法。

无线传感器网络节点数即为群体搜索空间中的粒子数，传感器节点对应当前微粒，一定数量粒子的组合视为无线传感器网络从源节点到目的节点间的一条传输路径，即对应为传输路由优化问题的一个解。粒子 i 的信息可以用一个 D 维向量来表示，位置表示为$x_i=(x_{i1},x_{i2},\cdots,x_{iD})$，速度表示为$v_i=(v_{i1},v_{i2},\cdots,v_{iD})$，每一个粒子由适应度函数确定适应度值$f_{itn}$，以判断粒子当前位置质量。在每一次迭代的过程中，粒子通过跟踪两个极值来更新自己，分别为粒子自身所找到的个体最优解P_{best}和整个粒子种群目前所具有的最优值G_{best}。根据式（4.135）和式（4.136）来更新自己的位置信息和速度信息。

$$v_i^{t+1}=\omega v_i^t+c_1r_1\left(P_{best}^t-x_i^t\right)+c_2r_2\left(G_{best}^t-x_i^t\right) \tag{4.135}$$

$$x_i^{t+1}=x_i^t+v_i^{t+1} \tag{4.136}$$

其中，ω 为惯性权重；r_1，r_2是［0，1］之间的随机数；c_1，c_2为学习因子，取值为非负常数，用来调整粒子的自身经验和社会群体经验在寻优过程中的作用；v_i^t表示粒子 i 在第 k 次迭代过程中的速度；x_i^t表示粒子 i 在第 t 次迭代过程中的位置。P_{best}^t表示粒子 i 在第 t 次迭代过程中具有的个体最优值所对应的位置；G_{best}^t表示在第 t 次迭代过程中整个粒子种群所发现的全局最优值对应的位置。

②改进粒子群自适应策略。

设无线传感器网络源节点 S 到目的节点 D 之间已建立的一条路径为 $\{S,L_1^i,L_2^i,\cdots,L_{n-1}^i,L_n^i,D\}$，即为多路径传输容错多目标函数的一个解，其中$L_n^i$表示为建立的第 i 条路径上第 n 个传感器节点的位置参数。传统 PSO 算法中惯性权重 ω 取值不合适，所求函数的解易出现早熟现象，后期会在如传感节点 n 的位置参数 $[L_n^i-\in,L_n^i+\in]$ 的范围内发生振荡，导致很难快速收敛到最优解L_n^i（$\in>0$）。在迭代初期，ω 应相对较大，增大粒子速度的更新步长，使粒子能较快地搜寻至可行解区域，确定传感节点能移动到的目的区域范围内。在迭代后期，ω 应相对较小，减小粒子速度的更新步长，使粒子能在可行解区域 $[L_n^i-\in,L_n^i+\in]$ 里作精细的局部搜索。故采用令 ω 随迭代次数 t 增加呈指数形式单调减小的方法，如式（4.137）。

$$\omega(t)=(\omega_{\max}-\omega_{\min})\ \mathrm{e}^{(-c(t)t/T)}+\omega_{\min} \tag{4.137}$$

其中，$\omega_{\max}$，$\omega_{\min}$分别为惯性权重的上下界，t 为当前迭代次数，$f_g(t)$为第 t 代粒子群的全局最优解的适应度值，$f_{ui}(t)$为第 t 代粒子 i 个体最优解的适应度值，$f_i(t)$表示第 t 代粒子群的全局最优解与粒子 i 的个体最优解的适应度值比值。随着迭代次数的增大，$f_{ui}(t)$逐渐趋近于$f_g(t)$，因此$f_i(t)$逐渐趋近于 1，从而 $\omega(t)$逐渐趋近于$\omega_{\min}$。$c(t)$为控制参数，其作用是控制惯性权重的收敛速度，其被定义为基于适应度函数的自适应惯性调整方法。

$$c(t)=f_i(t)=\frac{f_g(t)}{f_{ui}(t)} \tag{4.138}$$

对式（4.137）进行求导并取绝对值可得

$$|\Delta\omega(t)|=(\omega_{\max}-\omega_{\min})\left(\frac{-1}{T}\right)\mathrm{e}^{(-c(t)t/T)}(-c'(t)t-c(t)) \tag{4.139}$$

由式（4.139）可以发现 $\omega(t)$的减小量$|\Delta\omega(t)|$也呈指数形式单调减小。随着迭代数 t 增加，$|\Delta\omega(t)|$逐渐减小，当 $t\to T$ 时，有

$$|\Delta\omega(t)|=(\omega_{\max}-\omega_{\min})\ \mathrm{e}^{-c}\frac{c}{T} \tag{4.140}$$

若忽略常系数$\omega_{\max}-\omega_{\min}$，对函数$f(c)=\frac{c}{T}e^{-c}$求导可得

$$f'(c)=\frac{1-c}{T}\mathrm{e}^{-c}\begin{cases}>0,\ c<1\\=0,\ c=1\\<0,\ c>1\end{cases} \tag{4.141}$$

分析式（4.141）后发现函数$f(c)$的最大值为$f(c)|_{c=1}=\frac{1}{T\mathrm{e}}$，当 $c>1$ 时，随着 c 增大，$f(c)$逐渐减小，并收敛为0，即$|\Delta\omega(t)|$趋于0。综上所述，当 t 较小时，$\omega(t)$较大，使粒子在初期保留历史速度的能力较大。随着 t 逐渐增大，$\omega(t)$与$|\Delta\omega(t)|$均逐渐降低。当 $c>1$ 且 t 增大至 T 时，$|\Delta\omega(t)|$趋于 0，$\omega(t)$趋于平稳。故所采用的惯性权重下降策略能较好地满足 PSO 算法在迭代过程中对惯性权重的要求。

（3）粒子群免疫自适应改进。

人工免疫算法是基于生物免疫系统的免疫进化机理和信息处理机制，模拟了生物免疫系统的抗原识别和抗体增殖的过程，以促进高亲和度抗体和抑制高浓度抗体为目的，维持抗体多样性而发展起来的一种新型智能优化算法。粒子群算法可以有效提高种群多样性，但其在算法进化初期存在一定不足，即在初始粒子群种群多样性充足的情况下引入免疫机理的浓度机制和疫苗接种，在一定程度上降低了种群的多样性。因此考虑在种群进化初期即多样性充足时减少人工免疫算法的作用，提高向目标解区域搜索的速度和算法效率，在进化后期加大人工免疫算法作用，防止早熟停滞。

人工免疫算法通过计算抗体期望生存率促进较优抗体的变异和更新，以此来抑制相似可行解的不断产生并加快收敛速度。与此同时，择优后的抗体保存在记忆细胞单元，当类似问题再次出现时，能够快速产生适应此问题的较优解甚至最优解。它总是优先选择亲和度高、浓度小的抗体进入新一代抗体群，以达到促进高亲和度抗体和抑制高浓度

抗体的目的，这就充分保持了抗体的多样性，有效地提高了粒子群算法的搜索能力，从而加快了算法的收敛速度。这充分体现了人工免疫算法具有搜索效率高、维持多样性好、学习记忆能力强和免疫自我调节等功能特点。

定义4　抗体定义为从源节点 S 到目的节点 D 之间建立的一条传输路径，为待求解问题的可行解之一，表示为 $P_i = \{S \to N_{1x} \to \cdots \to N_{1y} \to D\} = \{L_S, L_{N_{1X}}, \cdots, L_{N_{1y}}, L_D\}$。其中，$P_i$ 表示建立的第 i 条从源节点 S 到目的节点 D 的传输路径，L_S 表示为节点 S 的位置参数。

定义5　抗原定义为无线传感器网络中具有待求解实际问题的目标函数和约束条件的传感器节点。通过节点的位置移动，建立从源节点到目的节点传输路径的节点集合。无线传感器网络多传输径路的质量评价函数为：

$$
\begin{aligned}
Q\,path_{SD} &= \sum_{k=1}^{n} vQ\,path_k = \sum_{k=1}^{n} \left(\min\{Q\,\mathrm{lin}\,k_{ij}\} \mid Q\,path_k\right) \\
&= \sum_{k=1}^{n} \left(\xi_1 (E_i E_j / E_i^{ini} E_j^{ini}) + \xi_2\ (D_{ij}/\max\{D_{ij}\}) \mid Q\,path_k\right)
\end{aligned} \tag{4.142}
$$

其中，$\xi_1 + \xi_2 = 1$，k 为所建立的路径数。

定义6　相似度 $Simi(X_i, Y_i)$ 定义为在确定节点最优位置时，引入粒子群算法判断多维粒子之间的抗体间的亲和力大小。抗原和抗体间的亲和力大小即可视作为目标函数与可行解的匹配程度，抗体间的亲和力大小表示可行解的相似度。对记忆库中较优粒子进行繁殖，更新劣质粒子。以粒子最大浓度值为指标，调节子种群数量。采用基于欧氏距离的抗体浓度计算方法，其相似度定位为 $Simi(X_i, Y_i) = 1/(\sum_{k=1}^{d}(X_{ik} - X_{jk})^2)^{1/2}$。式中 d 既是决定簇数目，也是维数；X_{ik} 为第 i 个抗体的第 k 个抗体决定簇，对应于粒子群算法中第 i 个粒子第 k 位取值。

定义7　如果两个抗体特别相近，那么 $Simi(X_i, Y_i)$ 值就会特别大，$Simi(X_i, Y_i) = 1/d(x_i, y_i)$，其中 $d(x_i, y_i)$ 表示两个抗体之间的距离。如果在种群某个抗体与多个抗体相似时，则说明该抗体在种群中的浓度 $Dens(X_i)$ 较大。浓度值定义为

$$
Dens(X_i) = \frac{1}{N-1} \sum_{j=1}^{N-1} Simi(X_i, Y_i) \tag{4.143}
$$

其中，N 为无线传感器网络节点数即为微粒群体数。

定义8　目标评价函数由节点能耗参数、路径长度和平均路径质量等决定。无线传感器网络从源节点 S 到目的节点 D 之间建立的传输路径中，所建路径的局部最优值为 $\{LL_n^i(t) \mid \sum_{k=1}^{n} Qpath_k(t)\}$，全局最优值为 $\{LG_n^i(t) \mid \max\{\sum_{k=1}^{n} Qpath_k(t)\}\}$，所建路径局部评价函数为 $\min\{\sum_{i=1}^{q} \| L_n^i(t) - LL_n^i(t) \|\}$，所建路径全局评价函数为 $\min\{\sum_{i=1}^{q} \| L_n^i(t) - LG_n^i(t) \|\}$，$q$ 表示建立的 k 条传输路径上总的节点数。

（4）网络抗体区间浓度。

浓度的大小标志着种群多样性的程度。某一类粒子浓度过高，则很难保证抗体的多样性。使用一种片段区间方法来描述抗体的浓度，设无线传感器网络 n 个抗体中，每个

抗体的亲和度分别为$\{Af_1, Af_2, \cdots, Af_n\}$，按浓度值$Dens(X_i) = \frac{1}{N-1}\sum_{j=1}^{N-1} Simi(X_i, Y_i)$排序后的适应度区间为$[\min\{Af_i\}, \max\{Af_i\}]$，将它们均分为$\vartheta$个子区间，分别记为$\{Se_1, Se_2, \cdots, Se_i, Se_{i+1}, \cdots, Se_{\vartheta}\}$。求出每个子区间的抗体个数，记为$sum(m)$，$m$为区间编号，$m \leqslant \vartheta$。每个区间的抗体浓度表示为$sum(m)/k$，记为$D(Se_k)$，将每个抗体的浓度定义为其所在的区间浓度，记为$Ind_i$，则有：

$$Ind_i = D(Se_k) = \frac{sum(m)}{k},\ m=1, 2, \cdots, k;\ i=1, 2, \cdots, \vartheta \tag{4.144}$$

由式（4.144）可知，每个子区间上的抗体浓度是一致的，这使得那些虽然暂时浓度很低但具有很大发展潜力的抗体有了被选择进化的机会，从而较好地保持了群体的多样性。此方法克服了用各个抗体间亲和度的差异大小的传统抗体浓度描述方法存在的缺陷，如一些虽然暂时浓度很低但具有很大发展潜力的抗体没有被选择的机会从而降低了群体的多样性。

（5）疫苗浓度的动态调整。

提出基于自适应免疫粒子群算法的网络多路径传输策略是保证继承优秀粒子中的有效信息，增加粒子随机性和多样性，可有效提高种群质量。但固定的疫苗接种范围限制了无线传感器网络多路径迭代过程中传感节点对应的优秀微粒群的搜索范围。因此，引入疫苗浓度的动态调整机制，疫苗接种中的可变范围大小也通过粒子最大浓度来调节，当粒子最大浓度比较高时，需要增加搜索范围，使疫苗接种的粒子分散在群体极值周围大范围内，增加种群多样性。当粒子最大浓度比较低时，说明粒子群不缺乏多样性，需要减少搜索范围，使疫苗粒子在群体极值$G_{best} = \{LG_n^i(t) \mid \max\{\sum_{k=1}^{n} Qpath_k(t)\}\}$周围小范围寻找最优解。初始搜索范围是以群体极值$G_{best} = \{LG_n^i(t) \mid \max\{\sum_{k=1}^{n} Qpath_k(t)\}\}$为圆心，以粒子群速度极值$V_{\max}$为半径的圆，在上一代搜索范围的基础上对其进行改变，根据当前粒子最大浓度来控制搜索半径范围。添加的一定程度的随机范围搜索如式（4.145）和（4.146）所示。

$$Vacc(x_i) = G_{best} + range(t) i=1, 2, \cdots, n \tag{4.145}$$

$$range(t) = rand \cdot R(t) \tag{4.146}$$

其中$Vacc(x_i)$是接种疫苗，$range(t)$是第t代搜索范围，$R(t)$是第t代搜索半径。每一个接种疫苗都落在群体极值周围的一个随机值上。

搜索规则如式（4.147）与式（4.148）所示。

$$R(1) = V_{\max} \tag{4.147}$$

$$R(t) = R(t-1)(1+n(t)/t)/(1+m(t)/t_{\max}) \tag{4.148}$$

其中，$m(t)$和$n(t)$分别是搜索半径扩大数和缩小数，共同决定着搜索半径的大小。$t_{\max} = T$是最大迭代数。$m(t)$和$n(t)$分别由式（4.149）和式（4.150）计算，其中$m(0)=0$，$n(t)=0$。

$$n(t)=\begin{cases}n(t-1)+2, & d_{max}>d_1\\ n(t-1)+1, & d_1>d_{max}>d_2\\ n(t-1), & d_{max}\leqslant d_2\end{cases} \tag{4.149}$$

$$m(t)=\begin{cases}m(t-1)+2, & d_{max}\leqslant d_1\\ m(t-1)+1, & d_4>d_{max}\leqslant d_3\\ m(t-1), & d_{max}>d_3\end{cases} \tag{4.150}$$

根据式（4.149）和式（4.150）可知，当最大粒子浓度变大到一定程度时，说明整个种群位置过于密集、多样性差。通过上面的规则，n 增加，m 不变，整个搜索半径增加。当最大粒子浓度适中时，说明种群位置适中，多样性好。保证 n 和 m 都不变，搜索半径也基本不变。当最大粒子浓度偏低时，说明整个种群太过分散。通过以上规则，n 不变，m 增加，整个搜索半径缩小。根据最大粒子浓度不断改变搜索半径，增加种群的多样性。

（6）选择概率。

在粒子群进化的每一代，选择最好的若干粒子作为抗体，抗体的适应度函数越大，产生的克隆体越多。改进粒子群算法在纵向完成对整个解空间搜索的同时，免疫克隆选择算子横向地进行局部搜索，提高算法的局部搜索能力。种群在进化过程中，希望高亲和力低浓度的抗体会得到促进，而低亲和力高浓度抗体会受到抑制，以此来增加种群的多样性。因此，可构建出抗体基于浓度的选择概率P_d和基于亲和度的选择概率P_a，分别定义如下：

$$P_d(i)=1-Ind_i/\sum_i^n Ind_i\,,\ i=1,\ 2,\ \cdots,\ n \tag{4.151}$$

$$P_a(i)=Ind_i/\sum_i^n Ind_i\,,\ i=1,\ 2,\ \cdots,\ n \tag{4.152}$$

因此定义抗体的综合选择概率 P 为：

$$P(i)=\alpha P_a(i)+(1-\alpha)P_d(i),\ \alpha>0,\ P_a<1,\ P_d<1,\ i=1,\ 2,\ \cdots,\ n \tag{4.153}$$

式（4.153）中的 α 为协调系数，用来协调概率P_d和P_a的权重。可知，浓度越高亲和力越小的抗体被选择的机会就越小；反之，浓度越小亲和力越高的抗体获得进化的机会就越大，这样既提高了抗体的亲和度，又保证了群体的多样性。

3. 基于改进免疫粒子群的多路径传输容错策略

（1）IPSMT 算法思想。

为提升无线传感器网络传输稳定性和可靠性，在部署有移动传感节点的网络区域内，在源节点和目的节点间动态建立多条不相交传输路径。多路径建立是与传感节点能耗、节点距离和节点移动策略相关的动态多目标优化问题。求解多路径传输路由或通过节点移动提升故障节点的容错性是需要解决的核心问题。根据无线传感器网络问题求解的特点，对粒子群算法进行改进以提高全局搜索能力和收敛速度。将生物免疫系统中的免疫记忆、免疫调节、免疫疫苗等免疫思想引入粒子群算法中，将最优解看作抗体，粒子对应为抗原，抗体抗原间的亲和力大小就代表目标函数与最优解的匹配程度。根据抗体的浓度调节机制、概率选择机制和疫苗接种机制，具有高亲和度且浓度较低的抗体（粒子）就会被选择并得到促进，具有低亲和度且浓度高的抗体（粒子）会受到抑制，以此来确保种群的多样性，加大算法的全局搜索能力，然后再通过免疫记忆细胞和免疫疫苗的接种操作来提高算法的收敛速度和收敛精度。其中免疫记忆细胞为一些亲和度较大的抗体，免疫疫苗为抗体中一些比较优秀的基因。

（2）多目标评价函数。

抗体亲和度用来衡量抗原抗体间的匹配程度，表征当代所求的解与最优解的接近程度，即当前建立的最优的传输路径的所有传感节点与最优多路径传输路由的组成节点之间的匹配程度。动态网络环境下多路径传输路由建立的实质为建立多路径质量评价、网络能耗与节点移动距离等多目标优化函数。网络能耗主要与节点移动距离所耗能量与能耗模型里发送接收数据包所耗能量相关。对于网络延迟这里并没有考究。其中受限条件为所有在传输路径上的节点能耗不能超过初始能耗的 70%，即剩余能量需大于初始能量的 30%。所建立的路径数须大于等于设定值 θ，即网络故障容错度大于设定值。

$$f(path_k)=\min\Big(\eta_1\sum_{j=1}^{m}\sum_{i=1}^{n}d_{ij}+\eta_2\sum_{j=1}^{q}\sum_{i=1}^{m}D_{N_j}^{i}(L,L')+\eta_3\sum_{k=1}^{n}(\min\{Q\ \mathrm{link}_{ij}\}\mid Q\ path_k)\Big) \tag{4.154}$$

两个节点之间链路距离定位为：$d_{ij}=((x_i-x_{i+1})^2+(y_i-y_{i+1})^2)^{1/2}$，$Q\ path_{SD}=\sum_{k=1}^{n}Q\ path_k=\sum_{k=1}^{n}(\min\{Q\ \mathrm{lin}\,k_{ij}\}\mid Q\ path_k)=\sum_{k=1}^{n}(\xi_1(E_iE_j/E_i^{ini}E_j^{ini})+\xi_2(D_{ij}/\max\{D_{ij}\})\mid Q\ path_k)$

条件变量如下：

$$\sum_{i=1}^{m}D_{N_j}^{i}(L,\ L')\cdot E_{ini}\leqslant 0.7\,E_{ini} \tag{4.155}$$

$$T_{ole}=M_{path}-1\geqslant M'_{path} \tag{4.156}$$

$$E_{con}^{i}\leqslant 0.7E_{ini}^{i},\ i\leqslant N \tag{4.157}$$

其中，E_{con}^{i}是无线传感器网络中第 i 个节点所消耗的能量，Q 为网络传感节点数。

（3）IPSO：改进粒子群优化算法。

随机设置有 N 个移动传感节点的无线传感器网络，每个传感节点设置有 M 个微粒 $\{Pa_1,\ Pa_2,\ \cdots,\ Pa_{m-1},\ Pa_m\}$，根据式（4.143）计算微粒的节点浓度，根据式（4.153）基于浓度和亲和度综合选择概率 $P(i)$，选择其值较大的前 M 个微粒 $\{Pa_{(1)},\ Pa_{(2)},\ Pa_{(i)},\ \cdots,\ Pa_{(m-1)},\ Pa_{(m)}\}$ 作为抗体，选择微粒并进行变异繁殖。抗体的适应度函数越大，产生的克隆体越多。每个传感器节点的 N 维微粒代表着这个传感器的可能移动位置。根据免疫进化思想对优秀微粒进行疫苗的接种，保证优秀微粒的位置优化，有效提高种群质量，改善其多样性。形成新的 $N+M$ 个新的微粒群体。按照适应度函数评价对 $N+M$ 个微粒排序，选择适应度价值较大的前 N 个微粒 $\{Pa'_1,\ Pa'_2,\ \cdots,\ Pa'_{n-1},\ Pa'_n\}$。通过调整网络微粒的区间浓度和动态选择概率，模仿接种疫苗行为改进 PSO 算法，即从 N 个新微粒中挑选出某个微粒，再从上代记忆微粒的位置矢量 $X(t)$ 中挑选出某维分量替换被挑选出的微粒对应维的值。检验接种过疫苗后的微粒其位置矢量各维是否符合约束条件，若不符合则丢弃，否则求解适应度值。若求得的适应度值比接种之前小则丢弃，不然则进行概率计算，即利用 *rand*（）生成一个值并与阈值 p 相比；若大于则用接种过疫苗的微粒替换父代微粒，不然丢弃。

改进微粒群免疫优化算法 IPSO 具体步骤如下：

算法输入：无线传感器网络 N 个粒子群的 M_1 维粒子的初始分布。

算法输出：无线传感器网络目标评价函数最优的目标微粒位置分布。

步骤 1　根据式（4.143）对具有 M 维的 N 个微粒群的 $\{Pa_1, Pa_2, \cdots, Pa_{m-1}, Pa_m\}$ 进行节点浓度标定和亲和度计算与评价。

步骤 2　根据式（4.153）用综合选择概率 $P(i)$ 选择其值较大的前 m 个微粒 $\{Pa_{(1)}, Pa_{(2)}, Pa_{(i)}, \cdots, Pa_{(m-1)}, Pa_{(m)}\}$，形成新的 $M+N$ 个微粒群，并作为免疫算法的抗体群。

步骤 3　基于粒子最大浓度求解网络抗体区间浓度值 Ind_i，进行疫苗接种，从 N 个新微粒中挑选出某个微粒，再从上代记忆微粒的位置矢量 $X(t)$ 中挑选出某维分量替换被挑选出的微粒对应维的值，根据式（4.148）调节粒子的搜索范围，增加种群的多样性。

步骤 4　检验是否符合约束条件 $Loa(Pa_i) \in [p, q]$，$i \in (1, m)$。若成立，执行多路径传输路由优化算法，根据式（4.142）对当前建立的多路径质量进行评价，对组成该路径的传感节点（微粒）进行适应度评价。利用 *rand*（）生成一个值并与阈值 p 相比，若大于则用接种过疫苗的微粒替换父代微粒，不然丢弃。

步骤 5　对符合条件的微粒群进行适应度值排序，选择微粒群 $\{Pa'_{(1)}, Pa'_{(2)}, Pa'_{(3)}, \cdots, Pa'_{(n-1)}, Pa'_{(n)}\}$ 为新的 N 个微粒群体。

4. 基于免疫粒子群的多路径传输路由算法

多路径路由算法主要包括多路径建立、微粒群免疫进化优化两个主要过程。多路径建立主要是根据不相交传输路径模型建立 K 条以上不相交的传输路径。每个传感器节点都设置有 N 个微粒，根据改进的免疫粒子群算法进行微粒的位置优化，最终通过目标评价函数可建立多条最优化的传输路径，实现多路径数据传输的稳定性和可靠性。

基于免疫粒子群算法的多路径传输路由算法具体实现步骤如下：

算法输入：无线传感器网络 N 个粒子群的 M 维粒子的初始分布，N 个粒子群对应的无线传感器网络的节点数。

算法输出：无线传感器网络 K 条传输路由。

步骤 1　在面积为 $[p, q]$ 的区域内随机部署数量为 N 的传感器节点，产生初始粒子（抗体）种群，初始化相关参数 $\{d_1, d_2, d_3, d_4, \alpha, E_{ini}, E_{elec}, \varepsilon_{fs}, d_0, \varepsilon_{amp}, e_d, R_S, c_1, c_2, r_1, r_2, \vartheta, \alpha, \theta, T_{ole}, N, Re, r\}$，具体参数设置见仿真部分的设置。

步骤 2　根据粒子群算法，通过式（4.135）、（4.136）、（4.137）得到粒子的初始位置 x_i^t 和速度 v_i^t。

步骤 3　根据亲和度的大小，计算更新每个微粒的两个极值P^t_{best}和G^t_{best}，判断是否满足改进粒子群运行终止条件。如果满足终止条件则跳转至步骤 4。否则继续生成 N 个粒子的位置x^t_i和速度v^t_i，根据式（4.143）计算抗体的亲和度，将各粒子的目前位置更新为历史最优P^t_{best}，选择适应度最高粒子为全局最优G^t_{best}。

步骤 4　建立无线传感器网络源节点 S 到目的节点 D 的传输路径。源节点 S 选择在其发射功率覆盖范围内的距离最短的邻居节点作为下一跳节点建立传输链路，并建立节点访问禁忌表。判断是否能够建立从源节点 S 到目的节点的第一条传输路径，若成功，转至步骤 5，否则转至步骤 2。

步骤 5　源节点 S 选择在其发射功率覆盖范围内的距离次短的且不属于节点访问禁忌表的邻居节点作为下一跳传输节点，建立从源节点到目的节点的第 i 条路径。若 $i \geqslant K$，表示成功建立 K 条互不交叉的传输路径，转至步骤 6；若 $i < K$，未能成功建立 K 条互不交叉的传输路径，转至步骤 2。

步骤 6　按照质量评价函数 $Q\ path_{SD}$对建立路径的质量进行评价，选择最好质量的 K 条路径作为初始建立的传输路径。利用多路径全局评价函数 $\min\left\{\sum_{i=1}^{q}\| L^i_n(t) - LG^i_n(t)\|\right\}$ 对建立的每条路径和整个多条路径传输进行质量评价。

步骤 7　生成免疫记忆群体，即根据式（4.143）进行群体成员即每个传感节点的 N 维微粒的亲和度评价，选取 M 个亲和度较大的抗体加入记忆库中作为免疫记忆细胞。

步骤 8　生成免疫疫苗，选择两个亲和度最高的抗体进行相交操作，把得到的公共子集部分存入疫苗库中作为免疫疫苗。

步骤 9　根据式（4.135）、（4.136）、（4.137），更新微粒的位置和速度，更新后会得到 N 个新的粒子（抗体），然后再从记忆细胞中随机选择 M 个抗体，组成规模为 $M+N$ 个抗体的抗体群。

步骤 10　抗体的促进或抑制，根据式（4.144）、（4.145）和（4.153），计算抗体区间浓度Ind_i,、疫苗浓度的动态调整 $Vacc(x_i)$和选择概率 $P(i)$，依据选择概率的大小选择出 N 个抗体组成新的抗体群，利用免疫疫苗对亲和度较低的抗体进行免疫疫苗接种操作。

步骤 11　免疫选择，计算接种粒子的适应度值，若该适应度值小于接种之前，则放弃该接种操作，保留原值，否则接受该接种操作，计算新抗体的亲和度。

步骤 12　重新建立K_1条传输路径，根据式 $Q\ path_{SD}$对多条传输路径进行质量评价并选择质量最高的 K 条传输路径。根据式（4.154）对建立的多路径进行多目标数据评价。如果满足$|f'_i - f_i| \leqslant \theta$，表明所建立的多径路已到多目标函数容许范围的极优值，成功建立 K 条互不交叉的传输路径。否则转至步骤 4。

5. 多路径传输路由容错算法

多路径传输路由容错算法具体实现如下：

算法输入：故障节点的存在导致目的节点不能重构源数据包。

算法输出：新建立的符合目标评价的多路径传输路由。

步骤1　目的节点不能重构源数据包，检测确定源节点和目的节点间存在传输故障，确定良好的 n 条传输路由。

步骤2　源节点 S 选择在其发射功率覆盖范围内的距离最短且不属于节点访问禁忌表的邻居节点作为下一跳传输节点，建立从源节点到目的节点的第 $n+i$ 条路径，直到 $n+i\geqslant k$，表示成功建立 k 条互不交叉的传输路径。若 $n+i<k$，未能成功建立 k 条互不交叉的传输路径，转至基于免疫粒子群的多路径传输路由算法 IPSMT 的步骤2。

步骤3　根据式（4.142）和 $\min\left\{\sum_{i=1}^{q}\|L_n^i(t)-LG_n^i(t)\|\right\}$ 对建立的每条路径和整个多路径传输进行质量评价。

步骤4　根据式（4.154）对建立的多路径进行多目标数据评价。

步骤5　根据粒子群算法，通过式（4.135）、（4.136）、（4.137）得到粒子的初始位置 x_i^t 和速度 v_i^t。

步骤6　根据亲和度的大小，计算更新每个微粒的两个极值 P_{best}^t 和 G_{best}^t，判断是否满足改进粒子群运行终止条件。如果不满足则跳转至步骤4。否则继续，生成 N 个粒子的位置 x_i^t 和速度 v_i^t，根据式（4.143）计算抗体的亲和度，将各粒子的目前位置更新为历史最优 P_{best}^t，选择适应度最高粒子为全局最优 G_{best}^t。

步骤7　执行多路径传输路由算法 IPSMT 的步骤7～11。

步骤8　根据式（4.154）对建立的多路径进行多目标数据评价。如果满足 $|f_i'-f_i|\leqslant\theta$，表明所建立的多径路已到多目标函数容许范围的极优值，成功建立 K 条互不交叉的传输路径。否则转至步骤5。

4.7.4　模型分析与仿真结果

网络运行环境与参数设置如下：搜索半径参考值 d_1，d_2，d_3，d_4 分被设置为0.8，0.6，0.4，0.2。选择概率协调系数 $\alpha=0.4$，能量消耗参数 $E_{ini}=2.0\text{J}$，$E_{elec}=50\text{nJ/bit}$，$\varepsilon_{fs}=10\text{pJ/bit/m}^2$，$\varepsilon_{amp}=0.0015\text{pJ/bit/m}^4$，$e_d=0.0001\text{pJ/bit/m}^4$，$R_S=4.3$，$c_1=0.8$，$c_2=1.2$，$r_1$，$r_2$ 为区间［0，1］的随机值，子区间 $\vartheta=10$，最大迭代数 $T=500$，综合选择概率参数 $\alpha=0.5$，最大路径数设定值 θ 等于最大路径数，故障容错度 $T_{ole}=3$，网络移动传感节点数 $N=\{30, 40, 50, 60\}$，网络区域范围参数［p，q］=［40，60］，射频识别范围冗余 $Re=0.20$，传感节点射频识别半径 $r=5.0$。

1．算法复杂度与收敛性

关于网络移动节点数 N 的初始设置。在监测覆盖区域［p，q］内，移动传感节点数量的设置与节点的视频识别范围密切相关。监测区域面积［p，q］确定后，传感节点视频识别半径越大，在成功建立多路径传输路由的情况下所需的节点数就越少。但因为其较大的视频识别半径，节点能耗较快，节点利用品质较低，容易出现因剩余能量低于初始值30%的故障节点，导致网络多路径传输稳定性降低。可以用式（4.158）对监测区域内所需合适节点数进行确定。

$$N = pq/ \left(Re \sum_{i=1}^{N} \pi r^2 \right) \tag{4.158}$$

其中，r 表示传感节点射频识别半径，Re 为传感节点射频识别范围的冗余。网络仿真中，将分析网络在不同移动传感节点数量的情况下多路径传输优化收敛性以及能耗等特征关系。

初始多路径建立：①最少路径数量满足$T_{ole} = K$。②建立多条初始路径，路径数量为$T_{ole} = K_1$，$K_1 \geqslant K$。根据初始建立多路径质量评价函数$Q^1_{path\ SD} = \sum_{k=1}^{n} Q\ path_k$对建立的多路径进行质量评价，选择质量最好的 K 条传输路径作为初始建立多路径路由，同时根据式（4.154）进行多目标优化函数评价，有f_1（$path_k$）。

在建立的K_2条传输中根据式$Q^1_{path\ SD} = \sum_{k=1}^{n} Q\ path_k$进行多路径质量评价选择最优 K 条传输路径质量$Q^2_{path\ SD}$。此时若有$Q^1_{path\ SD} < Q^2_{path\ SD}$，则保留当前粒子群进化结果，否则丢弃当前微粒群的解并在此进行改进粒子群算法。同时进行多目标函数评价有$f_2(path_k)$。若$f_2(path_k) < f_1(path_k)$，则保留当前多路径建立结果。

因此多路径建立的质量评价有如下关系：$\{Q^1_{path\ SD} < Q^2_{path\ SD} < \cdots < Q^{n-1}_{path\ SD} < Q^n_{path\ SD}\}$，同时多目标函数评价值有 $\{path^n_K\}$ $|\min\{f_1(path_k), f_2(path_k), \cdots, f_{n-1}(path_k), f_n(path_k) = f_n(path_k)\}$。所以确保每一次迭代过中能保证多条传输路径的质量，能够保证多目标评价函数值优化到最小值。若有$|f_{n-1}(path_k) - f_n(path_k)| \leqslant \theta$，$f_{n-1}(path_k)$即为所求最优化的目标值，此时对应的多条传输路径即为最优解，算法的收敛性能得以保证。

2. 网络能耗分析

根据能耗模型可知，节点发送能耗$E_{tx}(k)$和接收能耗$E_{rx}(k)$分别为：

$$E_{tx}(k) = \begin{cases} k\,E_{elec} + k\,\varepsilon_{fs} d^2, & d < d_0 \\ k\,E_{elec} + k\,\varepsilon_{amp} d^4, & d \geqslant d_0 \end{cases} \tag{4.159}$$

$$E_{rx}(k) = k\,E_{elec} \tag{4.160}$$

$$d_0 = \sqrt{E_{fs}/\varepsilon_{amp}} \tag{4.161}$$

算法一次迭代运行过程中网络能耗主要包括两个部分：一部分为网络初期所有节点与周围邻居节点进行通信，以确认自己节点的方位和周围的邻居节点；另一部分为传感节点移动能耗。网络初期或一次迭代完毕后，每个节点与其射频范围内的 σ 个邻居节点进行 k 个单位的通信能耗为：

$$E_{c1} = \sum_{i=1}^{\sigma} (E^i_{tx} + E^i_{rx}) = \sigma k\,E_{elec} + \sigma k\,\varepsilon_{fs} d^2 + \sigma k\,E_{elec} = 2\sigma k\,E_{elec} + \sigma k\,\varepsilon_{fs} d^2,\ d < d_0 \tag{4.162}$$

$$E_{c2} = \sum_{i=1}^{\sigma} (E^i_{tx} + E^i_{rx}) = \sigma k\,E_{elec} + \sigma k\,\varepsilon_{fs} d^2 + \sigma k\,E_{elec} = 2\sigma k\,E_{elec} + \sigma k\,\varepsilon_{amp} d^4,\ d \geqslant d_0 \tag{4.163}$$

一次迭代完毕且节点移动一定距离后整个网络所消耗的能量为$E_t=e_d\sum_{i=1}^{N}d_i$，其中$d_i=\sqrt{(x_{i\text{-}new}-x_{i\text{-}old})^2+(y_{i\text{-}new}-y_{i\text{-}old})^2}$，$s_{i\text{-}old}(x_{i\text{-}old},y_{i\text{-}old})$与$s_{i\text{-}new}(x_{i\text{-}new},y_{i\text{-}new})$分别为$i^{th}$节点的初始位置和最终位置。

因此迭代一次所消耗的能耗为：

$$E_i^{wh}=E_{c1}+E_t=2\sigma k E_{elec}+\sigma k\varepsilon_{fs}d^2+e_d\sum_{i=1}^{N}d_i,\ d<d_0 \tag{4.164}$$

$$E_i^{wh}=E_{c2}+E_t=2\sigma k E_{elec}+\sigma k\varepsilon_{amp}d^4+e_d\sum_{i=1}^{N}d_i,\ d\geqslant d_0 \tag{4.165}$$

循环迭代 n 次后整个网络消耗能量为$\sum_{i=1}^{n}E_i$，因此循环迭代 n 次后网络剩余能量为：$E_{res}^n=E_{ini}-\sum_{i=1}^{n}E_i$，其中$E_{res}^n$表示网络剩余能量，$E_{ini}$表示网络总的初始能耗值且$E_{ini}=\sum_{i=1}^{N}E_{ini}^i$。

在考察网络能耗均衡性时，通常会计算网络运行至第 n 轮时每个节点的能量消耗情况。根据式（4.159）、（4.160）可知网络运行一轮后节点 i 的能耗为：

$$E_i=E_{c1}+E_t=2\sigma k E_{elec}+\sigma k\varepsilon_{fs}d^2+e_d d_i,\ d<d_0 \tag{4.166}$$

$$E_i=E_{c2}+E_t=2\sigma k E_{elec}+\sigma k\varepsilon_{amp}d^4+e_d d_i,\ d\geqslant d_0 \tag{4.167}$$

网络运行 n 轮后节点 i 的能耗为$E_i^n=\sum_{i=1}^{n}E_i$，网络运行 n 轮后节点 i 的剩余能耗为$E_i^{n-res}=E_{ini}^i-\sum_{i=1}^{n}E_i$。

3. 免疫粒子群优化

当需要在源节点和目的节点间建立 K 条传输路径时，存在如下两种情况：①不能在源节点与目的节点之间建立 K 条路径，此时通过执行改进粒子群算法调整移动节点的位置，使之能够建立 K 条传输路径。②能够建立 K 条传输路径，并执行 IPSMT 算法，通过节点位置的调整进行 K 条传输路径进行优化。

首先对建立的 K 条传输路径进行质量评价，有$Q_{mulpath}^1=\sum_{j=1}^{m}\sum_{i=1}^{n}d_{ij}$，且多目标优化函数评价值为$f_1=\min\left(\eta_1\sum_{j=1}^{m}\sum_{i=1}^{n}d_{ij}+\eta_2\sum_{j=1}^{q}\sum_{i=1}^{m}D_{N_j}^i(L,L')\right)$，节点移动距离为$\sum_{j=1}^{q}\sum_{i=1}^{m}D_{N_j}^i(L,L')=0$，这是因为最初不通过节点移动就能够建立 K 条传输路径。执行第一次 IPSMT 算法，得到对应每个节点的 N 维粒子的目前位置更新为历史最优P_{best}^t，并选择适应度最高粒子为全局最优G_{best}^t，对应于节点的新的位置，建立从源节点到目的节点的 K 条传输路径，并进行路径质量与多目标函数进行评价，有$Q'_{mulpath}=\sum_{j=1}^{m}\sum_{i=1}^{n}d_{ij}$ 和$f'=$

$\min(\eta_1\sum_{j=1}^{m}\sum_{i=1}^{n}d_{ij}+\eta_2\sum_{j=1}^{q}\sum_{i=1}^{m}D_{N_j}^{i}(L,L'))$。如有$Q_{mulpath}^{1}\geqslant Q'_{mulpath}$，则丢弃当前微粒值并进入粒子种群库。如有$Q_{mulpath}^{1}\leqslant Q'_{mulpath}$，则保留当前微粒并进入免疫进化粒子库，并进行当前微粒的多目标评价，得$Q_{mulpath}^{2}$与f_2，且有$Q_{mulpath}^{1}\leqslant Q_{mulpath}^{2}$，$f_1\leqslant f_2$。

$$A_f=(D_{\max}-D_i)/(\sum_{i=1}^{n}(D_{\max}-D_i)+\varepsilon) \tag{4.168}$$

$$f=\min(\eta_1\sum_{j=1}^{m}\sum_{i=1}^{n}d_{ij}+\eta_2\sum_{j=1}^{q}\sum_{i=1}^{m}D_{N_j}^{i}(L,\ L')) \tag{4.169}$$

4. 传输故障容错性

目的节点通过接收到的部分数据包判断网络节点故障方位和传输链路故障。故障存在的判断条件为如下三个条件之一：①网络故障容错度$T_{ole}=M_{path}-1\leqslant M'_{path}$，其中$M'_{path}$为设定的网络源节点到目的节点之间建立的传输路径数。②传输路径的质量评价函数满足$Q_{mulpath}=\min\{\sum_{j=1}^{m}\sum_{i=1}^{n}d_{ij}\}$，其中$d_{ij}=\sum_{i=1}^{n}((x_i-x'_i)^2+(y_i-y'_i)^2)^{1/2}$。③目的节点不能重构源节点的数据包。

在已经建立的多路径传输路由中，因为故障节点出现，在源节点与目的节点间不能建立设定值的 k 条传输链路。一旦检测到网络节点存在故障影响到数据传输时，$T_{ole}=M_{path}-1\leqslant M'_{path}$，执行粒子群算法调整移动节点的位置，建立设定值为 K 的传输路径并进行路径质量评价，有$Q_{mulpath}^{1}=\sum_{j=1}^{m}\sum_{i=1}^{n}d_{ij}$。在执行基于免疫粒子群的多路径传输路由算法后，重新建立 K 条传输路径并进行路径质量评价，有$Q'_{mulpath}=\sum_{j=1}^{m}\sum_{i=1}^{n}d_{ij}$，如果$Q'_{mulpath}<Q_{mulpath}^{1}$，则新建立的 K 条路径为非优化路径，并在此执行基于免疫粒子群的多路径传输路由算法，新成功建立的优化路径始终满足$Q'_{mulpath}\geqslant Q_{mulpath}^{1}$，说明能够建立设置路径数 K 的多条传输路径，且较之前优化，反映了无线传感器网络的良好故障容错性。

4.7.5　总结与下一步工作

无线传感器网络多路径路由传输是参数受限的多目标优化问题，优化对象包括多路径传输稳定性与可靠性、能耗均衡与剩余能量最大化和移动节点位置最优化。无线传感器网络节点数量较大且具有移动性，每个传感节点对应为具有多维度的微粒。对于无线传感器网络多路径传输容错多目标优化问题，具有较大计算复杂度。传统的多路径建立方法在移动节点数量较多的环境下，表现出在求解多目标问题优化解时存在计算复杂度较大、求解时间较长、较难以获得最优化值等问题。免疫算法应用到无线传感器网络多路径路由优化问题表现出较好的问题求解特征。但是对于网络中部署有移动节点的动态网络且数量较多时，免疫算法表现出容易陷入局部解的特征，且随着节点数量增加，收敛速度较慢，在目标问题求解过程中较难快速获得优化解。

所提出的基于改进免疫粒子群算法的无线传感器网络多路径传输容错策略 IPSMT，目的是提升无线传感器网络传输稳定性和可靠性。在部署有移动传感节点的网络区域内，在源节点和目的节点间动态建立多条不相交传输路径。求解多路径传输路由或通过节点移动提升故障节点的容错性是需要解决的核心问题。基于自适应搜索的改进免疫粒子群算法，对子种群进行分组，动态调整各组子种群规模，融合浓度调节机制，根据粒子最大浓度值自适应调整搜索范围。对次优子种群进行疫苗接种，利用粒子最大浓度值调节接种疫苗的搜索范围，避免种群退化并提高算法的收敛精度和全局搜索能力，求解传感器节点的最佳位置解的同时，加快求解收敛速度并最小化节点移动距离满足多目标优化的条件。

通过对相关工作和算法的时间复杂度、算法收敛速度、网络能耗均衡与服务周期的最大化、网络故障节点容错性等参数进行分析比较，结果表明 IPSMT 避免了种群退化所造成的种群资源浪费，而且具有良好的收敛精度和全局搜索性能，尤其对于无线传感器网络节点数量较多和节点维度较大的多目标优化等复杂问题，因动态可变的搜索范围，增加了整个种群的多样性，提高了算法性能。这对资源受限的无线传感器网络具有较好的意义。

4.8 本章小结

故障容错作为无线传感器网络一项关键技术，其网络容错机制对传输的稳定性和可靠性等起到至关重要的作用。本章提出了几种无线传感器网络故障容错路由算法，并对算法的故障容错有效性等关键指标进行了分析评价。

非均匀等级分簇的无线传感器网络故障容错路由算法，是根据骨干网络特性，建立数学模型和网络拓扑结构，对网络节点进行等级标定，在不同等级区域里运用改进粒子群算法（IPSO）对网络节点进行非均匀静态分簇，引入最优最差蚂蚁系统（BWAS）在相邻等级节点间建立多条链路，并根据 BWAS 算法的信息素归一化值作为路径选择概率，选择最大概率值链路作为实际数据传输链路而建立具有容错功能的路由。

基于梯度的无线传感器网络多路径可靠传输容错策略，主要是基于二次 k 均值法构建非均匀的分簇拓扑结构，按质量评价函数计算簇头节点综合信息度量并建立等高线，在不同等高线之间沿梯度方向建立互不交叉的多条路径，经纠删编码的数据片沿多路径负载均衡传输后解码重构源数据，实施负载均衡的线性纠删编码多路径传输。

MPE^2S 是根据最优最差蚂蚁系统的信息素归一化值，在相邻等级节点间建立多条互不交叉的传输路径。运用多路径负载均衡机制，将源数据包进行纠删编码后的编码数据片进行分配和传输。MPE^2S 主要是在网络层将 Reed - Solomon 纠删编码的数据包通过互不交叉的多路径传输实现容错。

基于免疫系统机理的无线传感器网络多路径容错路由算法，主要包括基于免疫进化机理的网络分簇拓扑构建和多路径梯度传输路由的建立。运用免疫机理对网络进行分簇以构建紧致性较好的分簇拓扑结构，计算节点的综合度量信息并确定节点梯度。运用免疫机理对初始建立的互不交叉的多条传输路径经多次变异后形成最优传输路径。

免疫最大化覆盖算法建立了免疫覆盖模型并提出了免疫最大化覆盖算法。在网络最大化覆盖下，开展免疫多路径连通算法的研究。研究了在网络节点多路径存在耦合与解除耦合情况下，对网络连通性和容错性的影响。

基于 BWAS 免疫机制的容错多路径可靠传输算法，包括基于 BWAS 的多路径建立算法（BME）和基于免疫机制的多路径传输算法（IMT），可快速建立并优化从源节点到目的节点的多条路径。

IPSMT 在部署有移动传感节点的网络区域内，基于自适应搜索的改进免疫粒子群算法，在源节点和目的节点间动态建立多条不相交传输路径。求解多路径传输路由或通过节点移动提升故障节点的容错性是需要解决的核心问题，加快求解收敛速度并最小化节点移动距离满足多目标优化的条件。

参考文献

[1] Akyildiz I F, Su W, Sankarasubramaniam Y, et al. Wireless sensor networks: a survey [J]. Computer networks, 2002, 38 (4): 393 - 422.

[2] Yick J, Mukherjee B, Ghosal D. Wireless sensor network survey [J]. Computer networks, 2008, 52 (12): 2292 - 2330.

[3] ParadisS L, Han Q. A survey of fault management in wireless sensor networks [J]. Journal of network and systems management, 2007, 15 (2): 171 - 190.

[4] 王翥, 王祁. 多约束容错性 WSN 中继节点布局算法的研究 [J]. 电子学报, 2011, 39 (3): 116 - 120.

[5] Karim L, Nasser N, Sheltami T. A fault-tolerant energy-efficient clustering protocol of a wireless sensor network [J]. Wireless communications and mobile computing, 2014, 14 (2): 175 - 185.

[6] Park, D S. Fault tolerance and energy consumption scheme of a wireless sensor network [J]. International journal of distributed sensor networks, 2013, 9 (11): 393 - 422.

[7] Sun N, Cho Y, Lee S. Node classification based on functionality in energy-efficient and reliable wireless sensor networks [J]. International journal of distributed sensor networks, 2012, 8 (12): 570 - 16.

[8] Liu Z X, Dai L L, Ma K, et al. Balance energy-efficient and real-time with reliable communication protocol for wireless sensor network [J]. The journal of China universities of posts and telecommunications, 2013, 20 (1): 37 - 46.

[9] Zhang Y Y, Shu L, Park M-S, et al. An intelligent and reliable data transmission protocol for highly destructible wireless sensor networks [J]. Journal of internet technology, 2009, 10 (5): 539 - 548.

[10] Gluhak A, Krco S, Nati M, et al. A survey on facilities for experimental internet of

things research [J]. IEEE Communications magazine, 2011, 49 (11): 58 -67.

[11] 张莉，李金宝. 无线传感器网络中基于多路径的可靠路由协议研究 [J]. 计算机研究与发展，2011，489 (S2): 171 -175.

[12] You Z, Zhao X, Wan H, et al. A novel fault diagnosis mechanism for wireless sensor networks [J]. Mathematical and computer modelling, 2011, 54 (1): 330 -343.

[13] Johnson D B, Maltz D A. Dynamic source routing in ad hoc wireless networks [J]. Kluwer international series in engineering and computer science, 1996 (3): 153 -179.

[14] Wu K, Dreef D, Sun B, et al. Secure data aggregation without persistent cryptographic operations in wireless sensor networks [J]. Ad Hoc networks, 2007, 5 (1): 100 -111.

[15] 刘韬. 基于梯度的无线传感器网络能耗分析及能量空洞避免机制 [J]. 自动化学报，2012，38 (8): 1353 -1361.

[16] Bari A, Jaekel A, Jiang J, et al. Design of fault tolerant wireless sensor networks satisfying survivability and lifetime requirements [J]. Computer communications, 2012, 35 (3): 320 -333.

[17] Levendovszky J, Tran-Thanh L, Treplan G, et al. Fading-aware reliable and energy efficient routing in wireless sensor networks [J]. Computer Communications, 2010, 33 (supp -S1): S102 -S109.

[18] Li H B, Yu C B, Quan X L, et al. Fault-tolerant vascular routing algorithm for wireless sensor networks [J]. Dianxun jishu/Telecommunications engineering, 2011, 51 (2): 56 -61.

[19] Lee D W, Kim J H. High reliable in-network data verification in wireless sensor networks [J]. Wireless personal communications, 2010, 54 (3): 501 -519.

[20] Lindsey S, Raghavendra C, Sivalingam K M. Data gathering algorithms in sensor networks using energy metrics [J]. IEEE Transactions on parallel and distributed systems, 2002, 13 (9): 924 -935.

[21] Boukerche A, Werner Nelem Pazzi R, Borges Araujo R. Fault-tolerant wireless sensor network routing protocols for the supervision of context-aware physical environments [J]. Journal of parallel and distributed computing, 2006, 66 (4): 586 -599.

[22] Yang Y, Zhong C, Sun Y, et al. Network coding based reliable disjoint and braided multipath routing for sensor networks [J]. Journal of network and computer applications, 2010, 33 (4): 422 -432.

[23] 李玉凯，白焰，方维维，等. 一种无线传感器网络可靠传输协议及其仿真分析 [J]. 系统仿真学报，2010，22 (6): 1551 -1556.

[24] Anisi M H, Abdullah A H, Razak S A. Energy-efficient and reliable data delivery in wireless sensor networks [J]. Wireless networks, 2013, 19 (4): 495 -505.

[25] Babbitt T A, Morrell C, Szymanski B K, et al. Self-selecting reliable paths for wireless sensor network routing [J]. Computer communications, 2008, 31 (16): 3799 - 3809.

[26] Ganesan D, Govindan R, Shenker S, et al. Highly-resilient, energy-efficient multipath routing in wireless sensor networks [J]. ACM SIGMOBILE mobile computing and communications review, 2001, 5 (4): 11 - 25.

[27] Yang Y, Zhong C, Sun Y, et al. Energy efficient reliable multi-path routing using network coding for sensor network [J]. Int jcomput sci netw secur, 2008, 8 (12): 329 - 338.

[28] Challal Y, Ouadjaout A, Lasla N, et al. Secure and efficient disjoint multipath construction for fault tolerant routing in wireless sensor networks [J]. Journal of network and computer applications, 2011, 34 (4): 1380 - 1397.

[29] Lou W, Kwon Y. H-Spread: A hybrid multipath scheme for secure and reliable data collection in wireless sensor networks [J]. IEEE Transactions on vehicular technology, 2006, 55 (4): 1320 - 1330.

[30] Intagonwiwat C, Govindan R, Estrin D, et al. Directed diffusion for wireless sensor networking [J]. IEEE/ACM Transactions on networking, 2003, 11 (1): 2 - 16.

[31] Li S, Neelisetti R K, Liu 0 C, et al. Efficient multi-path protocol for wireless sensor networks [J]. International journal of wireless and mobile networks, 2010, 2 (1): 110 - 130.

[32] Moonseong K, Jeong E, Young-Cheol B, et al. An energy-aware multipath routing algorithm in wireless sensor networks [J]. IEICE Transactions on information and systems, 2008, 91 (10): 2419 - 2427.

[33] Marina M K, Das S R. Ad hoc on-demand multipath distance vector routing [J]. ACM SIGMOBILE mobile computing and communications review, 2002, 6 (3): 92 - 93.

[34] LiuT, Li Q, Liang P. An energy-balancing clustering approach for gradient-based routing in wireless sensor networks [J]. Computer communications, 2012, 35 (17): 2150 - 2161.

[35] Miao L, Djouani K, Kurien A, et al. Network coding and competitive approach for gradient based routing in wireless sensor networks [J]. Ad Hoc networks, 2012, 10 (6): 990 - 1008.

[36] Quang Pham TranAnh, Kim Dong-Sung. Enhancing real-time delivery of gradient routing for industrial wireless sensor networks [J]. IEEE Transactions on industrial informatics, 2012, 8 (1): 61 - 68.

[37] Chengzhi Long, Jianping Luo, Mantian Xiang, Guicai Yu. Secure directed diffusion route protocol and security of wireless sensor network [J]. International journal of

advancements in computing technology, 2012, 4 (22): 452 - 459.

[38] Bi Y, Li N, Sun L. DAR: An energy-balanced data-gathering scheme for wireless sensor networks [J]. Computer communications, 2007, 30 (14): 2812 - 2825.

[39] Wu X, Chen G, Das S K. Avoiding energy holes in wireless sensor networks with nonuniform node distribution [J]. IEEE Transactions on parallel and distributed systems, 2008, 19 (5): 710 - 720.

[40] 刘权，王晓东. MR2-GRADE：一种基于梯度值的无线传感器网络高能效多径干扰避免路由协议 [J]. 电子学报，2011，39 (3)：147 - 152.

[41] Ye F, Zhong G, Lu S, et al. Gradient broadcast: A robust data delivery protocol for large scale sensor networks [J]. Wireless networks, 2005, 11 (3): 285 - 298.

[42] Cardei M, Yang S, Wu J. Algorithms for fault-tolerant topology in heterogeneous wireless sensor networks [J]. IEEE Transactions on parallel and distributed systems, 2008, 19 (4): 545 - 558.

[43] Boukerche A, Martirosyan A, Pazzi R. An inter-cluster communication based energy aware and fault tolerant protocol for wireless sensor networks [J]. Mobile networks and applications, 2008, 13 (6): 614 - 626.

[44] Atzori L, Iera A, Morabito G. The internet of things: a survey [J]. Computer networks, 2010, 54 (15): 2787 - 2805.

[45] Lei J-J, Park T, Kwon G-I. A reliable data collection protocol based on erasure-resilient code in asymmetric wireless sensor networks [J]. International journal of distributed sensor networks, 2013, 9 (4): 234 - 244.

[46] Zhang R, Song Y, Chu F, et al. Study of wireless sensor networks routing metric for high reliable transmission [J]. Journal of networks, 2012, 7 (12): 2044 - 2050.

[47] Li Y, Zhao L, Liu H, et al. An energy efficient and fault-tolerant topology control algorithm of wireless sensor networks [J]. Journal of computational information systems, 2012, 8 (19): 7927 - 7935.

[48] Jhumka A, Bradbury M, Saginbekov S. Efficient fault-tolerant collision-free data aggregation scheduling for wireless sensor networks [J]. Journal of parallel and distributed computing, 2014, 74 (1): 1789 - 1801.

[49] Alsaade F. Proposing a secure and reliable system for critical pipeline infrastructure based on wireless sensor network [J]. Journal of software engineering, 2011, 5 (4): 145 - 153.

[50] Vinh P V, Oh H. RSBP: A reliable slotted broadcast protocol in wireless sensor networks [J]. Sensors, 2012, 12 (11): 14630 - 14646.

[51] Moustapha A I, Selmic R R. Wireless sensor network modeling using modified recurrent neural networks: Application to fault detection [J]. IEEE Transactions on instrumentation and measurement, 2008, 57 (5): 981 - 988.

[52] Nakayama H, Ansari N, Jamalipour A, et al. Fault-resilient sensing in wireless sensor networks [J]. Computer communications, 2007, 30 (11): 2375 - 2384.

[53] 张希元，赵海，孙佩刚，等. 基于链路层重传的传感器网络可靠传输模型 [J]. 系统仿真学报，2008，19 (22)：5325 - 5330 + 5335.

[54] Djukic P, Valaee S. Reliable packet transmissions in multipath routed wireless networks [J]. IEEE Transactions on mobile computing, 2006, 5 (5): 548 - 559.

[55] Jin R C, Gao T, Song J Y, Zou J Y, Wang L D. Passive cluster-based multipath routing protocol for wireless sensor networks [J]. Wireless networks, 2013, 19 (8): 1851 - 1866.

[56] He J, Ji S, Pan Y, et al. Reliable and energy efficient target coverage for wireless sensor networks [J]. Tsinghua science & technology, 2011, 16 (5): 464 - 474.

[57] 李宏，谢政，陈建二，等. 一种无线传感器网络分布式加权容错检测算法 [J]. 系统仿真学报，2008，20 (14)：3750 - 3755.

[58] Hsieh H C, Leu J S, Shih W K. A fault-tolerant scheme for an autonomous local wireless sensor network [J]. Computer standards & interfaces, 2010, 32 (4): 215 - 221.

[59] Wu J, Dulman S, Havinga P, et al. Multipath routing with erasure coding for wireless sensor networks [J]. Langmuir, 2004 (3): 181 - 188.

[60] RoutRashmi Ranjan, Ghosh Soumya K. Adaptive data aggregation and energy efficiency using network coding in a clustered wireless sensor network: an analytical approach [J]. Computer communications, 2014, 40 (3): 65 - 75.

[61] 刘若辰，钮满春，焦李成. 一种新的人工免疫网络算法及其在复杂数据分类中的应用 [J]. 电子与信息学报，2010，32 (3)：515 - 521.

[62] 张楠，张建华，李志蜀，等. 无线传感器网络中基于免疫的数据融合机制 [J]. 小型微型计算机系统，2009，30 (3)：454 - 459.

[63] Salmon H M, DeFarias C M, Loureiro P, et al. Intrusion detection system for wireless sensor networks using danger theory immune-inspired techniques [J]. International journal of wireless information networks, 2013, 20 (1): 39 - 66.

[64] 王亚奇，杨晓元. 一种无线传感器网络簇间拓扑演化模型及其免疫研究 [J]. 物理学报，2012，61 (9)：6 - 14.

[65] Limin S, Hongsong Z, Bin D, et al. Analysis of forwarding mechanisms on fine-grain gradient sinking model in WSN [J]. Journal of Signal Processing Systems, 2008, 51 (2): 145 - 159.

[66] Hakki B, Ibrahim K, Adnan Y A distributed fault-tolerant topology control algorithm for heterogeneous wireless sensor networks [J]. IEEE Transaction on parallel and distributed system, 2015, 26 (4): 914 - 923.

[67] Mahapatro A, Khilar P M. Fault diagnosis in wireless sensor networks: a survey [J].

IEEE Communications surveys and tutorials, 2013, 15 (4): 2000 - 2026.

[68] Sookyoung Lee, Mohamed Younis, Meejeong Lee. Connectivity restoration in a partitioned wireless sensor network with assured fault tolerance [J]. Ad Hoc networks, 2015, 24: 1 - 19.

[69] Wu Z, Xiong N, Huang Y, et al. Optimizing the reliability and performance of service composition applications with fault tolerance in wireless sensor networks [J]. Sensors, 2015, 15 (11): 28193 - 28223.

[70] Yoon Y, Kim Y H. An efficient genetic algorithm for maximum coverage deployment in wireless sensor networks [J]. IEEE Transactions on Cybernetics, 2013, 43 (5): 1473 - 1483.

[71] Kewei S, Jegnesh G, Robert G. Multipath routing techniques in wireless sensor networks: A Survey [J]. Wireless personal communications, 2013, 70 (2), 807 - 829.

[72] Sookyoung Lee, Mohamed Younis, Meejeong Lee. Connectivity restoration in a partitioned wireless sensor network with assured fault tolerance [J]. Ad Hoc networks, 2015, (24): 1 - 19.

[73] Yong-Sheng Ding, Xing-Jia Lu, Kuang-Rong Hao, et al. Target coverage optimization of wireless sensor networks using a multi-objective immune co-evolutionary algorithm [J]. International journal of systems science, 2011, 42 (9): 1531 - 1541.

[74] Changlin Yang, Kwan-Wu Chin. On complete target coverage in wireless sensor networks with random recharging rates [J]. IEEE Wireless communications letters, 2015, 4 (1): 50 - 53.

[75] Vali Na, Andrey V, Ahmad B. Distributed 3D dynamic search coverage for mobile wireless sensor networks [J]. IEEE Communications letters, 2015, 19 (4): 633 - 636.

[76] Attapol Adulyasas, Zhili Sun, Member, et al. Connected coverage optimization for sensor scheduling in wireless sensor networks [J]. IEEE Sensors journal, 2015, 15 (7): 3877 - 3892.

[77] Manisha J N, Rajendra S D, Lalit M P. Algorithm for autonomous reorganization of mobile wireless camera sensor networks to improve coverage [J]. IEEE Sensors journal, 2015, 15 (8): 4428 - 4441.

[78] Qianqian Yang, Shibo He, Junkun Li, et al. Energy-efficient probabilistic area coverage in wireless sensor networks [J]. IEEE Transaction on vehicular technology, 2015, 64 (1): 367 - 377.

[79] Hakki Bagci, Ibrahim Korpeoglu, Adnan Yazıcı. A distributed fault-tolerant topology control algorithm for heterogeneous wireless sensor networks [J]. IEEE Transactions on parallel and distributed systems, 2015, 26 (4): 914 - 923.

[80] Hong-Chi Shih, Jiun-Huei Ho, Bin-Yih Liao, et al. Fault node recovery algorithm for a wireless sensor network [J]. IEEE Sensors journal, 2013, 13 (7): 2683 -2689.

[81] Wu Z, Xiong N, Huang Y, et al. Optimizing the reliability and performance of service composition applications with fault tolerance in wireless sensor networks [J]. Sensors, 2015, 15 (11): 28193 -28223.

[82] Zeng Y, Xu L, Chen Z. Fault-tolerant algorithms for connectivity restoration in wireless sensor networks [J]. Sensors, 2015, 16 (1): 1 -15.

[83] Haiying Shen, Ze Li. A Kautz-based wireless sensor and actuator network for real-time, fault-tolerant and energy-efficient transmission [J]. IEEE Transactions on mobile computing, 2016, 15 (1): 1 -16.

[84] Xiangfei Zhang, Guangshun Yao, Yongsheng Ding, et al. An improved immune system-inspired routing recovery scheme for energy harvesting wireless sensor networks [J]. Soft computing, 2017, 21 (20): 5893 -5904.

[85] Yong-Sheng Ding, Xing-Jia Lu, Kuang-Rong Hao, et al. Target coverage optimization of wireless sensor networks using a multi-objective immune co-evolutionary algorithm [J]. International journal of systems science, 2011, 42 (9): 1531 -1541.

[86] Hakki Bagci, Ibrahim Korpeoglu, Adnan Yazıcı. A distributed fault-tolerant topology control algorithm for heterogeneous wireless sensor networks [J]. IEEE Transaction on parallel and distributed system, 2015, 26 (4): 914 -923.

[87] Abdol reza Mohajerani, Davood Gharavian. An ant colony optimization based routing algorithm for extending network lifetime in wireless sensor networks [J]. Wireless networks, 2016, 22 (8): 2637 -2647.

[88] Gong W, Wang Y, Cai Z, et al. A weighted biobjective transformation technique for locating multiple optimal solutions of nonlinear equation systems [J]. IEEE Transactions on evolutionary computation, 2017, 21 (5): 697 -713.

[89] Gong W, Zhou A, Cai Z. A multioperator search strategy based on cheap surrogate models for evolutionary optimization [J]. IEEE Transactions on evolutionary computation, 2015, 19 (5): 746 -758.

[90] Nayyar Anand, Singh Rajeshwar. Ant colony optimization (ACO) based routing protocols for wireless sensor networks (WSN): A survey [J]. International journal of adanced computer science and applications, 2017, 8 (2): 148 -155.

[91] Mohajerani Abdolreza, Gharavian Davood. An ant colony optimization based routing algorithm for extending network lifetime in wireless sensor networks [J]. Wireless networks, 2016, 22 (8): 2637 -2647.

[92] LiuXiaodong, Li Songyang, Wang Miao. An ant colony based routing algorithm for wireless sensor network [J]. International journal of future generation communication and networking, 2016, 9 (6): 75 -86.

[93] Bo J Y, Wang Y B, Xu N. Study of wireless sensor network route based on improved ant colony algorithm [J]. International journal of online engineering, 2016, 12 (10): 86 -90.

[94] Leabi Safaa Khudair, Abdalla Turki Younis. Energy efficient routing protocol for maximizing lifetime in wireless sensor networks using fuzzy logic and immune system [J]. International journal of advanced computer science and applications, 2016, 7 (10): 95 -101.

[95] Sabor Nabil, Sasaki Shigenobu, Abo-Zahhad Mohammed. An immune-based energy-efficient hierarchical routing protocol for wireless sensor networks [J]. International journal of future generation communication and networking, 2016, 9 (9): 47 -66.

[96] ArslanMunir, Joseph Antoon, Ann Gordon-Ross. Modeling and analysis of fault detection and fault tolerance in wireless sensor networks [J]. ACM Transactions on embedded computing systems, 2015, 14 (1): 1 -43.

[97] Hong-Chi Shih, Jiun-Huei Ho, Bin-Yih Liao, et al. Fault node recovery algorithm for a wireless sensor network [J]. IEEE Sensors journal, 2013, 13 (7): 2683 -2689.

[98] Tarunpreet Kaur, Dilip Kumar. Particle swarm optimization-based unequal and fault tolerant clustering protocol for wireless sensor networks [J]. IEEE Sensors journal, 2018, 18 (11): 4614 -4622.

[99] Haiying Shen, Ze Li. A Kautz-based wireless sensor and actuator network for real-time, fault-tolerant and energy-efficient transmission [J]. IEEE Transactions on mobile Computing, 2016, 15 (1): 1 -16.

[100] Zesong Fei, Bin Li, Shaoshi Yang, et al. A survey of multi-objective optimization in wireless sensor networks: Metrics, algorithms and open problems [J]. IEEE Communications surveys & tutorials, 2016, 19 (1): 550 -586.

[101] Lanza-Gutiérrez J M, Caballé N, Gómez-Pulido J A, et al. Toward a robust multi-objective metaheuristic for solving the relay node placement problem in wireless sensor networks [J]. Sensors, 2019, 19 (3): 677.

[102] Shanshan Li. Wireless sensor network node deployment based on multi-objective immune algorithm [J]. Int. J. internet protocol technology, 2018, 11 (1): 12 -18.

[103] Cao B, Zhao J, Yang P, et al. Distributed parallel cooperativecoevolutionary multi-objective large-scale immune algorithm for deployment of wireless sensor networks [J]. Future generation computer systems, 2018, 82 (2): 256 -267.

[104] Kang Zhiping, Hong Zeng, Haibo Hu, et al. Multi-objective optimized connectivity restoring of disjoint segments using mobile data collectors in wireless sensor network [J]. EURASIP Journal on wireless communications and networking, 2017 (1): 1 - 12.

第 5 章　总结与展望

传输稳定性和可靠性是评价无线传感器网络性能的重要指标。既要保证网络中各节点数据传输的可靠性，同时避免因部分节点或链路故障导致部分传感器节点数据的不能有效及时传输到目的节点。节点或链路故障等会降低网络传输可靠性，增大传输时延和网络能耗。故障检测与容错是无线传感器网络一项关键技术。节点故障会影响网络稳定性和服务质量问题。提高故障容错性与传输稳定性对于提高无线传感器网络整体性能具有重要意义，已成为现阶段无线传感器网络领域的研究热点。本书针对节点或链路故障会影响到网络传输的稳定性和可靠性问题，提出了基于免疫系统机理、改进蚁群算法等智能计算以及多目标优化等无线传感器网络多路径容错路由算法。这为无线传感器网络容错控制提供了新颖的解决问题的方法。算法一定程度上体现了独特的容错方式、良好的故障容错性和数据传输稳定性。同时能实现无线传感器网络负载均衡，避免能耗热点问题，对延长网络寿命具有重要意义。

5.1　总结

第 1 章从普适计算到物联网，从物联网到无线传感器网络，给出了无线传感器网络定义与感知模型，对无线传感器网络的特点、关键技术、物理体系结构、协议体系结构及路由设计要求等作了阐述，对无线传感器网络的故障容错及其相关内容进行了阐述，同时指出目前无线传感器网络故障容错研究现状、问题与挑战。

第 2 章主要阐述故障容错理论基础，包括仿生智能计算、网络编码机理、数据重传机理、跨层协同优化、容错多目标优化、网络拓扑控制、网络覆盖和网络能耗优化等，对其原理/机理、模型、方法和相关研究结果进行阐述和讨论，为实现故障容错奠定基础。

第 3 章主要对故障检测与容错进行了阐述。对目前故障检测研究进展、代表性的算法进行了详细的讨论分析。同时对无线传感器网络诊断的含义、需求分析、诊断的框架结构、影响因素、故障诊断策略与算法进行了阐述。

第 4 章对提出的故障容错算法/策略进行了详细阐述，包括网络容错模型、算法设计、理论分析和仿真讨论。

非均匀等级分簇的无线传感器网络故障容错路由算法，是根据骨干网络特性，建立数学模型和网络拓扑结构，对网络节点进行等级标定，在不同等级区域里运用改进粒子群算法（IPSO）对网络节点进行非均匀静态分簇，引入最优最差蚂蚁系统（BWAS）

在相邻等级节点间建立多条链路，并将 BWAS 算法的信息素归一化值作为路径选择概率，选择最大概率值链路作为实际数据传输链路而建立具有容错功能的路由。

基于梯度的无线传感器网络多路径可靠传输容错策略，主要是基于二次 k 均值法构建非均匀的分簇拓扑结构，按质量评价函数计算簇头节点综合信息度量并建立等高线，在不同等高线之间沿梯度方向建立互不交叉的多条路径，经纠删编码的数据片沿多路径负载均衡传输后解码重构源数据，实施负载均衡的线性纠删编码多路径传输。对多路径梯度传输容错策略建立数学模型，并对网络多项性能指标进行理论分析与证明。仿真测试表明，基于梯度的多路径传输容错机制具有快速有效的分簇拓扑与分布式多路径传输机制的构建，具有较好的故障容错性，提高了网络传输可靠性和能效性。

无线传感器网络多路径编码传输容错策略 MPE^2S 根据最优最差蚂蚁系统的信息素归一化值，在相邻等级节点间建立多条互不交叉的传输路径。运用多路径负载均衡机制，将源数据包进行纠删编码后的编码数据片进行分配和传输。MPE^2S 主要是在网络层将 Reed-Solomon 纠删编码的数据包通过互不交叉的多路径传输实现容错。理论分析和仿真结果表明，当网络存在故障节点情况下，MPE^2S 具有较高数据包接收率和数据包准确率、较低平均传输时延和能耗均衡等，体现了较好的故障容错性和数据传输可靠性。

基于 BWAS 免疫机制的容错多路径可靠传输算法，包括基于 BWAS 的多路径建立算法（BME）和基于免疫机制的多路径传输算法（IMT）。前者考虑了人工蚂蚁产生信息素的跳数/距离和引导因子。它可以快速评估从源节点到目的节点建立的所有链接和路径的质量。这些构成了基于免疫的多路径传输算法的初始抗体变异群体。IMT 能够快速收敛到最优值，这是由于初始解同时考虑了传输延迟和跳数/距离以外的能量消耗等因素。最后，快速建立并优化从源节点到目的节点的多条路径。通过建立的数学模型，结合负载均衡机制，采用数据接收速率、能量消耗效率和传输延迟等指标来评价多路径传输的性能。分析和仿真表明，该系统具有良好的容错性、数据传输的稳定性和可靠性。

基于改进免疫粒子群算法的无线传感器网络多路径传输容错策略 IPSMT 的目的是提升无线传感器网络传输稳定性和可靠性。在部署有移动传感节点的网络区域内，在源节点和目的节点间动态建立多条不相交传输路径。求解多路径传输路由或通过节点移动提升故障节点的容错性是需要解决的核心问题。基于自适应搜索的改进免疫粒子群算法，对子种群进行分组，动态调整各组子种群规模，融合浓度调节机制，根据粒子最大浓度值自适应调整搜索范围。对次优子种群进行疫苗接种，利用粒子最大浓度值调节接种疫苗的搜索范围，避免种群退化并提高算法的收敛精度和全局搜索能力，在求解传感器节点的最佳位置解的同时，加快求解收敛速度并最小化节点移动距离满足多目标优化的条件。

5.2 展望

故障容错与可靠传输是无线传感器网络一项关键性技术。下一步研究工作将围绕在部署有静态节点和移动节点的情况下，分析在非平面结构的分簇拓扑异构网络结构下，基于智能计算方法的跨层协同容错策略。考究在异构网络情况下存在条件约束的移动节点路径规划问题。结合网络覆盖性、能耗性等参数，探索改进智能计算对此问题求解的优化方案，其实质是增加约束条件的多目标优化问题，进而提高无线传感器网络的整体性能。

对整个无线传感器网络的容错控制与可靠传输技术还有待深入研究。主要研究方向包括：

5.2.1 多路径路由传输协议优化

多路径路由传输机制仍将是无线传感器网络路由层传输故障容错的主要研究内容。但针对不同的网络特点和应用要求，建立合适的多路径路由传输机制，并充分考虑到多路径路由建立的计算复杂度、能效性和时间延迟等关键指标。在多路径路由建立的方法上探讨更有效的建立方式，例如引入仿生智能算法等。目前多路径路由较多考虑的是单源节点单目的节点或多源节点单目的节点的情况，根据不同的网络应用需求，将多路径路由传输机制延伸到多源节点多目的节点情况下开展故障容错研究。

5.2.2 机制与方法组合实现故障容错

将网络层的多种容错机制与方法进行有效组合，其包括多路径路由传输与编码机制、数据重传机制或负载均衡机制相结合等。探索多路径路由建立方式与多种编解码方式相结合，根据网络及节点能耗、开销、时延和带宽利用情况，将编码数据片通过负载均衡规则优化分配到多路径上传输，以实现负载均衡，减少传输时延，提高数据传输有效性和准确率。将网络编码与多路由传输相结合实现容错，优化网络编码技术，降低计算复杂度，解决网络编码与时间同步的问题，或结合安全性考虑容错等。

5.2.3 跨层联合控制优化实现故障容错

网络层多路径路由机制与网络拓扑结构设计相结合，如考虑是在平面结构上、簇层次结构上，还是在树－簇拓扑结构上建立多路径路由传输机制。网络层多路径路由机制与节点代理、移动节点管理策略、节点覆盖性与连通性策略相结合，开展网络容错控制技术研究。现有网络节点更多的是考虑节点位置没有移动的情况，当节点因移动导致与网络连接或覆盖等问题出现时，通过能量管理、信道资源共享、信息传输拥塞优化和管理策略等联合实现故障容错管理。

5.2.4 引入智能计算开展故障容错

仿生学理论和现代智能仿生算法包括生物免疫系统机理、模糊诊断、专家系统、人工神经网络、粒子群算法、蚁群算法和遗传免疫算法等，为无线传感器网络的故障检测与容错提供了较好的思路和方法，已显示出了较好的容错效果，成为新的研究热点。